国家自然科学基金项目（编号：71573078）成果

协同知识创新

生态系统及其效应研究

姚艳虹　周惠平　著

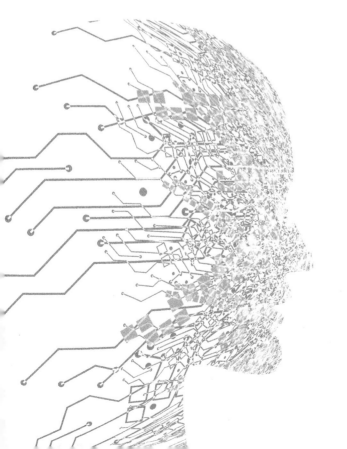

湖南大学出版社 · 长沙
HUNAN UNIVERSITY PRESS

内 容 简 介

本书是国家自然科学基金项目——产学研协同知识创新生态系统演化机理与政策支持效应评价研究的成果。本书以社会网络、创新与知识资源理论为基础，系统研究协同知识创新生态系统的运行规律及对企业创新实践的影响机制。主要内容包括：协同创新的理论基础；协同知识创新生态系统的特征与运行机制；协同知识创新主体博弈与系统演化路径；协同创新网络中的生态位及其对企业创新的意义；协同创新网络中的知识耦合及其效应；知识情境与组织创新的关系，以及协同知识创新生态系统健康度和政策效率评价等。本书不仅有系统的理论分析，同时对企业知识和创新管理实践提出了对策建议。

图书在版编目（CIP）数据

协同知识创新生态系统及其效应研究/姚艳虹，周惠平著. —长沙：湖南大学出版社，2020.12
ISBN 978-7-5667-1942-3

Ⅰ.①协… Ⅱ.①姚… ②周… Ⅲ.①知识创新—研究
Ⅳ.①G302

中国版本图书馆 CIP 数据核字（2019）第 301939 号

协同知识创新生态系统及其效应研究
XIETONG ZHISHI CHUANGXIN SHENGTAI XITONG JIQI XIAOYING YANJIU

著　　者：姚艳虹　周惠平
责任编辑：陈建华
印　　装：广东虎彩云印刷有限公司
开　　本：710 mm×1000 mm　1/16　印张：23　字数：359 千
版　　次：2020 年 12 月第 1 版　印次：2020 年 12 月第 1 次印刷
书　　号：ISBN 978-7-5667-1942-3
定　　价：66.00 元

出 版 人：李文邦
出版发行：湖南大学出版社
社　　址：湖南·长沙·岳麓山　　邮　　编：410082
电　　话：0731-88822559(营销部),88821594(编辑室),88821006(出版部)
传　　真：0731-88822264(总编室)
网　　址：http://www.hnupress.com
电子邮箱：596163181@qq.com

前　言

　　在"创新驱动发展"的国家发展战略引领下,产业技术升级和战略性新兴产业的发展成为经济社会发展的重大课题。在经济新常态和有限资源的条件下,协同创新已成为提升自主创新能力的新模式,并已成为全球科技创新活动的新趋势。创新主体各具资源优势,协同互补,通过整合创新网络中的知识、技术、资金、设备和人才等,将产生单个主体无法形成的经济效应。协同创新网络本身具有生态效应,将遵循自身的逻辑演进。如何科学揭示协同创新生态系统的运行规律,提高知识创新效率,不仅是重要的理论问题,也是紧迫的实践问题。

　　知识是创新的基本要素和重要资源,同时又是创新的目的。协同创新生态系统作为技术创新的重要组织形式,在知识获取、重组和新知识创造中发挥着关键作用。随着大数据和人工智能等先进技术对创新发展的冲击,企业构建与高校、科研院所和供应商等相关主体的协同创新生态体系,已成为实现技术突破性发展、获得竞争优势的重要手段。技术创新的本质是知识的创新,因此,研究知识创造的过程及其与创新的关系,对研究创新问题具有基础性价值和意义。

　　关于协同创新的研究已有丰富的成果,但是从生态系统的角度将知识和创新联系起来,研究协同知识创新活动的演化机理和系统运行效率的研究尚不多见,关于协同知识创新生态系统的研究,有许多问题有待深入探讨。如协同创新生态系统中的知识创造活动受哪些关键因素的影响？知识创造过程遵循怎样的路径？协同创新主体有怎样的博弈关系？如何促进系统稳定有序和可持续发展并提高知识创新效率？政府在协同知识创新中可以有哪些作为？怎么评价政策的效果……这些问题的解决，对提升知识创新效率从而促进创新产出具有重要的意义。

本书是国家自然科学基金面上项目"产学研协同知识创新生态系统演化机理与政策支持效应评价"（编号：71573078）的主要研究成果。在研究计划书的框架下，将产学研协同知识创新视为有机生态系统，探讨其运行机制、演化机理、主体博弈关系、创新生态系统健康度评价和系统可持续发展的政策支持效应等问题。本书重点研究了以下问题：协同知识创新生态系统及其运行机制，协同知识创新生态系统的演化与博弈关系，协同创新网络中的生态位及其效应，协同创新网络中知识域耦合及其效应，知识情境与创新战略的关系，创新生态系统健康度评价及应用，以及协同知识创新的政策支持效率等。研究提出协同知识创新生态系统呈现出多样性共生、自组织演化、开放式协同、环境选择性、稳定性转变等特征。将协同创新活动划分为磨合期、成长期、成熟期和衰落期四阶段，研究协同创新生态系统的演进过程。探析了协同创新网络中知识域耦合主体的共生关系及共生系统不同阶段的演化特征。构建了产学研协同知识创新系统演化模型，并进行仿真研究，发现主体耦合度会提高协同创新演化的稳定性，而主体耦合度与协同网络中群体规模的不同组合，对各主体的演化稳定存在不同的影响效应。研究选取生产率、适应力、多样性等因素，构建创新生态系统健康度评价的指标体系，进行测算与评价应用。运用数据包络分析（DEA）方法，对政府创新支持政策的效率进行系统评价，并采用二手数据实证得出结论。进行了知识与创新关系的研究，发现知识域耦合、知识结构、知识特征及开放式创新等知识情境均分别与企业二元创新战略及创新绩效存在多种适配关系。

在理论分析和理论假设的基础上，综合采用仿真、问卷调查、二手数据和建模等多种方法，实证研究了协同知识创新生态系统的多个关键问题。成果丰富了协同创新与知识管理理论，为政府科学制定创新支持政策，企业、高校及其他相关主体有效构建协同创新网络或创新生态系统，提高创新产出，提供了理论依据和切实可行的对策建议。但本研究还存在一些不足：首先，基于调研的困难，本研究实证数据的代表性尚不够全面和充分；其次，只讨论了政府财税和优惠政策对协同创新的影响，未来研究可更全面地讨论其他政策的效应，如知识产权保护等。

　　展望未来，我国乃至全球，科技创新正如火如荼，技术和时代的进步使新的情境不断涌现，网络化、数据化和组织无边界化等新的特征已经出现。理论如何跟进不断变化的时代，是研究者们面临的挑战。在知识和创新管理领域，还有许多问题有待深入研究，如平台生态系统的运行规律，数字化对创新的影响、途径和机制，新型的竞合关系对创新网络的影响等等。理论只有跟上实践并能指导实践，才能显现其价值。未来已来，理论耕耘将一直在路上。

姚艳虹

2020.5.10

目　次
Contents

1 绪 论

本章主要包括三个部分，第一部分重点阐述本书的研究背景与研究意义；第二部分系统性地论述了研究的理论基础；第三部分陈述了本书的研究内容及采取的研究方法。

1.1 研究背景和意义

1.1.1 研究背景

1.1.1.1 协同创新是国家创新体系的重要支撑

协同创新是经济新常态下科技创新的有效途径。在经济新常态和资源约束条件下，协同创新已成为提升自主创新能力的一种新模式，也是全球科技创新活动的新趋势。《国家中长期科学和技术发展规划纲要（2006—2020 年）》，把建设产学研相结合的技术创新体系，作为全面推进国家创新体系建设的突破口。李克强总理在 2014 年和 2015 年政府工作报告中两次强调推进企业主导的产学研协同创新。产学研协同创新因其复杂的非线性协同作用，能整合创新网络内的知识、技术、资金等资源，产生单个主体无法形成的经济效应，凸显其价值。然而在实践中，因知识产权纠纷导致产学研合作破裂，因地方保护政策导向使产业共性技术协同攻关无法集中优势力量等情况普遍存在，协同知识创新效率低下。目前，我国每年取得的省部级以上科技成果有 3 万多项，但成果转化率仅为 25% 左右，真正能实现产业化的不足 5%。我国的整体科技成果转化率仅为 10% 左右，远低于发达国家 40% 的水平。这样的创新低效率，不仅不能支持以自主创新带动产业升级的战略目标落地，同时与资源节约型社会目标相背离。在创新驱动成为决定我国经济成败关键的发展模式下，如何科学揭示产学研协同创新生态系统运行规律，提高知识创新效率，不仅是十分重要的理论问题，也是紧迫的实践问题。

企业是国家创新战略践行的重要主体，在世界格局风云变幻，第四次工业革命蓬勃发展的大背景下，中国企业正面临转型升级的变革需求。例如，制造业企业一直是我国经济的重要组成部分。然而，随着再工业化浪潮和中低端制造转移的威胁，借助"成本+规模"的方式增长的众多加工型制造业出现纷纷倒闭的现象。在这种严峻的形势下，促进中国企业尤其是制造业企业以粗放型增长向创新驱动发展的转型，以实现从制造大国到制造强国的转变，显得尤为重要。

1.1.1.2　企业是实现协同创新战略的重要力量

企业作为国家创新体系基本的微观单元，是践行国家创新战略、驱动经济社会发展的重要力量。在大数据驱动的信息技术与物理世界紧密融合的复杂环境中，高度动荡的技术和经济形势使得单个企业的创新能力受到考验，而单个组织所拥有的知识库和知识创造能力更是远远不能有效支撑企业的持续创新与长远发展。21 世纪，企业的成功将取决于其领导者能够通过基于全球的知识创造和知识共享而发展智力资本的程度。协同创新是企业发挥杠杆效应、创造超额回报的重要战略手段。在此背景下，如何寻求创新合作，构建多维的知识共享、资源互补的协同创新生态系统，共同实现组织的创新发展目标，已成为企业亟需解决的重要问题。

协同创新的本质是各相关主体通过优质资源的合理配置，以发挥知识的外部性和溢出效应，来实现知识增值。在国家创新体系建设进程中，协同创新生态系统引起广泛关注。协同创新生态系统是企业在创新过程中，同供应链企业及相关企业、高校及其他研究机构、中介、政府等创新行为主体，通过交互作用和协同效应构成技术链和知识链，以此形成长期稳定协作关系的开放创新系统。同生物创新生态系统相比，协同创新生态系统更强调创新行为主体间的信息交互和知识共享，更注重政府和中介机构等第三方主体，以及制度环境的协同作用，更强调创新行为的协同效应。

关于产学研协同创新的研究已有大量的成果，但是多集中在某一方面，如运行机制（如利益分配机制、绩效评价等），或知识的流动形式（如知识共享、转移、溢出等）以及运行模式和制度设计，缺乏从生态系统角度，研究协同知识创新活动的演化机理和系统运行效率。产学研协同知识创新生态系统中，还有许多问题不清晰，如这个系统中知识创造遵循怎样的路径、受到哪些关键因素的影响？系统运行中可能发生哪些冲突？如何化解以促进系统稳定有序和可持续发展、提高知识创新效率？政府在产学研协同知识创新中可以有哪些作为？怎么评价政策的效果？等等。这些问题的解决，将关系到政策的倾向和效果，同时影响知识创新的效率。

协同创新的关键使命是基于协同合作关系的知识交互与共享。在协同创新生态系统中，不同主体拥有的不同领域的知识加大了合作企业间知识的差异化程度，丰富了可转移和共享知识的种类。从而，企业更易于从系统中获取多样化、新颖的非重复知识技术，并通过有效整合新知识和新技术来构建新概念，发现新方法，创造新机会，进而促成创新。企业作为经济发展的主体，是国家创新驱动发展战略的主力军。因此，关注以企业为主要结构的协同创新系统对国家创新系统建设意义重大。

1.1.1.3 知识资源推动企业创新发展

协同创新生态系统是各创新主体通过交互作用和协同效应构成的长期稳定

的协作关系。协同创新生态系统作为知识共享、资源匹配的共生生态系统，已成为主导企业维持竞争优势的重要战略平台。如以苹果公司为主导力量的移动创新生态系统是苹果公司产品赢得用户青睐，实现企业可持续发展的重要基础。在苹果公司的移动创新生态系统中，各方创新主体高度协同、同频耦合，以实现整个网络知识创造和创新效应的最大化。为维持苹果手机在智能手机市场的优势竞争地位，苹果公司不仅与蓝思科技等零部件供应商进行研发合作，攻克工艺技术难题；还为下游程序开发商提供技术和营销支持，共同打造出将苹果公司推向巅峰位置的 App Store；更是直接邀请用户参与创新，通过用户体验赢取竞争优势。毋庸置疑，苹果公司构建的多方主体知识交互与协同耦合的移动创新生态系统，为苹果手机占据智能手机市场的霸主地位奠定了坚实的基础。

　　知识是企业实现竞争优势的重要战略资源，协同创新生态系统作为企业技术创新的重要杠杆，在知识获取与组合中发挥重要效应。随着大数据和人工智能等先进技术对企业创新发展的冲击，加强与高校、科研院所和供应商等主体的合作，已成为企业实现技术突破、维持竞争优势的重要手段。作为连续十多年位居中国电子信息百强企业榜首的技术导向型企业，华为公司推出了"华为创新研究计划"，通过长期的开放合作模式和联合创新机制，推动前沿技术开发，聚集知识产权优势。近年来，华为先后与清华大学、剑桥大学等高校，及上下游供应商广泛开展协同创新活动，以不断开发 ICT 领域前沿技术。在亚太创新日活动上，华为澳大利亚董事会主席 John Lord 表示："华为与学术界的合作是一种伙伴式的、发挥各自优势的不断进行技术创新的过程。"在合作过程中，知识进行了有益的双向流动。华为获得了学术界的基础技术，专家学者也得到了工业界的大量隐性知识。"华为创新研究计划"投入了包含公司 Fellow 级专家在内的大量高端研究资源，已覆盖全球 20 多个国家，300 多所高校，资助超过 1200 个创新研究项目，在无线通信、云计算、光通信、软硬件等多项技术领域取得了突破性的成果。通过构建开放的产学研生态，吸收合作伙伴的异质性知识和技术资源，充分实现优势互补，来促进 ICT 产业的发展，已成为华为重要的战略选择。

在美国，由美国国家科学基金会发起的"美国工程研究中心计划"，倡导大学担任牵头单位，企业以会员和项目合作形式参与研究活动。通过构建产学研协同创新平台，将技术型企业与高校相结合，来聚集高校和企业的互补性资源，为美国企业的创新活动提供完备的知识体系，以提高美国企业的持续竞争力。据悉，该计划生成的新技术、新产品、新工艺和新的高技术企业给产业界带来的价值超过百亿美元。"华为创新研究计划"和"美国工程研究中心计划"的成功，表明以协同合作为基础的产学研协同创新生态有助于企业实现技术创新，而技术创新的基础是知识的创新，如何获取并整合知识，则成为创新的基本要素。

协同创新生态系统是企业与其合作伙伴，通过知识交互与共享形成的长期稳定的协作关系，具有知识溢出、资源聚集优势和技术转移等特征。基于协同效应构成的大量知识基础，为企业组合技术创新活动所需的知识元素提供了机会。在开放创新时代，单个企业所拥有的知识远远不能满足企业技术创新的需求，如何跨越组织边界寻求有利于企业创新活动的知识资源，已成为企业维持持续竞争优势的关键。本书将产学研协同知识创新视为有机生态系统，通过研究其运行机制、演化机理、系统稳定性、政府的干预作用、创新系统可持续发展的政策支持效应等，重点解决两个问题：一是找出产学研协同知识创新效率的关键影响因素及其作用机理；二是政府政策对产学研协同知识创新效率提升的作用方式与途径。这对单个企业发展，乃至国家创新体系建设均至关重要。

1.1.2 研究意义

1.1.2.1 理论意义

（1）揭示协同知识创新生态系统的演进规律。本书探索了协同知识创新生态系统的共生演化路径和运行规律，为促进协同网络价值最大化提供理论参考。协同创新生态系统中各知识主体相互依赖、互利共生。现有关协同创新生态系的研究主要涉及生态系统形成的动力和系统结构的演变。本书借鉴前沿的系统动力学原理、仿真与博弈等方法来探析协同创新生态系统中各知识主体的共生模式和动态演化路径，并揭示协同知识创造主体共生演化的动态规律，为提升协同创新生态系统的整体绩效提供路径支持。

（2）探寻协同创新生态系统与知识创新两个系统的交叉关系。纵观创新管理与知识管理两个领域的已有研究，主要涉及知识共享、知识创造和绩效提升的实现机理等内容，少有学者从生态系统整体的视角，来研究知识主体的演化规律对其知识创造和创新绩效的影响，且较少涉及企业内部情境因素的作用。本书探析了协同知识创新生态系统中生态位的测量方法和动态演化、健康度评价方法与应用、知识情境与创新战略的关系，以及生态系统整体因素对企业绩效的作用机理，为更好地探寻协同创新生态系统与知识管理领域交叉研究的内容，促进网络整体知识增值提供了新的视角。

（3）为探索政府在协同创新中的作用提供了新的视角。政府在协同创新中有极大的推动作用已获得中外学者的广泛认同。财政补贴及税收优惠作为政府支持企业创新的核心政策，是政府对企业创新支持的两大常见手段。已有研究重点关注政府创新支持政策的影响效果，以及企业应如何通过各项手段更好地获取政府的财税支持。近年来我国对技术创新的支持力度不断增大，但创新产出似乎不甚理想。我们从全行业着眼，利用微观面板数据和数据包络分析等方法，对政府创新支持政策的效率进行分析，为探寻政府创新支持政策效率的变动规律，寻找效率提升路径提供理论基础，为政府更好地制定协同创新政策提供新的思路。

1.1.2.2　实践意义

（1）为企业践行创新驱动战略提供理论依据。本研究通过探寻协同创新生态系统的共生演化轨迹与知识创造实现路径，为中国企业践行创新驱动战略提供新颖视角，为提高中国企业的自主创新能力，实现新形势下中国经济的良性发展提供理论参考。近年来，国家提出了工业4.0、中国制造2025等创新驱动发展的具体战略。对企业来说，这是难得的发展机遇，但也带来了众多的挑战。在全球开放创新的背景下，单个企业已无法掌握创新和发展所需的全部资源要素，如何跨越组织边界寻求创新所需的互补性资源，已成为企业维持竞争优势的重要基础。例如，苹果公司与上下游供应商共创价值，构建以苹果为核心的移动创新生态系统来垄断市场利润。国内阿里巴巴、腾讯等商业巨头纷纷构建自己的商业生态系统，旨在成为行业的绝对核心和领导者。因此，多方主体互利共生的协同创新生态系统，是企业实现持续创新发展的关键。在此背景下，本研究探寻协同创新生态系统中知识主体的共生演化规律和知识创造机理，为优化协同创新生态系统的整体价值链，解决企业创新驱动发展的变革提供理论基础。

（2）为改善协同创新中知识创造效率提供实践指导。本研究探寻协同知识创新生态系统的运行规律、演化轨迹和知识创造路径，为提高协同生态系统的知识创造效率，最大限度地实现知识增值提供了实践指导。在知识经济时代，以最新科学技术为核心的知识已成为企业、行业乃至国家竞争力的重要战略资产。如，华为公司作为我国重要的技术导向型企业，为践行用技术创新驱动未来发展的战略，坚持每年在研发上巨额投入，构建了在底层技术上的领先地位。最终，华为靠产品创新、解决方案创新，赢得了客户和用户。近年来，各大城市持续推进产业转型升级，引发各级地方政府疯狂的"抢人"大战，各级政府纷纷出台一系列诱人的待遇，吸引优秀人才，以推动当地经济和社会发展。从上述例子可以看出，知识已成为推动企业和社会进步的重要保证。在技术迅速发展的移动智能时代，协同知识创新系统中的知识主体已构成相互依存的共生生态系统。基于此，本研究通过探究协同知识创新生态系统的运行规律与知识创造实现机理，来找寻影响协同网络中知识创造效率和企业创新能力提升的因素。本研究对改善协同创新生态系统的知识创造效率，实现知识增值具有重要的现实指导意义。

（3）为企业提升创新绩效提供理论与路径支持。本研究揭示了协同知识创新生态系统的基本运行规律、演化路径和知识创造机制，有助于企业抓住关键要素提升创新绩效。协同知识创新生态系统为企业发展提供了创新所需的大量同质性和异质性知识资源。通过分析协同知识创新生态系统中知识主体间的演化关系和博弈规律，掌握协同知识创新生态系统的基本运行规律和生态特征，理解协同创新生态系统中知识创造实现路径、知识与创造战略的适配关系，研究创新生态系统健康度评价及应用方法，为协同知识创新生态系统中企业如何改善自身的知识存储与创造能力，并选择合适的协同伙伴共创知识，以增加组织内外部知识创造效率提供理论借鉴，为发展协同创新生态系统体系以增强企业的创新绩效提供思想指导。

1.2   研究的理论基础

1.2.1   创新理论

1.2.1.1   协同创新理论

协同创新理论起源于 Haken 提出的协同学理论，20 世纪 70 年代由于经济社会的快速发展，创新逐步走出了封闭的闭环模式，Haken 以系统论、信息论和控制论为理论基础，总结了多学科曾出现的从无序到有序现象的变化规律。协同学认为，自然界和社会领域都存在各种各样的系统，任何复杂系统的子系统都有两种运动方向：一是自发地倾向无序运动，这将最终导致系统的无序、瓦解；二是子系统之间互动引起的协调、合作，这将促使系统自发走向有序。系统内部包含若干子系统，而每个子系统内部又包含了若干要素。要素之间以及子系统之间存在着一种复杂的非线性相互作用关系，这种关系推动整个系统向着有序的结构发展，促使系统持续演化。

Veronica 和 Thomas（2007）在 Haken 的理论基础上，为推动信息、技术及人力资本的价值增值，优化市场和创新组织结构，形成了以中介组织、企业、政府机构、科研机构为构成要素，以实现共同优势、效益为目标，解释多元主体互动、叠加、合作等非线性效用合作现状的协同创新理论。他们认为协同创新是将各创新主体的生产要素进行系统优化、合作创新的过程，该过程可以从整合和互动两方面进行分析。整合维度包括知识、资源、行动和绩效四部分内容；互动维度主要是指各创新主体之间的互惠知识共享、资源优化配置、行动最优同步和系统的匹配度。根据两个维度位置上的不同，协同创新过程又可分为沟通、协调、合作和协同四个阶段。沟通阶段主要解决知识的共享和知识的整合；协调阶段涉及知识的整合和资源的优化配置问题；合作阶段重在整合知识、资源以及行动三个层次的内容；最后达到协同阶段，完成知识、资源、行为和绩效全方位的整合。虽然四个阶段所关注和解决的问题略有不同，但其目的都是实现资源的充分利用。此外，合作各方如果都有其他各方所不具备的优势，这样的协同效果会更加显著，各方可相互取长补短，实现互利共赢。协同创新理论框架见图1.1。

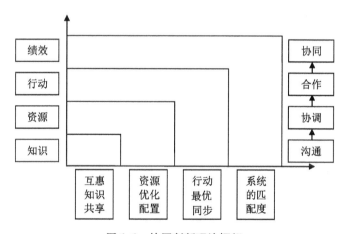

图 1.1　协同创新理论框架

资料来源：VERONICA S, THOMAS F. 2007. Collaborative innovation in ubiquitous systems ［J］. Journal of Intelligent Manufacturing, 18（5）: 599-615.

协同学理论指出，在一定条件下自然界和人类社会中普遍存在的无序现象转化为有序就是协同。协同创新是子系统在非线性作用下的协同效应最终形成自组织结构系统。苏屹（2014）利用系统科学理论研究协同创新理论的方法与途径，探究协同创新系统的耗散结构、自组织特性和协同演进等。王文华等

（2018）验证了开放式创新组织间协同管理对知识协同效应的正向影响。基于协同创新理论，方炜等（2018）刻画了外界刺激的转化过程和网络异质主体的行为，构建出协同创新网络类 DNA 翻译过程模型。

基于协同学理论，我们认为，协同是元素之间的相干能力，是元素在整体发展运行过程中表现出的协调与合作的属性。结构元素间的协调与协作可形成拉动效应，推动各单元和整体的向前发展。协同的结果是多方获益，整体加强，共同发展。企业创新的成功不是单纯地依靠资源的简单叠加，而需要通过协同创新来实现。协同创新被认为是在技术和网络环境下，协同科学的具体运用和体现，具有系统性、动态性、知识协同性和复杂性四个方面的特征，其关键在于各知识创造和技术创新主体形成多元主体协同互动网络，通过主体间的深入合作和资源整合，产生系统叠加的非线性效用，其本质是实现知识的增值。协同创新能够有效汇集创新资源和要素，突破创新主体之间的技术壁垒。因此，可以用协同学、协同创新及其相关理论来解释协同创新系统中的企业行为。本研究认为的协同创新是以企业为核心，各主体间建立资源整合、知识共享、协同合作的优势互补关系，通过统筹、协调、合作从而获得技术成果，实现协同创新效应的过程。

1.2.1.2　技术创新理论

技术创新理论已成为创新理论的重要分支理论，其研究对象主要为技术和市场创新。随着研究的深入，技术创新理论得到了阶段性的广泛发展。

1912 年，"创新"一词首先出现于熊彼特的《经济发展理论》一书中，他提出通过将生产要素和生产条件引入生产体系，建立生产函数以促进各生产要素的重组，实现企业的创新目标。熊彼特认为创新是建立一种新的生产函数，即企业对生产要素的重新组合，也就是将全新的生产要素和生产条件的组合引入生产体系，并实现收益的过程——一个以新老更替形式进行的创造性破坏过程，使得具有创新能力的企业飞速发展，新兴企业不断崛起，而无法适应市场需求的企业惨遭淘汰。企业的更替促使市场整体生产要素不停自我优化，经济也随之不断发展。熊彼特并没有直接给出技术创新的定义，学者们根据自己的研究给出了不同的理解：索罗提出了实现技术创新的"两步论"，即新思想的来源和后续阶段的实现发展，这也被喻为技术创新概念界定的里程碑。伊诺斯首次明确技术创新的定义，认为技术创新是包含发明选择、组织建立、开辟市场等几种行为集合的结果。20世纪80年代中期，缪塞尔在综合多种技术创新定义的基础上，将其定义为以构思新颖和成功实现为特征的有意义的非连续事件（曲继方等，2005）。但直至今日仍未形成公认的统一定义。技术创新是多因素联动的过程，如果最终不能形成商用便失去意义。美国经济学家卡曼和施瓦茨认为引起技术创新有三个指标：①竞争程度，这是技术创新的必要条件，创新就是为了获取更多利润；②企业规模，规模越大，创新开辟的市场就越大；③垄断程度，技术创新的"保值"指标（叶明，1990）。

同时，熊彼特提出创新包含两个部分：发明者创新与企业家应用，只有当新要素或新组合被企业家正确运用到经济活动中，才能称之为创新。在创新行为之后，企业家与其他竞争者将会或竞争或模仿，传播并改进创新产物。同时，创新的产生会使各类资源被重新分配和利用。创新在生产活动中需经历一段较长的适应过程才会被普遍接受，在这个过程中，社会经济从中获得增长。熊彼特创新过程见图1.2。

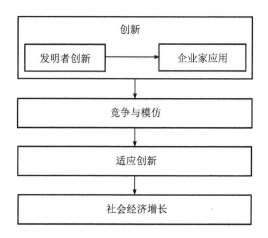

图1.2　熊彼特创新过程图

资料来源：约瑟夫·熊彼特.1990.经济发展理论 [M].北京：商务印书馆.

　　熊彼特将创新活动分为五种类型：新产品的产生或一种产品的新质量的提供；新工艺的使用；新市场的开拓；原材料的获得；改变组织现有的管理方法。熊彼特之后，以曼斯菲尔德、卡曼和施瓦茨为代表的研究者进一步验证和发展了技术创新理论。他们都继承了熊彼特的观点，认可技术进步和创新促进经济增长的作用。曼斯菲尔德主要是研究技术创新与模仿两者间的关系及变动速度，补充和发展了熊特特技术创新理论（Mansfield，1968）。卡曼和施瓦茨（1975）则从垄断和竞争角度研究技术创新活动过程，探索市场竞争强度、企业规模和垄断强度与企业技术创新活动的关系。很明显，他们的研究更偏向宏观层面，但是对技术创新原因和动力等问题的解释却更为具体和深入，从本质上解释了市场结构与技术创新之间的关系。随着研究的深入发展，技术创新理论取得了阶段性的成果。

　　随着经济和社会的不断发展，人们对技术创新理论也有了更新的认识。多年来，学者们纷纷从不同视角研究技术创新的含义、内容以及模式，探讨了技术创新理论所研究的主要任务和研究对象，进一步拓展了技术创新理论。索罗认为实现技术创新的前提是有创新的思维和勇于去实践的勇气（Pan，2002）。从产品创新的角度，曼斯菲尔德提出技术创新是企业构思和设计新产品，并实现新产品从量产、市场销售、获得市场认可和被消费者接受的一种探索性活动（Mansfield，1968）。按照这一观点，技术创新是一系列商业活动从研发到销售的全过程。陈劲和陈钰芬（2006）也提到，技术创新是一项从产生新思想，经过研究、发展、试验、生产制造到实现商业化的整个过程，其成功的标志是"技术发明的首次商业化"。胡瑞卿（2008）指出，技术创新是以企业为主体，以提高经济效益为目的对生产要素及条件的新组合，该过程具有动态性、系统性和完整性。傅家骥（1998）认为技术创新是一个涵盖了科技、商业、金融和组织等多种活动的综合性过程。陈劲（1999）认为企业技术创新的关键在于建立一个完整的技术创新系统，其内部涵盖企业家精神、政府、技术培训以及研究与发展体系等关键要素。在此基础上，陈劲和李飞宇（2001）结合社会学理论，重新诠释了技术创新的内涵，提出在技术创新难度增大、周期缩短、成本提高的背景下，企业难以单枪作战，需要关注与企业之间的合作联系，尤其是横向方面的供应商、用户、政府与大学。在技术创新理论的系统开发方面，其研究内容主要是技术创新过程及其影响因素。具体而言，这一层面的研究涉及技术创新模式、市场体制及技术创新与企业经济增长的关系（李勇刚，2005）；技术扩散、技术模仿与推广及技术创新过程研究（张方华，2005）；企业组织、管理及其决策行为对技术创新的作用和企业内外部因素及内外因素的交互作用对技术创新的影响（陈杰，2013）。张华胜和薛澜（2002）提出了从1950年以来技术创新方式的五个演变阶段，分别是1950—1960年的以"技术推动"为主的创新模式；1960年至70年代早期的"需求拉动"模式；1970—1980年"技术推动"和"需求拉动"两种模式的耦合；1980—1990年出现一体化创新模式；1990年之后的系统集成和网络创新模式。仲伟俊等（2009）结合产学研主题，提出了关于合作内容、合作期限、合作契约以及组织形式等方面的产学研合作技术创新模式。

技术创新理论体系日趋完善，关于技术创新的机制，人们常将其归为两类，即技术推动和市场拉动。前者认为技术创新的源头是科学研究，最终商业化走向市场；后者认为市场需求引导技术创新。如今，人们更倾向于是两者的相互作用推动了技术创新。关于技术创新的分类，可分为突破性创新和渐进性创新。前者一般认为新产品具有技术突破和全新观念等性质，后者则是对现有产品在工艺和细节等上的不断改进。除此以外，也有学者将技术创新分为产品创新和工艺创新。关于技术创新扩散，根据熊彼特"发明—创新—扩散"的创新理论模型，创新扩散是社会经济效益的来源，技术创新的出现会产生巨大示范作用，众多的跟随者使得创新成果大面积扩散从而影响国家社会的经济发展（柳卸林，1997）。

多样化的研究视角推动了技术创新理论研究内容的丰富和发展。技术创新研究不再限于定义、内容及模式划分的探讨，技术创新的影响因素以及其与企业创新绩效之间的关系也成为目前学术界的研究重点。

1.2.1.3 创新战略管理理论

伴随社会经济的发展，传统经济理论已经无法解释很多现象，创新在经济发展中逐步受到重视，学者们进行了大量研究，发展了创新理论，逐渐形成了新熊彼特学派、新古典学派、制度创新学派、国家创新系统学派等有代表性的研究流派，这些学派的产生为创新战略管理理论的发展奠定了基础。

新熊彼特学派深受熊彼特学派影响，同样认为技术进步与创新是经济发展的核心，经济增长、经济周期等都是由技术创新导致的。新熊彼特学派以研究企业和市场结构对创新的影响为主要内容。Scherer 研究了杂志《幸福》中500家企业的创新情况，提出创新行为对不同结构、不同规模、不同行业的企业而言，创新规律都很复杂且各不相同，无章可循。企业为了适应市场条件选择在不同的时机开展创新活动。卡曼和施瓦茨（1975）对比分析垄断市场与创新市场条件下的企业情况差异，提出介于垄断与自由竞争二者之间的市场结构最有利于创新活动的开展。

新古典学派的创新理论研究围绕市场失灵的经济现象，认为技术创新与资本、劳动等影响经济的因素同等重要。此外，新古典学派开展了大量关于政府干预基础创新的研究，提出政府的宏观调控有益于创新活动。如索罗技术进步模型指出技术创新是经济增长的内生变量，与劳动、土地、资本共同促进经济增长。创新获得的收益往往通过创新或产品的传播延伸，若政府未适当干预，创新人的利益得不到保障，创新就会失去动力。

制度创新学派主要研究技术创新的外部制度设置，认为技术创新是由特定制度创新引起的某种效益倾向的现象。制度创新学派认为制度创新决定技术创新，不同制度下技术创新状态不同，有些制度能够促进技术创新，而有些可能会阻碍技术创新。只有建立相应制度，创新的持续性才能够得到保证。制度变迁理论阐述了制度创新对技术创新的重要性，技术的经济性、有规模的经济性与预期收益的刚性都能够促进制度创新。诱致性制度变迁理论的相关模型讨论技术创新、制度创新与社会经济增长的关系，认为技术创新与制度创新之间相互依赖，通常人们更注重连续相互作用的制度创新与技术创新之间的关系。

创新系统学派通过构建创新系统来分析创新的产生，将创新系统定义为创新要素按照某种结构组成的具有产生创新能力的系统，要素的涌现催生了创新。以 Freeman 为代表的国家创新系统学派认为国家创新系统推动了创新，企业等其他创新主体在国家制度的安排下作用。Freeman（1979）将国家创新系统定义为由公共部门与私营部门中各种机构构成的网络，共同促进新技术的开发、引进、扩散与改进。Nelson 等（2002）指出国家创新系统具有复杂性和不可移植性。Saxenian（1989）认为，区域创新系统的区域边界比国家创新系统小，具体空间边界视实际情况而定。Porter（1980）也提出了钻石模型，将产业元素纳入了创新系统。

伴随产业革命与经济发展，为了能够高效准确地解决企业发展相关的问题，企业战略管理的概念逐渐形成。安索夫提出，战略管理的对象是战略过程本身，是企业为了实现组织目标所制定、组织、实施和评价的跨功能决策方法，包含战略制定、战略实施、战略评价三个部分。这三部分既相对独立又相互联系，构成一个整体，是企业实现战略目标的动态管理过程。

美国现代管理理论之父巴纳德首次在《经理人员的职能》一书中提出了战略因素的构想，之后钱德勒在《战略与结构》中分析了"环境—战略—组织结构"，提出组织结构要服从战略。1972 年，安索夫正式提出"战略管理"的概念，并在《战略管理》一书中提出了以环境、战略、组织为基础的战略管理模式，构建了经营管理战略的基本框架，这便是现代企业战略管理理论的起点。以此为基础，战略管理理论的研究形成了众多流派。其中，最具代表性的是结构学派、资源构造学派和能力学派。

（1）结构学派。波特是战略管理结构学派的开创者，他在《竞争战略》中提出产业分析模式并在 20 世纪 80 年代运用到战略管理研究中。波特的理论是在产业组织经济学"结构—行为—绩效（SCP）"的基础之上提出的，认为产业内的企业运作、竞争格局、发展战略、绩效都由产业结构所决定，企业在五种竞争力的作用下可采取防御措施来抗衡竞争。波特提出进入威胁、替代威胁、买方侃价能力、供方侃价能力、竞争对手的竞争构成的五力竞争模型来分析产业结构，认为企业制定并实施竞争战略的核心在于正确理解分析五种竞争力的作用，并在此基础上提出总成本领先战略、差异化战略、目标集聚战略三种竞争战略。

（2）资源构造学派。《企业资源基础论》一书的发表标志着资源构造学派的诞生。书中指出企业内部资源与知识的积累、组织能力是获得收益、保持竞争优势的关键所在。资源构造学派认为企业独特的竞争优势来源于拥有的资源和能力，企业只有获得先行的具有异质性或非流动性的资源才能保持竞争优势，进而提出了"资源—战略—绩效"的基本框架。Barney（1991）提出企业资源是指企业用于制定和实施战略来提升效率的所有能力、资产、程序、信息、知识、企业品质等。企业资源是企业所拥有的、能参与产品服务生产以满足市场需求的人力和非人力、有形和无形的所有投入要素。Barney 分析了企业资源的四大特点：价值性、稀缺性、无法替代性与无法模仿性，归纳了企业资源与持续竞争优势的模型，见图 1.3。之后，袁峰、陈晓剑（2003）将企业内部资源视作竞争优势的来源，提出企业应更加专注于企业竞争优势资源的识别与获取。战略即识别整合企业资源，创造战略性资源从而改善绩效。王静鹏等（2003）提出，当稀缺的、无法模仿与替代的企业资源无法通过市场交换获取时，可通过战略联盟的方式共享得到。战略联盟能够有效整合企业内外部资源，扩大企业外部资源的边界。

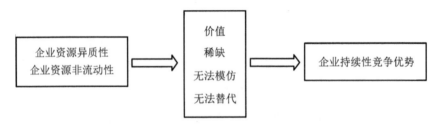

图 1.3　基于资源的企业持续竞争优势模型

资料来源：BARNEY J B. 1991. Firm resource and sustained competitive advantage［J］. Journal of Management, 17（1）：99-120.

（3）能力学派。波特的企业战略管理思想提出了企业如何制定竞争战略以取得市场竞争优势，但他主要从企业外部产业结构的角度出发，忽视了企业内部的因素。在这种情况下，以汉默尔（Gary Hummel）、普拉哈拉德（C. K. Prahalad）、斯多克（Geo Stalk）、伊万斯（Phillip Evans）为代表，提出了战略管理核心竞争力与核心能力观，使战略管理理论开始聚焦于企业内部。能力学派强调组织内部学习、知识与经验分享，在制定实施竞争战略时以企业生产、经营等内部因素为出发点。Teece（2007）提出，核心能力是技能、互补资产与惯例的集合，可在某些业务领域为企业提供竞争力，强化竞争优势。核心能力是个性化的、难以模仿的知识集合，核心能力的积累与企业持续成长高度正相关，且需要长期学习与积累才能建立。核心能力学派以企业生产经营过程中的所有能力为出发点和落脚点，据此调整与实施企业战略。而核心能力离不开组织内部共同学习、价值观传递和经验交流。能力学派主要考虑如何将企业打造成为以能力为基础的竞争者。

1.2.1.4　企业动态能力理论

企业动态能力理论最早起源于 Teece 和 Pisan 于 1994 年所著的《企业的动态能力介绍》一文，之后学界开始广泛关注企业的动态能力，对企业管理理论的研究逐步从静态过渡到动态。与资源基础理论不同，动态能力理论强调市场环境的动态性，为适应环境变化，企业需建立起对内、外部资源进行整合和利用的能力。

随着研究的深入，学术界已经逐渐涌现关于动态能力内涵、维度、影响因素以及动态能力与企业竞争力或绩效之间关系的研究成果。研究者分别从不同视角来分析动态能力的维度组成。Sher 等（2004）基于学习视角，提出动态能力由知识整合能力、组织学习能力和资源再配置能力组成。Wang 和 Klein（2007）认为动态能力是适应能力、吸收能力和创新能力三部分的集成。贺小刚等（2006）提出动态能力的五维度，即市场潜力、组织柔性、战略隔绝、组织学习和组织变革。焦豪等（2008）基于创业和学习视角，将动态能力划分为环境洞察能力、变革更新能力、技术柔性能力、组织柔性能力。耿新等（2010）将组织动态能力划分为两个研究维度，即市场动态能力和技术动态能力。冯军政等（2011）认为动态能力是多维度的，分别是机会和威胁的感知能力、资源整合能力和资源重构能力。董保宝等（2011）指出动态能力应由环境适应能力、组织变革能力、资源整合能力、学习能力以及战略隔绝机制五部分构成。

梳理现有研究可知，尽管研究者尚未就动态能力的内涵及维度划分形成统一意见，但是普遍认同动态能力是指企业为适应市场环境变化，将企业内部的所有资源和能力进行重新组合，或通过网络关系搜寻和整合外部资源来实现企业的目标。企业动态能力理论将企业置于开放、多变的外部环境之中，以动态的观点来演绎企业发展和壮大的过程规律，研究企业与外部环境的共生机制。该理论认为，企业应该不断开发、整合和再配置合作网络中的种种资源，以应付持续变化的竞争环境，以长远的目光审视外部环境并顺应环境的变化，与外部变化保持一致步伐，挖掘竞争优势的新来源。但同时，与环境充分磨合后的效用并不会立竿见影，这时常会产生一种无关联的假象，而实际上动态能力的提升往往存在滞后效应，对管理者而言应该从发展的角度来观察效用。

1.2.2 社会网络理论

1.2.2.1 社会网络理论的渊源

社会网络理论是适应社会结构和社会关系需要而发展起来的分析方法，主要是分析各个行动者之间的关系状态，寻找关系的特征以及发现这些关系对组织存在的各种影响（王一飞等，2011）。由于社会网络理论独特的实证能力，学者们在研究中能够利用它构建具体且有效的因果模型，因此，该理论成为近年来发展显著的方法和技术，及全新的研究范式和理论视角。

社会网络理论起源于20世纪30年代，由英国著名人类学家布朗提出。布朗在对结构的研究中提出社会关系网络，但他关于网络的概念主要是用于说明社会关系结构。社会网络分析方法形成的技术基础是社会计量学和图论。社会计量学代表学者莫雷诺认为，社会构型的结构因素与个体心理满足之间存在关系，并在人际关系模式的基础上提出"社群图"，以此反映社会构型的关系属性。图论主要用于研究群体行动，代表人物有卡特莱特、哈拉里等。《结构模型：有向图论的导引》的出版标志着社会网络分析图论法的成熟。

20世纪70年代新哈佛学派出现，意味着社会网络理论作为一种独特的研究方法趋于成熟。这一阶段的代表人物有怀特和格拉诺维特，其中以怀特为中心的关系/网络结构观最突出的贡献是通过建立各种社会结构模型来分析社会关系与社会结构问题，数学方法的运用是网络分析方法技术上的成熟。格拉诺维特率先将关系纽带作了强弱之分，并由此提出关系强度的概念，成为社会网络分析理论研究的重要转折点（Granovetter，1973）。

20 世纪 90 年代以后的研究以林南的社会资本理论、伯特的结构洞理论和边燕杰的强关系力量论为代表。林南侧重研究社会资本对个体行动者社会地位流动的影响，因此，他的主要贡献在于建立了关于行动和结构的理论，同时提出并检验了社会资源理论的地位强度假设、弱关系强度假设和社会资源效应假设。Burt（1992）认为社会结构中的洞主要表现为群体间的弱联系，这些联系节点（即结构洞）为那些关系横跨结构洞的个体创造的竞争优势不仅是资源优势，更重要的是社会资本优势或关系优势。边燕杰（1999）的强关系力量论认为强关系可以在没有联系的个体行动者之间充当网络桥梁，此外他对于计划经济工作分配制度的分析为求职过程中网络流动的内容提供了区分依据。

从该理论的应用发展历程来看，20 世纪初，社会网络分析理论最早被应用于社会学和心理学方面。哈佛研究员 Warner（1999）对比研究新旧城市，对社会结构的数据进行了系统收集，以群体为对象展开研究。法国学者 Levi Strauss 借助矩阵形式表示亲戚关系的结构，麻省理工学者 Bavelas 在研究群体任务导向时首次提出了网络中心性的概念。20 世纪 70 年代后，以哈佛学者 White 为代表，大批学者开始使用社会网络分析方法，撰写了大量论文著作，确立了社会网络分析的地位，使之成为经典的结构分析方法。发展至今，已在地理学、情报学、管理学等学科得到了广泛应用。社会网络分析在认识论、本体论及方法论上都有其科学与独特的地方，得到了不同学界学者的一致认同。

随着社会网络分析方法不断发展，该理论在社会学、管理学、组织行为学及经济学等领域都得到了广泛应用。而在创新相关研究中，学者们逐渐引入社会网络分析理论，使得该理论成为企业创新网络研究的主要方法。社会网络分析的研究对象主要有社会网络、行动者及关系等，研究视角主要为网络结构视角和网络关系视角，前者关注的是网络位置与行动者之间的行为关系，后者则关注行动者间的社会性黏着关系。

当前，社会网络分析的研究通常使用代数工具、聚类分析、图论分析等多种方法对网络关系进行抽象性描述，以进一步挖掘某种特定关系模式下的网络特征，进而研究群体的机构特征及互动关系。徐国军等（2018）用联结强度研究合作创新网络中企业间的情感依附与承诺。用于分析的关系数据可通过文献法、观察法、问卷法、访谈法、实验法等方式获取，之后再使用社会网络统计模型进行分析。随着计算机信息网络技术的蓬勃发展，研究者能够对社会网络分析产生的几何级数据进行处理与分析。针对社会网络分析这一方法，研究人员开发出相应的软件，如 Uncinet 6.0 和 Structure 4.2 等社会网络测量软件能够将社会网络图形以可视化的方式展现。

社会网络分析方法能够分析多种网络结构中的不同单位，包括网络中节点的行动者，反映行动者之间互动关系即网络节点之间的连线，及体现范围、强弱等属性的关系网络的集合。通过宏观与微观相结合的方法，既可以对行动者个体、群体的结构洞、凝聚子群等微观层次进行研究，也可以对网络整体的宏观层次进行探索，揭露不同层次间的相互作用。社会网络分析方法可以测量网络中各行动者之间复杂的网络节点与关系，将行动者的互动关系进行可视化建模，帮助学者分析网络关系。

1.2.2.2　社会网络理论的构成

社会网络，是指社会成员之间因互动产生的相对稳定的关系的集合。"网络"这一概念最早可以追溯到德国社会学家 Simmel 关于社会结构的观点。Simmel 认为社会的本质在于人与人之间的互动过程，明确地把社会结构看作关系网络来分析。而"社会网络"这一概念最早由英国人类学家 Brown 在 20 世纪 40 年代初使用，将人与人的社会关系看作是社会结构的一部分。Barnes 对挪威一个渔村阶级体系的分析首次将隐喻的"社会网络"转化为具体的研究。该时期兴起的"曼彻斯特学派"促进了社会网络分析的发展，代表人物除 Barnes 外，还有 Mitchell，Bott 等人，而研究多集中于以个体为中心的人际关系。Mitchell 通过"密度""可达性""互惠性""强度""频次"等关键词来描述整体网络和个体网络的社会网络特征，Bott 则对家庭的社会网络进行研

究。进入 20 世纪 70 年代后，随着"新哈佛学派"的出现，社会网络分析逐渐
形成一系列理论，成为一种新的社会学研究范式，逐渐应用于组织行为学、管
理学等领域的研究（林聚任，2009）。到 20 世纪 90 年代，社会网络分析受到
重视，成为企业研究的热点领域。同时，在理论方面也有了进一步发展，以
Burt（1992）的"结构洞理论"和林南等人（2001）关于社会资本的研究最
为突出。作为社会学的重要分支及一种独特的研究视角，当前社会网络理论主
要包括弱连带优势理论、强连带优势理论、强弱连带优势理论、结构洞理论以
及社会资本理论等。

（1）弱连带优势理论。社会网络是由一系列的主体构成，这些主体之间
的依赖程度并非对等，即他们之间的联结程度存在差异。强关系更倾向于发生
在经济特征类似的个体之间，并维系群体或组织内部的关系，弱关系则容易建
立于经济特征不同的个体之间，并维系着群体或组织之间的关系。由此可见，
强关系往往会导致资源的冗余，而弱关系则会为网络个体提供多样化的信息、
资源和机会。Granovetter（1973）在《弱关系的力量》一文中首次提出联结强
度的概念，根据互动频率、情感力量、亲密程度、互惠程度等四个维度对人际
间的关系纽带作了强弱之分。他认为不同的关系在人际间、组织间、个体与社
会间发挥着不同的作用。其中，强关系维系着群体、组织内部的联系，而弱关
系则维系着群体之间、组织之间的关系，从而形成社会系统。特别地，他提出
弱关系是信息桥的观点。从个体的角度出发，弱关系是为个体间的资源流动创
造可能的重要资本；从宏观角度出发，弱关系对社会凝聚力起着重要的作用。
由于强关系倾向在经济特征类似的个体间建立起来，而弱关系则容易在经济特
征不同的个体间建立起来。因此，对于建立强关系的双方，往往彼此获得的信
息具有较高冗余性；而弱关系则相反，因为通过弱关系获取的信息往往来自群
体外部。相对于强关系而言，弱关系的建立增加了个体网络的多样性，增大了
接触不同信息、不同资源、不同个体的机会。

（2）强连带优势理论。Granovetter（1985）认为主体之间的联结关系有强
弱之分，分为互动频率、感情力量、亲密程度和互惠程度四个维度。尽管
Granovetter（1985）认为弱关系可以跨越不同社会群体获取不同类型的信息，

但同时他认为强关系为人际互动提供了信任的基础。与之相应，Krackhardt（1992）在组织内部情感网络的分析中更倾向"强连带优势理论"。他认为个体间的强关系有助于建立和增强彼此之间的信任，而信任为个体克服不确定性情况提供了一个良好的基础，并且能够消除个体抵触改变的心理。因此，强关系的建立有助于组织打破内部边界，从而有助于组织适应外部环境变化的不确定性。边燕杰（1999）在对中国内地求职现象的研究分析中指出，以伦理为本位的中国社会环境下，求职者具备的"人情"相对求职信息来说更为重要，没有一定的人情关系，信息未必能够传递，信息传递是人情关系的结果，而"人情"是以情感和信任为基础的强关系。相对于弱关系而言，强关系具有的高度信任使得信息、资源的转移更为便利。

（3）强弱连带优势理论。Uzzi（1997）认为在不同外部环境下，连带类型对企业的影响作用是不同的，因此在强、弱连带理论的基础上提出了强弱连带优势理论，即企业所处网络的理想状态应该是强连带与弱连带的组合。Rowley等人（2000）的实证研究也表明环境的稳定性是连带关系起作用的权变因素，在低环境不确定性下，强关系更有利于企业高度的探索创新活动；而在高环境不确定性下，弱关系发挥的作用更大。

（4）结构洞理论。1992 年，Burt 在《结构洞：竞争的社会结构》一文中首先提出结构洞的概念。与上述理论从关系嵌入视角切入网络研究不同，结构洞理论从结构嵌入视角开展研究，他将研究重点放在社会网络结构形态上，分析什么样的网络结构能够给网络主体提供更加丰厚的回报。他认为除了关系外，个体的结构位置也十分重要。结构洞指的是两个关系人之间的非重复关系，即与个体有联系的两者彼此之间无直接联系，或者说个体拥有的关系对另一个体具有排他性。这种类似于"完全中介"的结构洞位置使得个体在信息和资源的获取和控制上相比其他两者都极具优势。

（5）社会资本理论。Bourdieu 率先提出"社会资本"一词，随后 Coleman发展了社会资本的内涵，认为社会资本表现为个体所拥有的社会结构资源的丰富程度。Lin（2001）的研究侧重于社会资本对个体在社会网络中地位的影响力。他假设个体所在的社会网络存在等级结构，个体可以通过积累社会资本从而实现跨越等级的目标，运用社会网络方法研究社会资本，并提出社会资本就是"对交易中有预期回报的社会关系的投资"。这种通过社会关系获得的资本需借助个体在网络中的联系起作用。首先，他根据财富、地位和权力等标准将宏观社会结构假设成一种等级结构。个体在跨越等级时，受到这种结构的约束，不同等级的个体在资源的占有及机会上是不同的。其次，个体通过摄取嵌入于网络中的社会资本从而实现等级的跨越。

（6）行动者网络理论。行动者网络理论是 20 世纪 80 年代中期，由法国社会学家卡龙（Michel Callon）和拉图尔（Bruno Latour）为代表的（巴黎学派）科学知识社会学家提出的一种分析科学知识社会建构的方法。该理论以"行动者"表示在科学知识的建构过程中所有起作用的人类与非人类因素。这一理论给予了非人类因素以关键地位，有效克服了"人"与"非人"的二元对立。他们认为自然、社会和科学知识以及一切人类的活动成果都是由各种包含了多种异质性行动者的网络建构出来的。行动者网络理论基本的方法论规则是"追随行动者"，即从各种异质的行动者中选择一个，并以此为核心行动者，通过追随特定核心行动者的方式，清晰展示以此行动者为中心的网络建构过程。行动者网络理论已广泛应用于技术创新管理领域（马海涛等，2009）。

根据行动者网络理论，核心企业内部有助于创新实现的因素可称为内部行动者，如创新文化、设备、营销能力等；核心企业外部有助于创新实现的因素可称为外部行动者，既包括人类外部行动者，如客户、供应商、大学、政府等，也包括非人类外部行动者，如创新政策、市场需求等（Latour，2005）。创新网络的演化过程，既是行动者相互建构、共同演进的过程，也是核心企业根据创新目标的改变不断调整参与网络的行动者的过程（刘锦英，2014）。按照创新网络理论，核心企业对外部支持的依赖，实际上都可以转化为对外部行动者的依赖。然而，外部行动者一般不会自动嵌入到创新网络之中，常常是核心企业根据创新需要进行的针对性选择。并且，核心企业与外部行动者结网创新时，选择的行动者不同，可能会使创新成本、效率、效果等方面差距较大。所以，为了建立有效的创新网络，首先需要核心企业选择合适的行动者作为结网对象。

在协同创新网络中，主导企业为实现自身的创新目标，获取更多的互补性知识资产，通常会主动选择特定的上下游合作伙伴构建相互依存、互惠共赢的协同网络。

1.2.3　资源基础理论

资源基础理论的内涵比较广泛，结合本研究梳理资源基础理论内容，主要的理论有以下几种。

1.2.3.1　资源基础观

资源基础观是资源基础理论的首要观点，该观点历史悠久，最早可以追溯到1959年Penrose提出的观点，他认为企业是一个由多种异质性资源组合而成的集合体，企业所拥有的资源种类、数量、结构等指标将影响资源的利用方式和形式，而资源的利用又将最终影响企业经营现状和未来的发展。同时，Penrose提出了企业成长的动态循环过程：资源—产品—竞争优势—扩大经营—新资源，并分析了企业生产性资源对竞争优势的重要性，为资源基础理论的形成奠定了基础。以Penrose等人的工作为基础，Wernerfelt首次在《企业资源论》一文中提到资源基础论，他认为企业持续性的竞争力来源于企业内部的资源优势。资源分为有形和无形资源两个维度，在企业之间具有难以流动性和复制性，企业可以将这些有形和无形资源转化为企业独有的能力，从而实现企业在行业中的竞争优势。Wernerfelt（1984）将资源看作企业战略的基础，延伸了波特的市场定位战略，认为企业绩效同时受产品和资源影响，好的绩效可以获得壁垒性资源或打破原有新旧资源平衡。企业中异质性资源是独特的竞争优势，组织资源与管理密不可分，企业依据其资源改善经营管理方式，进而有效提升企业绩效。Wernerfelt（1984）首次完整地从资源的角度分析该问题，指出企业间基于资源及其组合的竞争对企业在产品市场中获得优势具有重要意义。Barney（1986）认为发展一种基于企业所控资源的属性，从而解释企业持久而卓越的绩效的理论是可行的，同时他也认同企业控制独特的资源能为企业带来良好的绩效这一观点。Barney将战略性资源与一般性资源区分开来，将资源定义为由企业所控制的所有资产、知识、能力和组织流程，提出稀缺性、价值性、不易模仿、难以替代的异质性资源具有时间上的持续性、空间上的不可转移与不可替代性、价值上的增值性，只有这类资源才是夯实企业竞争优势的战略性资源。而不同企业拥有的资源具有低流动性和异质性，因而企业之间存在长期的资源禀赋差异。之后 Barney 继续探究了组织资源转化为竞争优势的整体过程，提出了 VRIO 模型，强调在企业拥有稀缺性、价值性、不易模仿、难以替代的异质性资源的基础之上，也需要有效组织，才能够最大限度发挥资源的效能，获得竞争优势。Richard 和 Rumelt（2005）认为产业之间的差异并不能给企业带来收益，只有企业内部难以复制的异质性核心资源才能为企业带来超额利润。在资源基础理论发展的过程中，又出现了企业能力基础理论、知识基础理论等不同流派，但其基本思想是一致的，即企业竞争优势来自那些具有特殊性质的资源（朱伟民，2007）。

虽然资源基础理论的相关研究一直在快速发展，但基本上达成共识的是，只有企业采取及时且适宜的战略举措，才能够有效获取、利用相关资源，最大限度实现资源价值。魏谷和孙启新（2014）、Klingebiel 和 Rammer（2014）等学者从战略视角出发，实证研究发现，企业只有制定并采取正确的战略才能有效利用资源，创造高水平绩效。学者们从不同视角研究企业利用资源基础提高绩效的过程机制。朱晓红等（2014）从机会视角出发，提出企业需要识别有价值的创业机会，发挥资源的潜在价值，提升企业绩效。Sirmon 和 Hitt（2009）从能力视角出发，认为在资源基础转化为企业绩效的过程中动态能力具有重要作用。资源基础观关注企业内部组织与市场的不完善，强调企业异质性、专业度和企业有限资源转移的可能性。Peteraf 和 Barney（2003）的研究指出，企业获得竞争优势在于它能够在产品市场中比竞争对手创造出更多经济价值。如果企业在其所处行业中能够创造出更多经济价值，而其他企业无法得到这种异质性资源带来的益处，该企业就能够获得持续的竞争优势（Kellermanns 等，2016）。

资源基础观发展至今已形成了很多核心观点：第一，企业独有的异质性资源是企业竞争优势的来源，企业所拥有的资源是其发展和壮大的基础，在所有生产资料中起基础性作用。通过资源的组合和运用，可以提升企业核心竞争力，发展、形成自身的竞争优势和力量源泉。企业的竞争是基于其自身资源的异质性而展开的，同时这些资源必须是有价值的、稀缺的、难以模仿以及不可替代的，满足这四个标准的资源才能确保企业具备持久的竞争优势。第二，保障自身资源持续保持稀缺性和不可复制性，是企业可持续发展的不竭动力，企业在经营过程中必须持续提高自身竞争实力和研发强度，促进创新成果产出，不断开发出新兴且稀缺的创新资源，保证自身不落后于行业创新的步伐，并在发展中学会利用法律法规保护知识产权。在市场经济中，经济利益会驱使企业之间互相模仿，如果企业内部的资源很容易被学习和复制，那么其通过异质性资源所取得的经济租金也将减少甚至消失。第三，企业要获得长远发展，必须思考如何获取和管理特殊资源这一问题。跟强调企业战略适应竞争环境、行业、市场等外部因素的观点不同，资源基础理论强调企业的竞争优势来源于内部的资源和能力（杜维等，2009）。企业要想在竞争中保持优势，一方面要对自身所有资源和能力保持清醒的认知，同时需要通过采取相应的开发和管理手段来最大限度地利用当前资源。对于弱势企业，还应该主动向外部搜寻特殊资源。为获得长期发展，企业必须将资源管理贯穿落实于长期管理实践之中。中小型企业必须不断思考和完善资源管理体系，保持学习的动力，不断学习、效仿行业内的领先企业。处于资源劣势的企业还可以通过加入战略联盟等方式从外部搜寻知识，以弥补先天不足，联合其他企业进行协同创新，往往能产生更高的经济效益。大型企业也需不断反思如何更好地获取和管理资源才不至于形成知识惯性。

1.2.3.2　知识基础观

知识基础观是资源基础理论中的一小分支，这是因为知识本身就是一种特殊的资源。知识管理专家彼得·德鲁克认为，知识资源与土地、资本、劳动力等生产资料性质的资源并非并列关系，知识资源是一种具有重要战略意义的资源，知识已成为实现企业创新的首要资源。然而，与其他资源相比，知识管理的范畴和方法范式都比较复杂，日益受到重视的知识管理正在成为21世纪企业管理的新模式，新时期的企业管理实践迫切需要其独立成为一种理论，以有效提升管理绩效。

资源基础理论认为知识是企业具有战略意义的重要资源。通常来说，知识资源难以模仿，具有复杂性，但其异质性将为企业带来额外的绩效。企业知识基础是企业所掌握的独特资源，有效利用和整合这些资源，能够促进企业创新绩效的提升，从而增强企业的竞争力。知识嵌入于组织文化、政策、日常活动、文件和员工等不同实体中，且具有一定的隐蔽性。为了建立企业的竞争优势，知识在企业内及企业间的可转移性就显得极为重要（Grant，1996）。对于隐性知识而言，如果无法在实践应用中对其编码显性化，那么其转移过程将会缓慢而耗费精力，并且充满不确定性（Kogut 和 Zander，1992）。由此，信息技术充当着一个重要的角色，可被用于整合、促进和加强企业内与企业间的大规模的知识管理，从而增强知识的流动性。

知识基础观主要强调以下观点：第一，通过对知识资源进行合理管理可创造出经济租金，通过增加知识的存量和质量有助于增强企业的创新能力，并且有利于企业在竞争中获得优势，这是该理论的基础性假设，在注重知识存量的同时需对知识的质量加以额外关注（Grant，1996）。第二，企业的创新资源是一个由各类知识组合而成的知识库，这些知识既包括可用于共享的显性知识，也包括难以言传身教的隐性知识或叫缄默知识，企业知识管理实质上就是一个庞大的知识处理系统在完成日常的运作。知识基础观强调企业是一个知识处理系统，企业核心能力的来源是企业内的隐性知识。第三，知识的来源不仅是内部知识创造，更多时候需通过外部知识共享，借助内部消化和吸收能力，完成外部知识向内的转码和嵌入，内外知识互利共生共同促进创新。企业内的知识以人为载体，通过各种手段如文本、技术系统、言传身教等来实现部分和完全共享，通过知识整合和创造，产生能带来经济价值的新知识。第四，企业是一个知识的集合体，企业的关键能力之一在于能否有效地管理和使用这些知识（Kogut 和 Zander，1992）。根据 Nonaka 和 Takeuchi（1995）以及 Grant（1996）的观点，企业可通过从组织外部获取知识提高自身的知识存量和质量，以增强自身的创新能力。协同创新网络内不同学科领域的异质性知识来源为企业吸收和获取创新所需的知识提供了丰富的知识基础。知识基础观指出企业要在激烈的竞争环境下保持优势，有必要提高组织的创新以及应变能力以适应环境的变化，这是知识管理的关键。基于知识有隐含性和公共性等特征，其管理必须对内部的核心知识和关键知识进行开发和优化管理。

1.2.3.3 知识管理理论

知识资本最早在《知识资本：如何成为美国最有价值的资产》中提出。知识资本是指能为企业带来利润的有价值的知识，是一种动态资本形式，包括人力资本和结构资本。知识资本理论认为企业的真正价值在于知识资本，强调以人力资本为前提，以结构资本为支持，共同推动个人知识向组织知识转化，从而实现知识资本的积累及增值。其中人力资本作为关键，是组织知识价值得以实现的基础，而结构资本为人力资本有效发挥作用提供组织环境支持。知识资本理论有利于理解组织知识活动，为组织重视人力资本及无形资本的投入提供依据与支持，指导企业选择正确的经营及发展方式，推动企业获得持续性竞争优势。

企业知识管理理论以知识的可传递性、专用性及集成功能等为出发点，从知识的角度探析企业理论所关注的基本问题。关于企业的本质，企业知识理论认为，企业是知识一体化的组织，为多人集中使用各自专业知识即知识的交流共享提供了较为经济的环境。关于组织结构，组织结构应有利于成员间知识共享与交流，开放的、扁平的、自我管理的组织结构能较好地实现成员间互动，从而促进企业知识转移与集成。关于企业内的协调，组织成员协作是知识整合的关键，有效沟通可以降低协作的成本。关于企业间的异质性，企业知识要素及知识结构的不同造成了企业间的差异。企业知识理论从知识的这一新视角出发探究传统企业理论关心的问题，适应了知识经济时代的要求。

知识管理理论主要研究知识活动的管理模式，其中较具代表性的有知识创新空间模型。日本学者竹内弘高和野中郁次郎于1995年提出SECI模型，该模型丰富了知识管理的理论基础，合理解释了知识的形成与演化路径，为知识运营与创新实践奠定了理论基础。

知识可以分为显性知识和隐性知识两种，隐性知识向隐性知识的转化是一种知识社会化（S）的过程，该过程无法通过语言描述，而是通过观察、模仿或实践来完成的，可以概括为潜移默化；隐性知识向显性知识的转化是一种知识外在化（E）的过程，通过隐喻、类比或模型，将无法显露的知识概念化，完成知识创造，可概括为外部明示；显性知识向显性知识的转化是一种知识组合化（C）的过程，通过各种方法将字符、语言规范化，可概括为汇总组合；显性知识向隐性知识的转化是一种知识内在化（I）的过程，原本公开的知识技能被员工或技术部门消化吸收，加上自己的理解后深化为新的知识，可概括为内部深化。"知识螺旋"理论解释了知识形成和创造的过程，企业内外部的知识就是在这种机制的作用下实现不断的循环往复，不断的扩散、嵌入和累积。具体过程可见图1.4。

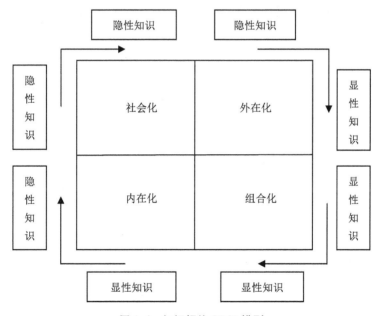

图 1.4 知识螺旋 SECI 模型

资料来源：Ikujiro Nonaka, Hirotaka Takeuchi. 1995. The Knowledge-Creating Company［M］. Oxford University Press.

1.3　研究内容与方法

1.3.1　研究内容

第1章，绪论。主要阐述本书的研究背景和意义、研究内容、研究方法和研究的理论基础。重点梳理了创新理论、社会网络理论、资源基础理论和知识管理理论，以此作为协同知识创新生态系统研究的理论基础和理论依据。

第2章，协同知识创新生态系统及其运行机制。涉及协同知识创新生态系统及其特征、协同知识创新生态系统运行机制和协同知识创新的动因。通过追溯协同知识创新生态系统的历史渊源，总结协同知识创新生态系统的构成要素与运行特征，探讨协同知识创新生态系统演化规律与运行机制，系统分析协同创新中协同剩余形成的关键影响因素，以期为提升协同创新活动绩效提供理论参考。

第3章，协同知识创新生态系统的演化与博弈。主要从协同知识创新系统的演进规律与影响因素出发，基于系统动力学原理和仿真方法，探究协同知识生态系统的共生演化路径和知识创造的动态规律，以及知识创造主体的博弈过程，提出有利于协同知识创造和企业增值的策略。

第4章，协同创新网络中的生态位及其效应。在分析协同创新生态系统生态位及特征的基础上，提出协同创新生态系统生态位的测量方法和动态演化模型，并验证协同创新生态系统生态位对二元创新绩效的影响机理，并总结协同创新中生态位与网络位置的管理策略。

第5章，协同创新网络中知识域耦合及其效应。从协同创新生态系统中知识域耦合概念及特征出发，研究协同创新生态系统中知识域耦合的实现路径与效应，提出协同创新生态系统中知识域耦合效率提升的建议与对策。

第6章，知识情境与创新战略。主要涉及知识情境与创新战略的匹配性，知识情境与创新绩效的关系，以及知识管理与创新战略优化的策略等内容。

第7章，创新生态系统健康度评价及应用。定义了创新生态系统健康的内涵，在回顾创新生态系统健康度评价研究现状基础上，构建了创新生态系统健康度评价体系及应用方法，为促进创新生态系统可持续发展提供理论依据和实践方法。

第8章，协同知识创新的政策支持效率研究。在梳理和分析协同知识创新相关政策现状的基础上，采用DEA方法，对政府创新政策效率进行实证分析，提出优化创新支持政策的建议。

1.3.2　研究方法

（1）归纳演绎法。在前人研究的基础上，对产学研协同生态创新系统的起源与特征，及其运行规律进行归纳总结，深入了解产学研生态系统的构成与总体特征，剖析其演化规律与内外部运行规律，提出产学研协同创新的根本动因——协同剩余，以揭示产学研协同剩余形成的机理，为最大限度促进价值增值提供参考。

（2）系统仿真方法。在分析产学研协同创新生态系统演进规律与特征的基础上，基于共生演化、系统动力学、演化博弈等视角，构建产学研协同创新生态系统中各创新主体、知识耦合与知识创造动态过程的演化模型，并采用前沿的系统仿真方法进行分析，找出协同知识创新各阶段的均衡点和系统优化路径，为促进协同知识创造提供思想借鉴。

（3）实证研究方法。基于产学研协同知识创新生态系统的基本运行特征与共生主体的演化规律，采用面板数据、问卷调查法等实证研究方法，探讨产学研协同创新生态系统中内部知识基础与组织情境、组织外部环境等多重因素的交互作用以及组织内外部知识耦合、知识创造过程对企业创新的影响，为提高企业创新绩效、促进知识增值提供参考。

　　(4) 模糊综合评价法。借鉴行为生态学和系统论思想，基于系统稳定性和可持续性两个视角，来构建产学研协同创新生态系统健康度评价指标体系，综合比较、验证影响产学研协同创新生态系统可持续发展的要素与权重，为促进产学研创新生态系统可持续发展提供指导。

　　(5) 数据包络分析（DEA）方法。通过梳理协同知识创新的相关政策现状，从投入和产出两个视角来构建二重 DEA 模型，对我国政府创新支持政策的效率水平进行综合分析、产业分析、投影分析，为政府科学制定健全创新支持机制提供理论与方法支持与实践路径。

2　协同知识创新生态系统及其运行机制

本章首先介绍协同知识创新生态系统的概念、协同知识创新生态系统的构成要素、维度和特征；探讨创新生态系统演化规律，探究产学研协同知识创新生态系统的自组织非线性和利益协调交叉运行机制；系统分析协同创新中协同剩余形成的关键影响因素，构建协同剩余形成机理模型，提出最大化协同剩余的建议。

2.1　协同知识创新生态系统及其特征

2.1.1　协同知识创新生态系统的概念

2.1.1.1　协同知识创新生态系统的渊源

生态系统由英国生态学家 Tansley 于 1935 年提出（Tansley，1935）。在全球化背景下，顾客需求的复杂多变、产品和技术更新换代速度的加快及商业活动中知识等无形资源的增加，使得竞争环境由静态向动态、由有限竞争向无限竞争过渡。传统的战略思维和组织结构已难以满足当今快速变化的市场环境的需要。生态系统为解决这一困境提供了一种新的思路（陈健等，2016）。

协同知识创新生态系统作为创新的重要形式，一直备受学术界的关注。协同知识创新生态系统在生物学的生态系统概念基础上发展而来，其历史渊源最早可以追溯到1987年，弗里曼在《技术政策与经济绩效：日本国家创新系统的经验》中提出了国家生态系统的概念，这成为生态系统演进的基础性概念，将"国家创新系统"（NIS）界定为"由公共和私人部门共同构建的网络，一切新技术的发起、引进、改良和传播都通过这个网络中各个组成部分的活动和互动得到实现"（克里斯托夫·弗里曼，2008）。随后，学者们进行了更深入的探讨和补充。Lundvall（2010）提出国家创新系统是一个国家内部各种要素和关系的集合，它们相互作用于新的、有用的知识产生、扩散和使用之中，其中生产者与使用者的相互作用关系是技术创新的激励因素，也是国家创新系统的微观基础。1997年有机构给出了广为接受的定义，即认为国家创新系统是由参加新技术发展和扩散的企业、高校和研究机构组成，是一个为创造、储备和转让知识、技能和新产品的相互作用的网络系统（Whitley，2001）。我国学者张杰和柳瑞禹（2003）认为国家创新系统由企业、高校、科研机构、中介机构和政府部门组成，其中企业是创新主体，科研机构和高校是重要的创新源和知识库，政府的作用是营造良好的创新环境，中介机构是沟通知识流动的重要环节。

协同知识创新生态系统的概念渊源尽管最早追溯为由美国政府层面提出的，但是它的理论来源却不止一个。其中一些做宏观研究的学者认为，创新生态系统是对国家创新系统概念的自然延伸，"生态"二字的添加是基于美国对日本进行超越的功能和结构优越性上的体现，包括动态性和平稳性。这种动态性，是系统内各要素间的关系从线性向非线性转化、从要素之间的互动向要素与环境之间的互动转化、从共存共荣的简单利益共享向协同演化转化；而平稳性，是基于生态系统独有的自调节机制，通过恢复力、抗干扰力等保持相对稳定的状态。此外，根据美国政府文件的阐述，我们可以看出其中还包括"灵活性"的一面，就是在行动主体与其他主体以及环境进行相互适应过程中具有鲁棒特性，可以有机地、快速地、低成本地实现以上的"动态性"互动和"平稳性"调节。

　　协同知识创新生态系统理论的另一个重要分支来源是生态学或仿生学在经济领域的运用。以 Hanan 等（1977）关于"组织生态学"的研究和 Moore（1993）提出"商业生态系统"为代表，将商业（企业）在日常运营行为中的特征扩展到创新行为的研究上去，即将企业生态系统拓展为企业创新生态系统进行研究。Adner（2006）认为今天的创新行为已经不是"单打独斗"、自己封闭起来搞创新，而是需要协调相关合作伙伴等才能实现。开放式创新的兴起，与创新生态系统要求容纳更多主体的互动形成呼应。同时，Nokia 的倒下和 Apple 的兴起使得"今天的竞争已经不是个体之间的竞争，更是生态系统与生态系统之间的竞争"的思想不断激发实业界和学术界，一些诸如"创新3.0"的概念也应运而生。从功能角度看，创新生态系统与创新系统的不同，就是要促进创新行为"可持续地发生"。

2.1.1.2　协同知识创新生态系统的内涵

　　自 Moore（1993）提出商业生态系统（business ecosystem）的概念后，国内外学者开始将生态学方法引入科技创新的相关研究中，目前对于创新生态系统尚未形成统一的界定，学者们从微观、中观和宏观等不同层次及结构、要素、功能等不同角度理解了创新生态系统。Iansiti 和 Levien（2004）认为，生态是由供应商、分销商和外包商、相关产品和服务的制造者、相关技术的提供者及其他对企业提供产品的创造和传递产生影响或被其影响的组织所构成的松散网络。Adner（2006）研究指出，创新生态系统是企业借以整合各自的投入和创新成果从而产生共同一致、面向客户的解决方案的协同机制。他认为，创新生态系统是指由一个与核心企业或平台相关，包含供需两端的参与者，并通过创新来创造和利用新价值的相互联系的组织构成的网络。在创新生态系统中，由人和组织构成的不同群落相互作用，共同参与创新网络的生产和使用。创新生态系统刻画了以促进技术发展和创新为功能目标的行为主体或实体之间复杂关系的经济动态性。国内学者惠兴杰等（2014）将创新生态系统看作一个由大量相互联系、相互作用、具有主动性的主体构成的复杂系统。柳卸林等（2015）认为，创新生态系统是指在促进创新实现的环境下，创新主体基于共同愿景和目标，通过协同和整合生态中的创新资源，搭建通道和平台，共同构建以"共赢"为目的的创新网络。董铠军（2018）认为，创新系统概念的本质是从单因素、多因素的静态模型向复杂非线性网络模型的转变；创新生态系统概念的本质则是对创新系统概念的深化，即在 20 世纪 90 年代股市和地产泡沫的破灭，使得日本经济遭受重创，而美国经济再次腾飞的背景驱使下，人们对创新系统概念发生质疑，对原创新系统在向多维度拓展时的阐释力不足时的双重结果下发生的转变。

另外，学者们还从平台演化角度、企业家角度、资源角度、创新情景角度等定义了创新生态系统。陈健等（2016）认为创新生态系统是指围绕在一个或多个核心企业或平台周围，包含生产方和需求方在内的多方主体与外部环境相互联系、共同进化，实现价值共创和利益共享的创新网络。刘丹等（2016）认为企业家创新生态系统是指在一定的时间和空间范围内，创新主体与其所处的创新环境之间进行着创新要素的流动而形成的具有生态功能的创新体系。张省（2018）将创新生态系统定义为基于某种创新资源的吸引，多个创新主体聚集在一定的地理范围或社会网络范围，经过价值共塑、利益共享和风险共担而形成的相对稳定的、自我进化的组织联合体。该系统的根本目标是在可持续发展理念下促进创新持续涌现，通过将创新投入、创新需求、创新基础设施与创新管理在创新过程中的有机结合，实现高质量的经济发展。

从已有文献可见，研究较多以高新科技企业、产业集群和区域为对象，探讨创新系统的生态学特征，虽有以产学研为对象的研究，但从"知识创新"角度研究产学研协同创新生态系统的文献还不多见。然而，产学研协同的根本任务是知识的创新，这给本课题的研究留下了空间。

综合已有研究，我们认为，产学研协同知识创新生态系统，是指在互利共赢目标下，产学研等多个创新主体的创新资源互补，聚集在一定的地理范围或社会网络范围内，将创新投入、创新需求、创新基础设施和创新管理与知识、信息、技能等资源有机结合，实现竞合共生，共创知识与价值，促进所有主体的创新成果持续涌现的复杂系统。对于一个复杂系统内涵的理解，应该从多角度对其内涵进行剖析。为深刻理解协同知识创新生态系统的内涵，以下从企业层面、产业层面、区域层面和国家层面进行剖析和阐释。

（1）企业层面的内涵。Adner（2006）提出了企业创新生态系统，进一步凸显创新在企业中的核心地位，并认为企业的创新成功还需要与相关合作伙伴构建创新链和采用链来快速提供面向客户的解决方案。在结构方面，Adner 等（2010）指出企业创新生态系统由上游组件商、下游互补件商以及集成商构成；Hienerth 等（2014）研究表明，一些先锋企业的创新生态系统甚至将用户纳入其中，即"生产方—用户"结构；或认为高新技术企业创新生态系统是高新技术企业在全球范围内围绕技术标准形成的协同共生的创新体系，具有基于配套技术的模块化结构（张运生，2008）。

（2）产业层面的内涵。Gawer 等（2014）将产业创新生态系统定义为发挥产业基础性创新支撑作用的产品、服务、技术集合，创新者可以利用它来开发自己的配套产品或服务，并指出该类平台的构成主体及模块化技术架构；王娜和王毅（2013）认为产业创新生态系统主要由环境因素、产业体系、软硬件设施、人才等组成。

（3）区域层面的内涵。国内学者黄鲁成（2003）最早提出了区域技术创新生态系统，并定义为某一区域内由技术创新组织和技术创新环境复合而成，并开展创新资源、信息交流的有机系统；刘友金和易秋平（2005）则认为区域技术创新生态经济系统由创新主体、消费者（产品的终端用户）、市场、环境、分解者等组成。

（4）国家层面的内涵。进入 21 世纪知识经济时代，创新对经济社会发展的驱动作用越发显著，而且创新范式开始转向创新生态系统。2003 年美国总统科技顾问委员会首次正式提出国家创新生态系统，认为美国经济强大依赖于高效的创新生态系统。2005 年日本产业结构委员会提出了构建国家创新生态系统的宏伟目标。2013 年欧盟"都柏林宣言"部署的新一代创新政策也聚焦于创新生态系统。我国也积极关注与探索创新生态系统，2011 年科技部举行"创新圆桌会议"，讨论"创新生态系统"议题。创新生态系统已成为创新的新范式，引起了学者们的极大关注。

2.1.2　协同知识创新生态系统的结构

2.1.2.1　协同知识创新生态系统的构成要素

相对于国家创新系统和区域创新系统这些已经深入人心的概念，如果仅仅简单地将"生态"二字加在创新系统中间，那么创新生态系统这个概念便失去了应有的学术价值（张省，2018）。深刻理解"创新生态系统"的定义还必须首先要强调它的"生态性"。以下主要从生态的角度理解其构成要素。

（1）边界。创新生态系统的边界是指系统与环境的界限，它不但体现着系统整体的组织方式和组织程度，还影响着系统的演化方式、演化方向与演化速度。日新月异的技术变革与进步，使基于资产纽带和契约纽带的传统创新生态系统逐渐网络化，曾经受制于地理边界、组织约束、任务规定和身份限制的创新主体成为新型创新生态系统中的自主选择者、自我雇佣者和自由贡献者，创新生态系统边界呈现模糊化趋势，创新要素实现无边界渗透。

（2）要素。创新生态系统的要素是指和创新相关的所有主体、客体及条件的组合，包括创新主体要素、创新环境要素和创新资源要素。创新生态系统通过社会网络建立面向全球的资源征集机制，吸引创新主体以"去中心化"的身份参与创新，在灵活多变的创新环境中实现价值创造。在这个过程中须厘清知识产权的边界并设计创新主体之间的互励机制。

2.1.2.2　协同知识创新生态系统与一般生态系统的结构差别

协同知识创新生态系统的内涵十分广泛，为研究创新生态系统提供了一种新的视角和研究方法。与一般生态系统相比，协同知识创新生态系统的结构更侧重和强调以下几个方面。

（1）以更强的生物学隐喻来揭示创新的系统范式。根据演化经济学，人类的创新活动究其实质是较为特殊的一种生命过程，用生物学隐喻可以更深刻地揭示创新过程。创新的过程被揭示为物种、种群乃至群落对环境变迁、扰动形成的应答过程。创新生态系统组成的基本要素是物种（如企业、高校、科研机构、政府等），而物种联结形成了各种群落，物种和群落在共生竞合的相互作用中动态演化，继而形成系统的整体演化。

（2）以更顺畅的知识流动来促进创新的价值实现。创新生态系统通过物质流、能量流、信息流，实现内部物种、种群和群落之间及与环境之间的物质、能量和信息交换，以维持系统的稳定性和高效性。在一定程度上，物质流包括：人力资本、实物资本等；能量流包括：知识资本、金融资本等；信息流包括政策、市场信息等。作为能量流的知识或知识资本对创新生态系统的运行和演化往往发挥着主导作用。

（3）以更可持续的创新涌现来区分创新生态系统的等级。创新生态系统主要包含三大群落：研究、开发和应用。研究群落以长远的眼光发现新知和观念，开发群落推动产品和服务的生产与交付，应用群落把这些技术进一步散布至全世界（朱迪·埃斯特琳，2010）。创新生态系统进化发展的根本目的在于持续性的创新，可持续性取决于上述三个群落之间实现健康的动态平衡。

2.1.3　协同知识创新生态系统的特征

2.1.3.1　协同创新生态系统的传统特征

协同创新生态系统具有一般系统的共同属性，即整体性、层次性、耗散性、动态性、复杂性与交互性（叶爱山等，2017），在理论角度做更进一步的分析，从各主体同外部伙伴的关系来看，协同创新生态系统还具有以下特征。

（1）复杂性。协同创新生态系统是依托于空间，呈多维度非线性特征的系统。组成要素包括科研机构、高校、新兴企业、中介服务机构、金融机构等。同时还包括，如基础设施服务、制度、文化、激励等创新要素。创新关键要素之间通过物质、能量和信息流动等方式互动，形成自适应系统。这些要素差异明显，并且要素之前都有其特定目标，致使系统呈现出一定复杂性。

（2）创造性。创新首先体现在技术革新在特定空间的应用，其次表现在技术创新过程中对新领域的前瞻性，最终实现新技术的应用。比如：技术创新、创新要素、物联网等。技术的创新往往会改变产业原有竞争基础，加快技术创新成果的转化与应用，实现企业创新式发展，企业绩效同时反向推动技术进步。

（3）动态性。协同创新生态系统具有成长、繁殖、衰老等一系列有机体的生物特征，生态系统一直处于不断演化的过程中。协同创新生态系统与生态系统一样具有内在动态变化的能力，体现在：创新主体应该与其所处的生态系统"共生进化"，不局限于竞争或合作，共同进化模型相当于自适应的复杂体，目的是系统主体不断调整自身的结构，系统要素汲取自身有利的资源，以更好地应对市场快速变化。

（4）整体性。协同创新生态系统是通过非线性相互作用构建的完整统一体。关键要素以某特定的规律或者组织方式组成系统时，说明该系统已产生其本身所没有的新物质，其整体功能不仅为所组成要素个体功能的总和，也是超过要素功能总和，即产生"1+1>2"效应。创新生态系统整体性是系统要素与结构的综合体现。

（5）层次性。协同创新生态系统是依托特定区域空间的概念，可以基于不同的视角进行分析。可以从微观、中观、宏观多重视角分析创新生态系统，不同层次有不同的内涵、结构和行为特征，以及各层次之间存在相互作用。

（6）开放性。创新生态系统处于由经济、科技和社会等要素构成的大系统之中，在技术研究和技术扩散的各环节，都与系统外界进行密切的联系，并与外界环境不断进行着物质与信息的流通。创新生态系统的演化，依赖于所有主体之间的协同合作和相互支撑，而非系统中单个主体独自可为。

2.1.3.2　协同知识创新生态系统的新特征

新的时代背景下，协同知识创新生态系统面临更复杂的内外部环境，创新要素之间需要不断地交互融合，驱动系统始终处于动态平衡的状态（包宇航和于丽英，2017；刘丹等，2016）。新时期的特殊背景也使得协同知识创新生态系统衍生出来以下几种独特性。

（1）多样性共生。创新主体及其资源的多样性，是一个创新生态系统保持旺盛生命力的重要基础，是创新持续迸发的基本前提。创新资源通过知识、技术、人才、资本为主要纽带形成了复杂的价值网络，在竞争性合作共生中不断演化发展。当一个系统中这种价值网络或共生关系被打破，系统的平衡性、稳定性就会被破坏，系统就必须进行调整，以达到新的平衡。多样性共生的特征意味着创新主体与创新环境之间进行着频繁的试错与应答，多样性要求创新生态系统应容纳尽可能多的"创新基因库"，而竞合共生则在一定程度上确保系统保持最适宜的多样性程度。

在协同知识创新生态系统之中，知识、信息、技术、人才、资金、市场等所形成的集聚体是创新生态系统成长的土壤，企业如同自然生态系统中的生物各具特点，企业在创新生态系统中尽可能积聚多种相关要素，通过相互作用以实现系统内的共生与共赢。

协同知识创新生态系统中存在着多种创新种群和创新主体，包括企业、合作企业、竞争企业、政府、中介机构、科研院所、高校等。企业的创新活动，从寻找创新灵感、组建创新团队、投入创新资源直到创新成果的商业化，其全过程需要借助不同创新主体的资源和能力。系统中不同创新主体拥有的异质性创新资源越多，可能获得的互补性创新资源就越多，就越能够弥补自身创新资源的局限。企业通过吸收互补性创新资源，以提高自身在不断变化的创新环境中的生存和发展能力。

协同知识创新生态系统构成要素的全面性与多样性，是协同知识创新生态系统区别于一般创新系统的重要指标或特征。协同知识创新生态系统是一个由企业、高校、研究院所、智囊机构和经济社会环境等多个创新要素及其之间的相互作用所构成的复杂系统。系统内部构成要素的数量和种类，通常与系统维持自身稳定和自我恢复能力成正相关关系。创新生态系统中每个组织都需要借助与其他组织的共生关系来维系生命，共生性产生的网络效应远大于规模经济和范围经济，这也是协同知识创新生态系统存在的重要意义。

（2）自组织演化。良性的创新生态系统不断向前进化发展，持续接近动态最优目标。系统内部要素、物种、种群、群落等都是在相互作用、相互适应中不断发展变化，甚至是相互转化。该特征意味着市场对创新资源配置的决定性作用得到充分发挥，促进着系统的良性变异、创新的优化选择、知识的学习扩散，遗传—变异—选择在这个过程中交替着发挥作用。政府对创新生态系统的演化至关重要，在相当程度上决定着系统的进化或退化；政府创新治理对推动制度创新、保持技术创新活力尤为重要。

自组织演化特性是协同知识创新生态系统区别于一般创新系统的本质特征。协同知识创新生态系统内部构成要素之间在相互促进中更新换代，在这种高密度的竞合模式中，协同创新主体、辅助单位等众多要素的共生演化，成为创新生态系统发展的最终途径。

系统中的每个创新主体具有独立决策能力，决策过程除了考虑自身创新能力外，创新主体还会了解与其紧密相关的其他相关创新主体的情况而作出综合判断。每个创新主体所作的创新决策都只以自身创新利益最大化为目标，且决策是每个创新主体并行进行的，并不需要按照某个顺利来排列。创新主体的创新行为的总和决定了系统创新行为，在系统结构和创新惯例的约束下，整个创新生态系统能够在原有基础上自行调整、不断演化，从无序走向有序，形成更高级的自演化系统。

（3）开放式协同。全球化背景下，一个国家或地区的创新生态系统不再是孤立封闭的"生态圈"，而是广泛联系起来。开放环境中，外来创新物种的不断移入，促使协同知识创新生态系统不断发生着物种竞争、群落演替，甚至系统的整体涨落。在一个开放式的创新生态系统中，研究群落、开发群落、应用群落、服务群落均保持着与外界的密切关联。企业逐渐突破地理边界，依整个创新链、产业链和价值链进行根本性创新（对大企业而言是创造性破坏，对中小企业而言，则是创造性累积）。换言之，创新型领袖企业之间的竞争已经从单个企业间的竞争演变为两个创新链、两个产业链、两个价值链和两个创新网络之间的竞争。

协同知识创新生态系统的开放性，不但要求创新主体（产、学、研）之间而且要求部门之间、员工之间保持开放式协同。创新生态系统的研究从企业、高校、政府三螺旋视角逐渐过渡到了企业、高校、政府、用户的四螺旋视角。知识、技术和产品终端用户的个体体验越来越受到重视，客户的参与不仅体现在有关创新活动的直接参与，而且可以通过反馈机制间接地促进系统整体创新水平的提高。

协同知识创新生态系统必须发挥整体的力量，有效突破协同创新过程中所面临的各种市场因素、环境因素等的限制，与动态的市场保持信息一致性，以此推动企业创新生态系统的发展，促进其向更高级别演化。

当某一个创新主体取得一定的创新成果时，就会对其相关的创新主体形成创新选择压力，迫使相关创新主体改进自身创新水平，以适应新的创新成果，即一个创新主体的进化推动了与其相关的其他创新主体的进化。接下来，相关主体的进化又会对其周围的其他相关主体产生选择压力，进而推动其进化。这种选择压力与适应的作用与反作用力不断往复，从而推动了整个创新生态系统的进化。创新主体间的协同进化使系统内的创新主体更为多样化，彼此具有更强的适应性，有利于增强系统的抵抗力和恢复力。

一方面，从系统外吸收人才、资金、知识等创新资源，选择合适的合作伙伴，吸引其加入创新生态系统中来，并与其建立共生关系；另一方面，那些不能适应和促进系统发展的创新主体将被排除在系统之外，系统内的创新资源（如创新人才、创新资金、知识等）也可能向外流失。开放的企业家创新生态系统促进了创新要素间的交流，使系统内的创新要素始终处于流动状态，企业家从中吸收有益的创新资源，改善与伙伴的共生关系，最终促进创新生态系统的可持续发展。

（4）环境选择性。协同知识创新生态系统的演化必然要受到制度政策、市场环境等因素的影响，系统内自身产生的创新成果在外部环境的选择下进一步发展或者被淘汰。当系统的整体运行状态与外部环境达到一个较为匹配的状况时，两者能相互适应、协调发展，系统才能取得最优的效益。

协同知识创新生态系统是不断发展和进化的。当某创新项目取得了成功，不仅项目所属的创新生产者取得创新收益，同时创新应用者以及知识外溢惠及的其他创新主体都将由此获益，创新成功给创新生态系统带来了新的创新能量，这些新的能量以价值存量的形式存储于机器设备、固定资产、有价证券等之中，以知识存量的形式存储于人力资源之中，这些新能量丰富了创新环境中的创新资源，并成为下一轮创新的要素。通过如此循环往复，系统中的创新能量和创新资源日益丰富，这会吸引更多的创新主体加入该系统，新加入系统的创新主体带来新的创新资源，使创新主体的创新活动更具活力。在多种作用力的推动下，协同知识创新生态系统系统不断发展、成熟。

（5）稳定性。协同知识创新生态系统一旦形成，会引领某种技术路线、消费趋势甚至是文化倾向，逐渐显示出系统的独立性和稳定性。稳定性是把双刃剑，创新个体对系统的依赖关系会产生"锁定"，使得创新生态系统在稳定发展和灵活转型之间难以取舍，所以稳定性对系统而言既是一种机遇，更是一种挑战。

协同知识创新生态系统在发展到一定阶段后，创新主体间、创新主体与创新环境间通过创新物质能量的传递和循环，使它们之间形成了彼此依赖、高度适应和协调一致的状态。在此平衡状态下，创新主体数量、系统结构和功能、能量输入和输出等相对稳定，在受到外界干扰时仍能够保持和恢复原来的结构和功能。稳定性是协同知识创新生态系统发展到一定阶段后的结构和状态趋势，在创新生态平衡状态下，系统内的创新资源流动顺畅，创新主体数量充足，能够抵御一定程度的外界干扰。

2.1.3.3　协同知识创新生态系统与一般生态系统的特征差异

协同知识创新生态系统的概念从普通生态系统衍生而来，为精准识别、把握和总结创新生态系统的特征，还可以从分析其同一般生态系统的差异角度，来归纳相关特征。创新生态系统和一般生态系统在内涵、外延和不同情境下均存在差异，生态系统总是按照一定的规律向要素、结构和功能更加复杂的方向演进，并处于相对稳定的动态平衡状态（陈健等，2016）。基于此，以下从主体与要素、结构与边界、功能与目标三个方面归纳一般生态系统与协同知识创新生态系统特征的差异。

（1）主体与要素的特征差异。与一般生态系统相比，协同知识创新生态系统的主体与要素属性可体现在以下两个方面：

①生产方和需求方等多方主体。创新生态系统是一个包含能够通过某种方

式为共同目标作出贡献的任何组织的系统（Iansiti 和 Levien，2004），涵盖多种能够决定核心企业及其客户和供应商命运的组织群落、机构和个人，如竞争者、互补者、监管和协调机构、金融机构、标准制定机构、司法部门、教育和研究机构等（Teece，2007）。可以说，生态系统涉及的利益相关者最为广泛，其清晰地将互补资产的生产方和需求方包含在内，这种全系统视角成为其区别于集群、创新网络、产业网络和需求网络等概念的重要特征。

②环境要素及与其他要素的互动。类比于生物生态系统，创新的过程即物种、种群乃至群落对环境变迁扰动形成的应答过程，企业、政府、高校和科研机构等主体要素构成了创新生态系统中的物种，这些栖息者相互联结进而归入研究、开发和应用三大群落，并从人力和物质资源中获取养分，在竞合共生中保持各群落之间的平衡，与经济、地理、社会文化等关键环境要素相互作用，形成创新生态系统的动态演化。因此，一个良好的创新生态系统不仅需要实现组织结构与创新行为的内部最优，还应该实现其与外部环境的动态匹配。

（2）结构与边界的特征差异。与创新生态系统相比，协同知识创新生态系统的结构与边界属性主要体现在以下几个方面：

①互补性形成多层次的网络。创新不可能独立存在，也不是一个线性过程，其产生和演化均以网络的形式展开。创新生态系统中大量互补、相互联系的随机要素逐渐演变成一个更具结构性的松散网络组织，网络成员依赖于其他成员得以生存并实现有效性（Adner，2006）。网络结构使得生态系统在保持自身核心业务的同时，对活动、资产及能力进行灵活而持续的整合和重组，因而比传统的双边合作关系更具优势。生态系统中的核心业务层通过向上和向外扩展形成更广泛的网络层，从而将各类组成要素统一到一个中心—外围的结构分析框架中，这种分层布局更好地揭示了各层次主体及环境之间的演进方式与相互作用，并提供了更便利的协调方法。

②核心企业或平台完成的架构设计。创新生态系统中通常存在一个或多个核心企业或共享技术平台。这些企业或平台通过控制系统的技术架构或品牌建设，集成核心资源或特殊渠道，定义标准化界面，提供其他参与者用以提高自身绩效的服务、工具、技术或进入某一平台的规制手段，从而成为管理和协调

生态系统的核心力量（Iansiti 和 Levien，2004）。创新生态系统中的领导企业并非规模最大或资源最丰富的企业，而是能够通过正式或非正式的组织安排，智慧地将自身影响力作用于与其有直接或间接交易的主体，积极有效地促进和引导生态系统发展的指挥者。

③具有开放、跨产业和跨地区的模糊边界。生态系统的开放性和动态性使其创新主体及构成要素复杂多变，也让系统边界更加模糊。Santos 和 Eisenhardt（2005）强调生态边界的界定必须基于组织话语权和组织能力、专业化两个核心特点。行为主体的经验与网络结构的特点决定了其网络视野，而正是网络视野影响了行为主体对其所在网络边界的界定。很显然，生态系统超越了由特定产品及其生产者界定的产业边界，也逐渐突破了基于集群的地理边界，通过更广泛的生态共同体的一致性呈现出来（Iansiti 和 Levien，2004）。这种一致性体现在将主体紧密联系在一起的相互关联的技术和组织能力，以及各主体为满足不断变化的需求的共同努力。在模糊和流动的边界中，创新想法和人才自由流动，创新物种不断移入和移出，加速了创新生态系统的演进。

（3）功能与目标的差异。与创新生态系统相比，协同知识创新生态系统的功能与目标属性主要可体现为以下几个方面：

①动态的共同进化和自组织。生态系统强调由个体的独立发展和简单的联合作业向协同和系统合作及共同进化转变。一个健康的创新生态系统并非为了实现固有网络形态潜在产出的最优化，而是主张通过有效的学习和共同选择互补能力、资源和知识网络，实现各主体及环境之间动态、可持续的共同演进，最终形成具有自适应、自调节和自组织功能的复合体。自然生态系统进化在很大程度上是偶然和随机的，而创新生态系统在指出商业共同体形成过程中的偶然性和自组织性的同时，也强调了决策制定者在制订计划和预见未来方面的主观能动性。

②通过创新实现价值共赢与利益共享。与自然物种具有单纯的求生动机不同，创新生态系统以提供创新产品和服务从而实现价值创造与价值增值为目的。在合作共生的生态系统中，所有成员共同承担整个系统的命运，个体利益建立在整个生态系统利益的基础之上（Iansiti 和 Levien，2004）。因此，各主

体在共赢的前提下，通过提供互补性技术、资产和专业化能力，以创新的方式实现面向客户的共同一致的解决方案，共同创造任何单个企业都无法单独创造的价值，并在各成员间分享，促进生态系统整体繁荣及个体利益增长。

③通过互动与合作实现价值的增值。与自然生态系统不同的是，创新生态系统具有较高的增值能力。无论是新的商业模式（以滴滴出行为代表），还是技术平台模式（以苹果公司的 iTunes Store 为代表），都带来了足够大的差异化，为顾客的偏好提供了产品或服务，顾客愿意为支持这一偏好付出额外的费用。创新生态系统的增值性中和了对手的竞争优势，提高了自身的盈利能力，是系统内组织共同赖以生存并共同进化的前提。

综上所述，从创新生态系统与自然生态系统的差异角度来看，创新生态系统具有的相关特征可以总结于表 2.1。

表 2.1　自然生态系统与创新生态系统的差异

基本特征	自然生态系统	创新生态系统
主体与要素	由空气、温度、土壤、光照、水分等环境要素和生产者、消费者、分解者等多样化的生物体及种群和群落构成的有机统一	由地理位置、基础设施、创新文化、政府支持等经济、社会和自然环境与企业、高校及科研机构、顾客、政府、中介机构等创新主体及研究、开发和应用群体构成的创新网络
结构与边界	在组成结构上，具有不同的优势种群和相对丰盛度；在时空结构上，包含不同种群在水平分布上的镶嵌性、垂直分布上的成层性和时间分布上的发展演替性；在营养结构上，多条食物链相互交错构成复杂的食物网	通常围绕核心企业或共享技术平台进行架构设计，基于互补性要素形成一个中心—外围—扩展的多层次网络，具有开放、模糊和流动的边界，加速了创新要素的自由流动
功能与目标	通过变异、繁殖、选择、进化等行为实现能量流动、物质循环和信息传递等基本功能，最终实现生态系统的自组织、自维持、自适应	通过新技术涌现、组织变革、新企业创建、市场竞争、合作伙伴评估和选择、战略制定等组织行为实现持续创新以及生产率、稳健性和利基市场的创造等健康度指标的提升

资料来源：陈健，高太山，柳卸林，等. 2016. 创新生态系统：概念、理论基础与治理［J］. 科技进步与对策，33（17）：153-160.

2.2　协同知识创新生态系统运行机制

关于产学研协同知识创新生态系统运行机制，研究者们进行了各自的解读。现有文献主要从两个方面来分析创新生态系统的运行机制和模式：一是基于系统的自组织特性，分析创新生态系统的动力机制或自调节机制；二是从利益协调的角度来分析各主体的行为策略及其对系统演化的影响，二者都是从某一角度考虑创新系统的运行机制。是否还有更全面立体描述这一机制的可能，尚有待探讨。

现从产学研协同知识创新生态系统的特征出发，探讨创新生态系统演化规律，从创新主体内部和创新主体外部以及创新主体内外交叉三个角度，探究产学研协同知识创新生态系统的自组织非线性和利益协调交叉运行机制。从主体的纵向进化和横向循环，分析产学研协同知识创新生态系统的内源性生长机制；从协同创新主体的利益供求、利益交集、利益冲突与均衡等出发，分析产学研协同知识创新生态系统外生性运行机制，构建产学研协同知识创新生态系统二维交叉运行模式，探析其嵌套关系和耦合效应。

2.2.1　协同知识创新生态系统的演化规律

创新生态系统演进实质上就是其中的重要成员间的关系变化。创新生态系统多阶段演进是多因素综合作用的结果，发展机遇、竞争水平和需求偏好造成了 iPhone 游戏类和非游戏类应用程序生态系统不同演进过程（Yin 等，2014）。开放式创新企业的创新生态系统一般会依次遵循基于"渐进性小生境→开放式产品平台→全面拓展"的演进路径，并在创新驱动力、需求拉动力和政策引导力的综合作用下实现持续升级（王宏起等，2016）。

国内外学者对特定产业的创新生态系统演进规律开展了相关研究。首先，从类比自然生态的特点出发，研究复制、竞合与重组机制对光伏产业创新生态系统演进的影响，并指出其主要演化方向为后向捕食和前向捕食战略（陈瑜和谢富纪，2012）；Chen 等（2014）则分析了风力涡轮机制造业创新生态系统追赶过程，并探讨四个演进阶段的技术累积模式、不同主体作用关系以及演进动力。其次，半导体光刻设备产业新技术替代旧技术仍然遵循了 S 形曲线，只是这种替代过程是新的创新生态替代旧的创新生态系统的演进过程，而新技术替代挑战和旧技术拓展机遇则是决定产业技术更新速度的关键维度（Adner 和 Kapoor，2016）。此外，学者们对区域创新生态系统演化规律研究鲜有涉及，在国家层面也仅有个别学者开展了探索性研究工作，如 Fukuda 和 Watanabe（2008）指出日本和美国创新生态系统政策并行演进路径遵循：替代性可持续发展、共同演化性自我强化、组织惯性与竞争性学习、异质性协同等原理。

2.2.2　协同知识创新生态系统内部运行机制

创新生态系统的内部运行机制主要是整合产业链、创新链、服务链和资金链等"四链"，通过更多软实力的投入，依靠内在动力提升创新生态系统能级。

波特的竞争优势理论认为要把一个区域的生产要素转化为竞争优势，除了劳动力、资本、物质资源等生产要素外，还需要具有较强的生产要素整合能力（刘芹，2007），而产业链、创新链、服务链和资金链作为产业的一种链式组织结构具备这种功能，能够按照某种特性或市场需求整合产业要素。"四链"的高级化程度即要素的整合程度直接决定了区域生产要素的整合绩效。由此，创新生态系统能级的提升就可以看作是以提升创新主体能力、加强创新主体合作、优化制度环境建设等为条件与基础，以强化产业链、创新链、资金链与服务链的协同互动为核心，通过不断提升链条上各类创新主体的实力与协同能力，来推动创新生态系统向高级阶段、高附加值状态转变的一种演化过程，见图 2.1。

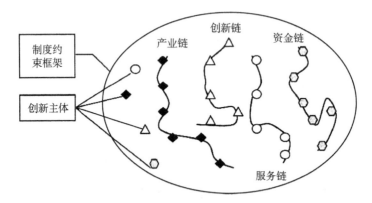

图 2.1   "四链"与创新生态系统内在关系示意图

资料来源：李晓锋. 2018."四链"融合提升创新生态系统能级的理论研究 [J]. 科研管理, 39（9）：113-120.

"四链"有其不同的功能与定位，相辅相成，统一于内部创新能力的提升（李晓锋，2018）。产业链是产业发展的直接创造组织，在"四链"中处于核心位置，创新链是以产业链为导向，源于产业链并服务于产业链，是促进产业链发展壮大的根本动力，服务链作为一种生产力促进组织，在产业链、创新链和资金链之间充当着"黏合剂"，资金链作为产业中最活跃的流动要素，担负着促进产业链、创新链和服务链发展壮大的"资粮"作用；从"四链"自身发展角度看，产业链、创新链、资金链与服务链自身发展的高级化，就可视为是促进产业发展壮大的直接动力，是促进创新生态系统能级提升的外在显性动力；"四链"之间通过相互融合、相互协同、相互合作而产生的作用力，就可视为是促进产业发展壮大的间接动力，是促进创新生态系统能级提升的内在隐性动力；正是通过"四链"自身发展及"四链"之间的相互融合、相互协同、相互作用，才进一步加大了产业发展的直接动力和间接动力，才将各类创新要素、创新资源转化为外在显性动力和内在隐性动力，从而提升产业竞争力，不断推动创新生态系统能级的提升。

在现有资源条件下，依靠外在动力提升创新生态系统能级，需要较多的人力、物力、财力等方面的"硬"投入，依靠内在动力提升创新生态系统能级，则需要更多的软实力投入，从"四链"融合这一软实力角度构建创新生态系统能级提升的运行机制可以从以下四个方面着手。

首先，遵循围绕产业链部署创新链的设计思想，重点从解决"技术孤岛"角度促进融合。结合现状，目前，我国科技创新活动最重要的问题就是创新碎片化、孤岛化，因此，在设计基于产业上下游合作的纵向创新链接时，应注重产业链上下游技术的关联性和融合性，把重点推动单项技术突破转变为促进多项技术集成创新，并依托产业链来布局技术创新项目，将技术创新活动进行统筹和串联，使创新成果能够相互衔接、相互集成，协同支撑产业链发展；在设计基于单项产品开发的横向创新链时，应更加注重研发机构建设的关联性和承接性，形成由技术开发到产业化整个链条的研发机构无缝化布局，解决弱链、断链问题，并重点针对技术开发的关键环节进行强链建设。

其次，遵循围绕创新链完善服务链的设计思想，重点从解决"黏结荒地"角度促进融合。科技服务机构提供服务的目的是帮助企业做好产品的研发、转化和产业化，促进区域内经济效益最大化发展，其定位是充当创新链和产业链之间的"连接剂"或"胶黏剂"，因此，科技服务链条的设计布局应注重与产品创新链条的需求保持高度协同，重点做好对企业产品从概念阶段到市场销售阶段的整个链条的服务，做好对创新链条中的薄弱环节或"空洞部分"的补偿服务，并能够根据产品创新链条的延长及时做好与之匹配的延伸服务，促进创新链发展壮大，促使创新链充分发挥对产业链的支撑和推动作用。

再次，遵循围绕创新链完善资金链的设计思想，重点从解决"融资难地"角度促进融合。现行科技管理体制下，无论是基于关键技术支持、研发平台支持，还是基于企业成长过程的资金链条支持，都需要认真考虑由创新到产业化过程中的"活力强地"和"死亡高地"等重点环节问题，这部分往往风险较高、融资较难，市场机制难以发挥作用，但又是系统关键环节。例如，创新创业环节、瞪羚企业发展环节等，针对这些既是"发展重地"又是"融资难地"的关键环节，更要做好资金链条布局，提高创新资金的杠杆作用、撬动作用，促进创新资金总体效能的提升。同时，还应完善政府对研发创新的支持机制，加快形成便捷高效的资金落实渠道。

最后，遵循围绕关键节点推进"四链"融合的设计思想，重点从解决"模式困境"角度推进融合。融合模式直接决定了"四链"的融合效果，在融合模式的设计上既要注重其实用性，又要注重其前瞻性。结合我国产业实情，本书认为应重点考虑的融合模式有：集群模式（创新集群和产业集群融合）、联盟模式（行业骨干企业与高校、科研院所联合组建产业技术创新联盟、合作联盟等）、大企业和小企业群体互动模式（由大企业牵头、小企业配套组织实施重大科技专项等）、"互联网+"融合模式（借助互联网技术、移动通信技术实现互联网与各产业融合、与金融服务机构、中介机构融合等）、创新型孵化器模式（企业孵化与金融投资相结合、众创空间与创业投资相结合等）、产学研合作创新模式等。

2.2.3 协同知识创新生态系统外部运行机制

协同知识创新生态系统的外部运行机制可以分为沟通机制和知识传导机制两大类，在此分别展开论述。

2.2.3.1 协同知识创新生态系统外部运行中的沟通机制

创新生态是核心创新企业与上游供应商、下游销售商、同行业竞争对手及产品服务的其他相关配套提供主体所构成的合作伙伴关系，创新生态内的创新主体通过共存共生、互动合作、交互学习、共同进化，构建共同的创新系统。

新兴产业创新生态系统的技术学习是创新主体协同创新过程中，各主体要素交互作用，进行知识和信息的输入、输出和反馈，实现知识的开发、扩散、应用和创新的过程（张利飞，2009）。新兴产业创新生态系统的技术学习可以实现技术知识的积累，突破合作产品开发过程中的瓶颈，从而最终实现整个创新生态系统的价值增值。新兴产业创新生态系统的技术学习过程，是集成多种技术知识的过程，其沟通方式包括员工流动、技术模仿、正式及非正式沟通等机制。

（1）模仿学习。对于新兴产业创新生态中的企业而言，创新是企业持续发展的根本所在，模仿创新则是企业获取竞争优势的一条捷径。回顾创新的历史，那些原始创新的企业不一定是市场的领先者，而那些模仿创新的企业不一定就是市场的追随者。IM 的先行者是美国的 ICQ 和 MSN，但在中国，即时通信的领先者是模仿他们的 QQ；eBay 曾是全球电子商务领域的第一，淘宝只是跟随者和模仿者，但现在 eBay 在中国的业绩却惨不忍睹，无法和淘宝相提并论。对于技术追随者而言，他可以通过包括企业联盟、非正式观察和逆向工程等途径实现模仿学习。例如，华为与美国 3Com 公司组建了合资公司 HUAWEI-3COM，通过战略联盟关系形成创新生态系统，华为成功地模仿了 3Com 的存储技术。再如，联想集团在 2004 年收购了 IBM 的全球 PC 业务，通过构建创新生态系统成功地模仿了国外成熟的 PC 技术、营销模式以及管理模式，成为中国乃至亚洲的电脑业强者。

（2）人员流动。员工在创新生态系统内部的流动能够促进知识在企业间的扩散。Lawson（1999）发现在剑桥高技术产业创新生态系统内部，员工在企业之间以及大学与企业之间的频繁流动不但能够提供广泛的技术与技能，也能够促进知识的流动。员工不但本身拥有技术知识，他们也会和以前工作所在的大学或企业保持联系，这种具有历史传承性、建立在彼此信任及理解基础上的联系，能够促进创新生态系统中知识的持续流动。新兴产业创新生态系统的员工流动一般发生在横向企业与竞争者之间、合作者之间、纵向创新链条上企业与供应商企业之间、企业与公共服务机构（如高校、科研机构）之间，以及外围组织与创新生态系统内部组织之间。新兴产业创新生态系统内部的人员流动比系统外部更为频繁，主要有两方面的原因：一方面，由于在创新生态系统内部各企业技术互补或者技术相似，人员技术背景差异不大，有相关行业经验，人员流动过程中找到合适的职位更为容易；另一方面，创新生态系统内部企业之间频繁交流，人员经常互动，彼此之间较为熟悉，关系纽带成为寻找工作机会的重要途径。

（3）非正式交流。非正式交流指新兴产业创新生态内就职于不同企业的员工有可能彼此熟悉，并且在工作之外发生面对面的交流，从而共享技术知识。尤其对于隐性知识而言，由于其难以准确表达，呈现出显著个体特征，通常以文化、精神、个人经验等形式存在，很难与他人共享。隐性知识的技术学习必须依赖于人与人之间的口口相授、耳濡目染等非正式的交流方式才能进行。以葡萄酒的调制为例，葡萄酒的酒香由多种香气香味物质构成，这种香气香味很难程序化或者设定配方，只能依靠调酒师个人经验和感觉来进行，调酒技术也只能靠代代相传、口口相传的方式来传承。这种知识扩散方式可比喻为传染病式的蔓延，只有频繁"接触"交流才能成功。新兴产业创新生态系统的非正式交流网络能够有效营造开放的创新环境，加强创新生态系统内知识的流动和沉淀，加速显性知识和隐性知识之间的转化，提高不同知识源的知识碰撞、整合频率，最终提高创新生态系统整体创新水平。例如，硅谷维尔山的马车轮酒吧是当地颇受欢迎的酒吧，它是工程师们相互交流意见、传播信息之所。马车轮酒吧因此被誉为"半导体工业的源泉"，极大地提高了硅谷半导体创新生态系统的知识创新水平。

2.2.3.2　协同知识创新生态系统外部运行中的知识传导机制

除了沟通机制外，知识传导机制也是创新生态系统外部运行机制的重要研究角度之一。创新生态系统的知识传导路径可以分为同一创新链条上的知识传导、创新链条间的知识传导、轮轴式知识传导三种类型（吴绍波等，2016）。

（1）同一创新链条上的知识传导。新兴产业创新生态内同一创新链条上的知识传导并不是单向的，这种知识传导有可能从上游技术环节传向下游技术环节，也可能从下游技术环节传向上游技术环节。同时，这种知识传导既可以是直接的也可以是间接的。如图2.2所示，企业1与企业2、企业2与企业3之间的知识传导是直接传导，企业1与企业3之间的知识传导是间接传导。同一创新链条上的知识传导使得配套产品知识在上下游企业传播，有利于创新生态系统内配套产品接口兼容。

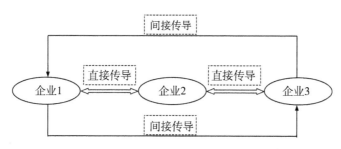

图 2.2　同一创新链条上的知识传导

资料来源：吴绍波，顾新，吴光东，等.2016.新兴产业创新生态系统的技术学习［J］.中国科技论坛，（07）：30-35+42.

（2）创新链条间的知识传导。复杂的新兴产业创新生态很多时候不是由单一的创新链条构成，有时候由若干条创新链条纵横交错而成，如图 2.3 所示。处于交叉点的企业是各条创新链条的知识传导枢纽，它频繁地在各条创新链间学习和传递知识。例如，一个零部件企业为多个半导体照明企业提供零部件，在一个半导体照明企业的学习交流中所获得的知识也会无意间在与另一个半导体照明企业的沟通中扩散开来。创新链条间的知识传导跟同一链条上的知识传导相比，技术在不同配套产品之间扩散，技术扩散范围更大。

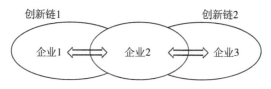

图 2.3　创新链条间的知识传导

资料来源：吴绍波，顾新，吴光东，等.2016,新兴产业创新生态系统的技术学习［J］.中国科技论坛，（07）：30-35+42.

（3）轮轴式知识传导。当新兴产业创新生态系统内只有一个核心企业，这个核心企业周围都是具有各种创新能力的配套企业时，那么这个企业就处于知识创造与技术学习的核心地位，其他企业围绕着核心企业进行知识创新，实现轮轴式知识传导，如图 2-4 所示。当核心企业与配套企业之间的技术水平差距不是很大的时候，新产品的开发一般由核心企业与配套企业共同完成。虽然开发过程中仍然由核心企业主导，但配套企业也会参与其中，进行学习交流，共同完成技术创新，并且共享创新成果。知识的传导是双向的。当核心企业的知识创新能力与周围的配套企业相比强很多时，核心企业一般开发出产品的全部工艺流程，把新技术转移给外围进行配套产品的生产，产品知识从核心企业大量流向配套企业。核心企业可能把产品生产活动的一个或几个环节转包给外围的配套企业。

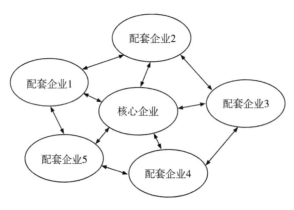

图 2.4   轮轴式知识传导

资料来源：吴绍波，顾新，吴光东，等. 2016. 新兴产业创新生态系统的技术学习［J］. 中国科技论坛，(07)：30-35+42.

2.2.4   协同知识创新生态系统内外融合的运行机制

协同创新生态系统内外融合的运行机制的划分，可以从合作目标角度、合作模式角度两个方面切入。

2.2.4.1   基于合作目标划分的运行机制

企业创新能力由基础组织能力、协调控制能力、协同进化能力组成，并借助创新生态系统的各机制发展起来。在创新生态系统中，企业的创新能力应是通过内外部融合，借助外部的先进知识，借助消化吸收能力，进而完成创新能力的提升（包宇航和于丽英，2017）。内外融合的运行机制，从合作的目标角度划分，具体可体现为以下几个方面，见图 2.5。

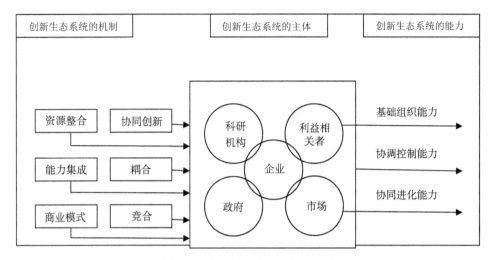

图 2.5　企业创新能力的提升途径

资料来源：包宇航，于丽英. 2017. 创新生态系统视角下企业创新能力的提升研究［J］. 科技管理研究，37（06）：1-6.

（1）以提升基础组织能力为目标的运行机制。资源整合机制可以通过获取资源、集聚资源、转化资源，有效地实现资源的优化配置，发挥资源的最优整体效用，提升企业的基础组织能力。其中，获取资源是指企业进行创新活动的准备投入，一方面吸引专家、技术人员等人力资源，另一方面筹集研发创新所必需的资金资源。集聚资源是指企业根据自身创新战略的调整及其他组织资源与竞争能力的影响，寻找企业人才、资金等各种资源的最优配置以实现资源的有效整合。转化资源是指企业集聚自身有形以及无形资源之后，将这些资源转化成为自身的核心竞争力。

商业模式创新机制能帮助企业更好地理解客户价值，重组整个系统流程，最大限度发挥企业的基础组织能力。商业模式创新是企业在对客户价值识别的基础上，对企业结构、流程、资源及整个企业网络的再创造，从而以创新的逻辑提升企业价值。企业由于市场需求的多样化和个性化需要进行不断的创新，同时技术进步又对市场产生影响，商业模式创新是帮助企业实现技术创新与市场双向反馈的关键途径。创新生态系统中形成的良性商业模式创新机制要求企业内部资源能有效服务于外部市场的需求，拉动企业基础组织能力的提高。企业在借助创新生态系统的资源整合以及商业模式创新机制后，拥有了支撑创新的基础组织能力，促使其成为创新生态系统中的有机体。

（2）以提升协调控制能力为目标的运行机制。在创新生态系统的视角下，企业的创新行为受到多种因素的综合影响，包括企业技术的前沿性、企业组织结构的合理性、竞争者、用户和社会环境等。创新生态系统中形成的协同创新机制促进了组织间的相互学习、知识的溢出、知识的流动整合转化，企业的创新能力不再是仅仅建立在原有的基础组织能力的基础上，而是要培育兼顾内外环境的协调控制能力。通过系统中各创新主体的协同合作，分摊企业进行封闭式创新带来的风险。另外，创新生态系统中形成的能力集成机制能帮助系统中企业借助自身的核心优势在复杂多变的环境中找到生存的机会，形成与其他企业的共生关系。同时，企业的协调控制能力也在共生关系形成的过程中得到不断的提升。企业在借助创新生态系统的技术创新以及能力集成机制后，培育出支撑创新的协调控制能力，使得企业在创新生态系统中确定特有的生态位，具备广泛获取外部创新源的功能。

（3）以提升协同进化能力为目标的运行机制。随着创新生态系统的不断演化，资源整合以及各企业的共生发展对企业的创新行为起到了重要的影响。企业也逐步成为具有主动适应和进化功能的主体，在系统中形成生态场，这个过程是借助创新生态系统中形成的耦合机制和竞合机制来实现的。

创新生态系统的多样性和生态平衡是在多主体相互作用中持续发展的，系统中主体的相互作用是一个动态的发展过程。通过主体之间的竞争与合作，企业的协同进化能力也随之不断提升。同时，各个形成生态场势的企业也是创新生态系统中的子系统，这些子系统通过各种良性互动形成的动态关联关系也就是耦合机制。耦合机制对企业创新能力的提升既有拉动力又有推动力，企业的协同进化能力在这个过程中逐步形成，使得企业在发展过程中能借助系统中的各种条件化对立的相互关系演变为互利的相互关系。借助创新生态系统的耦合机制和竞合机制，企业与系统中其他主体形成相互回应的新型关系，进而共同进化。企业的这种协同进化能力是其可持续发展的必备能力。

2.2.4.2 基于合作模式划分的运行机制

此外，从合作的模式角度来看，产学研协同知识创新生态系统内外结合的运行机制，可以分为知识创新机制、决策机制和协调机制。其中知识创新机制是在开放式平台基础上不断建立和完善的，决策机制是基于生态位而作出的选择，而协调机制的出发点和基本原则是基于产学研各创新主体之间利益的互利共赢。

（1）基于开放式平台的知识创新机制。产学研协同知识创新生态系统是由创新主体及其创新环境相互作用形成的开放有机统一整体。系统中的创新主体基于共同的意愿与目标，通过开放、协同和整合生态中的创新资源，搭建促进创新成果与社会经济有效结合的通道和平台。对于创新主体来说，研发的技术无论是核心性的还是兼容性的，都只是产业链布局的开端。技术的产业化需要处于产业一线并对产业有深刻了解的企业的深度参与，才能够顺利地进入产业化阶段（赵广凤等，2017）。高校不仅是人才的宝库，知识、技术创新的重要基地，更是企业获取动态创新能力的一种有效途径。实践显示，与高校及其他科研机构的合作对企业创新程度具有显著的积极影响。因此，在促进创新实现的愿景下，高校将自己的创新研发、服务平台与合作企业的服务、技术、价值网络平台对接形成核心创新平台，而其他创新主体（其他科研机构、合作企业的供应商、客户等）则围绕这个核心平台或开发或利用其核心和兼容配套技术，致力于向客户提供一整套技术解决方案（张利飞，2009）。通过核心平台的搭建，并在创新支持机构的政策、资金、信息服务和创新支持环境提供的共生基础环境的相互作用、共生演化下，形成一流资源的开放式创新知识生态圈。该生态圈使得高校的知识创新体系与企业的技术创新体系之间构建科技成果商用和产业化的通道和体制机制，实现创新技术、产品及其产业化以及服务在系统、功能和时间层面上的全方位融合，实现技术创新、产品创新及产业创新的生态化。

（2）基于生态位的决策机制。在生态学中，生态位是指物种在生物群落中的地位和角色，以及生物种群在生态系统中的空间位置、功能和作用。各种物种组成生态系统中的不同角色，其定位是有所不同的。两个物种越相似，共同的生态要求越多，生态位重叠程度越大，物种间竞争强度越高。反之，生态位重叠度小，甚至分离。在高校创新生态系统中，根据生态位的重叠程度，可以把高校与其他创新组织机构之间的生态关系划分为以下几种类型。当两个生活于同一空间的物种分享或竞争共同资源时就会发生生态位重叠。在创新生态系统中，生态位的重叠主要发生在高校之间。当不同高校需要同一资源或共同占有其他环境变量时，从生态学角度来看，就是生态位的重叠。创新生态系统的合作关系发生在生态位重叠度较低的高校和其他科研机构之间。其他创新科研机构多以提供创新技术及成果等方式服务于创新生态系统。而与之不同的是，高校不但提供丰富的科研成果，还产生大量的具有丰富创新知识的科技人才，而且这些人才可以与其他科研机构灵活流转，资源共享。高校与企业的生态位是分离的，即二者需要的资源或共同占有其他环境变量不同，容易产生共生关系。企业创新离不开高校创新知识、创新技术和创新人才的支持，而高校研发的新技术还需要处在产业一线的企业的参与，才能顺利实现商业化，进入产业化阶段。在创新生态系统中，高校和企业彼此之间的命运息息相关，相互依赖，共生共赢。中性关系是指高校与创新支持机构之间的生态位无重叠部分，彼此互不影响，毫不相干。这种关系在现实中不可能存在。从表面上看，政府、科技中介、金融等机构与高校是彼此相互独立的物种，但实际上所有的高校与这些创新支持机构之间都存在着直接或间接的相互关系。当然，在产学研协同知识创新生态系统内的物种角色并非一成不变，那些因需求共同创新资源导致生态位重叠的物种，通过创新生态位分化来规避恶性竞争带来的风险。总之，每一个物种根据自身核心优势及环境状态选择与创新生态系统相匹配的角色。

（3）基于利益共赢的协调机制。产学研协同知识创新生态系统是以构建共赢为目的的创新网络，利用创新主体的各自所长互惠互利、共同成长，最终实现共创、共赢与共享。所有创新主体依靠自己无法获得的科技创新最终成功，必须善于均衡利用创新生态系统中关联主体的能量和价值。通过创新获得价值增值是整个产学研协同知识创新生态系统的共同诉求和赖以生存的前提。

而生态位上的重叠会导致高校培养出的人才具有的知识背景、能力倾向、思维模式，甚至连知识与能力的缺陷都存在相似性，其创新服务的内容及服务机制也都会大同小异。在创新资源有限的情况下，这种大同小异会导致在创新服务领域激烈的竞争甚至恶性竞争，其结果可能是强者打败弱者，也可能是两败俱伤。而价值增值的需求会促使高校、企业等其他创新组织生态位的分化，在需求的作用下，按照共同受益原则，让有限的资源得到有效合理的利用，均衡享有创新生态系统带来的增值效益，使创新组织机构和谐共存。

2.3 协同知识创新的动因

知识经济时代，科技创新活动必须建立在知识的快速更新与跨领域集成基础之上，单个创新主体越来越难以满足创新需求。协同创新模式突破传统的组织边界，有效弥补了单个创新主体从事创新活动在创新资源方面的不足，不仅实现了资金、知识、人员与设备等创新资源要素的互补与集成，同时在一定程度上分散了创新主体从事创新活动的风险，降低了技术创新活动成本，因而成为创新的主要方式之一。

协同创新的有效开展依赖于产生的"1+1>2"的协同效应，而协同效应产生的关键在于能否产生协同剩余，协同剩余是协同效应的重要体现。现有文献对剩余问题的研究，大都集中于企业内部或企业间合作而产生的剩余，即合作剩余，对一定区域内不同创新主体之间协同创新的研究则较少见到，而协同剩余产生机理的相关研究则更为稀少。实际上，合作剩余与协同剩余两者在主体、范围、方式、产生机理等方面均有不同，科学分析协同创新中协同剩余形成的关键影响因素，构造协同剩余的产生机理，是打开协同剩余形成"黑箱"，是保证协同创新活动顺利开展、最大化协同效应的关键，具有重要的理论与实践意义。基于此，我们将系统分析协同创新中协同剩余形成的关键影响因素，构建协同剩余形成机理模型，并就如何最大化协同剩余提出针对性的建议，以期为提升协同创新活动绩效提供理论参考。

2.3.1　概念与研究回顾

2.3.1.1　协同理论与协同创新

协同理论（Synergy Theory）是系统科学的重要分支，由德国物理学家哈肯（Hermann Haken）于 20 世纪 70 年代创立，他在先后发表的《协同学导论》《高等协同学》等专著中系统地论述了协同的概念与相关理论（哈肯，1984）。随后，安索夫（Ansoff）在《公司战略》一书中提出了"1+1>2"这一协同效应的概念，确立了协同的经济学含义。协同理论主要研究开放系统如何通过内部协同作用与外界交换物质与能量，形成自发的有序结构，描述了系统通过协同运作从无序状态达到有序状态的共同规律，具有较强普适性。协同（Synergy）的概念从外延上涵盖了互动、合作等意，强调了多个要素通过复杂的相互作用而产生单独不能产生的整体效果，它比合作拥有更深和更丰富的内涵。系统内各要素通过非线性的相互作用，产生超出单要素作用的效果，称为协同效应。

协同创新（Synergy Innovation）的产生源于创新需求的提高与创新技术的发展。熊彼特在 1912 年提出创新的概念，标志着创新活动在企业内部的兴起，他认为创新即建立一种新的生产函数，把从来没有过的生产要素或生产条件的一种新组合引入生产体系；创新活动对成本、风险和创新知识等资源要素的客观需求，使得创新活动从企业内部转向存在利益关系的不同企业之间，进而企业与企业之间的合作创新成为趋势，如供应链合作创新、产品设计链合作创新等。知识经济时代则对创新活动提出了更高的要求，创新活动必须建立在快速的知识更新和跨领域的知识集成基础上。一定区域内的企业、高校、科研机构、政府、金融机构与中介机构等创新主体，在创新资源方面的差异性与互补性，为协同创新提供了可能。政府对创新活动进行引导、扶持与政策制定，中介机构与金融机构提供科技转化中介服务与融资支持，各主体对协同创新活动的开展都具有重要促进作用（Mohnen 和 Hoareau，2003）。因此，科技协同创新成为增强企业创新能力、推动区域经济发展的有力举措。

在此将协同创新定义为：一定区域内的企业、高校、科研机构、政府、金融机构与中介机构等创新主体，基于"利益共享、风险共担、优势互补、共赢互利"的原则，通过人才、信息、技术、资金、知识、设备等创新资源的高度共享、有机配合与充分作用，从而产生单个创新主体无法实现的整体创新效应的过程。

2.3.1.2　协同剩余研究回顾

剩余问题的研究，可追溯到古典经济学家亚当·斯密与卡尔·马克思，他们把企业看作是要素所有者为分享合作剩余（或组织租金）而缔结的特别合约，这种合作剩余的存在源于劳动分工导致的生产效率的提高与机器的发明和采用，合作的功能并非要素间的简单相加，而是众多要素聚合而产生的倍增效应。合作剩余是要素所有者通过合作生产、分工以及专业化等非价格机制的组织形式而取得的超过他们各自单个活动收益的总和，企业的协作程度、各成员的努力状况等因素都会影响作为协作结果的"合作剩余"（黄桂田和李正全，2002）。随后，对剩余问题的研究扩展到企业之间、区域集群之间的创新活动。合作剩余被认为是合作主体通过合作得到的纯收益与不合作或竞争所得的纯收益之间的差额，主体只有在此差额为正时才会有合作意愿（黄少安，2000）；或者是供应链中的核心企业与节点企业协同作业而产生的，决定着供应链的演化与发展的供应链剩余，其有利于提升供应链系统的协同运作能力与竞争力（于春杰和李忱，2007）；企业集群合作环境下同样会产生对应的合作剩余，它有利于集群整体创新能力的提升与区域创新能力的增强（何景涛和安立仁，2010）。协同创新的本质是要素作用方式和创新实现方式的自组织性。区域创新系统中协同效应形成的关键在于能否产生协同剩余。

综上可见，现有文献对剩余问题的研究大多集中于企业内部或者企业主体之间的合作产生的剩余，而对于一定区域内不同创新主体之间协同创新活动产生的协同剩余的研究较少见到，剖析协同剩余的形成与增进机理具有十分重要的意义。在此将协同剩余（Synergy Residual）定义为：一定区域内企业、高校、科研机构、政府、金融机构与中介机构等创新主体，通过协同创新而实现的总效应 R_1 与各创新主体独自创新产生的效应加总 R_2 之间的差值 SR，即 $SR = R_1 - R_2$。协同剩余可用数学方法作描述如下：假设一定区域内的创新资源要素为 $X = \{x_1, x_2, x_3, \cdots, x_n\}$，$F(x)$ 为整体创新效应函数，协同剩余可以表示成 $SR = \Delta V = F(X) - \{F(x_1) + F(x_2) + F(x_3) + \cdots + F(x_n)\}$（陈光，2005）。

2.3.2　协同剩余的形成机理及模型

协同剩余在实际中表现为协同创新开展之后实现的新产品、新工艺与新设备的发明、生产与使用，创新型人力资本的提升、创新能力的增强、经济利润的实现以及科研成果的形成等。

2.3.2.1　协同剩余形成的关键影响因素分析

协同创新中各主体拥有不同的职能要求与利益诉求，之所以开展协同创新活动，是基于对协同剩余的追求。协同剩余是协同创新的直接动力，它是互补性创新资源高度共享、优化配置与非线性相互作用的结果。创新资源、创新协同度与外部协同环境等因素对协同剩余的形成具有重要影响。

（1）创新资源互补是协同剩余形成的基础。创新资源包括一定区域内的资金、信息、知识、人才、设备与技术等要素。依据协同理论，协同剩余的形成是创新资源要素非线性作用的结果，协同创新开展的过程，从微观上看就是创新资源优化搭配组合，动态地选择最佳结构方式，最大限度扩张协同剩余的过程（刘颖和陈继祥，2009）。高校与企业合作实际上是异质组织为了实现各自的资源优势互补而形成的，优势资源要素的互补性是合作的基础和关键；企业与外部组织知识合作创新的剩余，源于知识创新资源的互补，合作伙伴之间可以充分利用彼此的知识资源和能力（李翠娟和宣国良，2005）。

创新资源对协同剩余的影响主要体现在如下两方面：第一，创新资源禀赋，即一定区域内各创新主体拥有的资金、信息、知识、人才、设备与技术等资源的丰歉程度，它是协同创新开展的物质基础，在很大程度上决定了协同剩余形成的多少。在其他因素不变的情况下，创新资源禀赋越优良，产生的协同剩余越多。第二，创新资源的互补性的影响。不同创新主体拥有不同的创新资源，资源优势互补是开展协同创新活动的前提，协同创新能有效弥补单个主体在创新资源总量与结构上的不足。以企业、高校和研究机构为例，一般来说，企业方所拥有的创新资源要素中知识资源相对匮乏，但资金资源要素相对充裕，而高校、科研机构等主体则恰恰相反，知识资源相对充裕而资金资源相对匮乏。创新资源禀赋及其互补性是协同创新得以实现的物质基础，也是协同剩余得以形成的根本原因。

（2）创新协同度是协同剩余形成的关键。创新资源禀赋及其互补性为形成协同剩余提供了潜在可能，而协同剩余的具体实现还依赖协同主体及创新资源要素之间紧密、有序地结合和互动。协同创新中，各创新主体（企业、高校、科研机构、政府、金融机构与中介机构等）之间、创新要素（资金、知识、人才、信息、设备等）之间整合的紧密程度、有序程度、互动强度表现为创新协同度。创新主体之间、创新资源要素之间的联系紧密、互动性强、一体化整合程度高，则表明创新协同度高，反之则表明创新协同度低。创新协同度越高，协同效应越大（陈光，2005），即表现为更多的协同剩余。创新协同度与协同效应之间存在复杂的很强正相关性的非线性关系（陈丹宇，2009），协同创新涉及到知识、资源、行为等要素的全面整合，互动和合作的程度决定了整合的实现（陈劲和阳银娟，2012）。

创新协同度作为关键影响因素，衡量了创新主体、创新资源要素相互作用的强度与有序程度，影响着协同剩余的多少和质量。首先，创新协同度涵盖了主体间的利益整合程度。各创新主体利益诉求不同，如企业一般以市场需求为导向，追求新产品、新技术的发明创造从而实现经济利益，而高校、研究机构则追求创新人才的培养、研究成果的科学价值与学术价值以及论文的发表与专利的数量等，如何均衡各方利益是不容忽略的难题（Schartinger 等，2002）。其次，创新协同度衡量了协同创新活动运行有序程度与协调程度。协同创新是基于知识、技术等抽象创新资源要素的活动，往往由于实际运作中投入成本划分、利益归属以及领导、沟通、信任等问题，引发冲突和矛盾，协同创新活动往往因此受阻、中断甚至终止。规范有效的组织运行、健全高效的管理体制是主体间协同创新得以顺利开展的保证，也是协同剩余产生的关键因素。

（3）协同环境是协同剩余形成的保障。协同创新是一个有机系统，系统内各要素之间在进行着非线性的相互作用时，也不断地与外界进行着物质、能量的交换。协同创新和其他社会活动一样，是基于一定的外部环境条件展开的，良好的外部环境是协同剩余顺利形成的保障。税收政策、法律法规、经济环境、金融体制、创新氛围乃至社会舆论等宏观变量，都会直接或间接影响协同创新活动的开展，成为协同剩余形成的重要影响因素。

协同环境内的政府、金融机构与中介机构等辅助主体对协同剩余的影响不言而喻。政府作为协同创新平台构建者与政策制定者，一方面负责制定有利于协同创新的战略规划与政策，甚至在必要的时候搭桥牵线促进各主体协同创新关系的形成；另一方面，也通过相关法律法规的制定，在财政、税收、信贷方面给予倾斜与优惠，营造良好的制度支持软环境。金融机构则能为协同主体和相关项目提供必要的融资支持与保障，弥补协同创新融资渠道不畅、资金匮乏的不足。中介机构作为连接科技与经济的桥梁，在促进创新主体间的知识流动与技术转移，协同合作网络构建、创新成果价值评估、创新活动风险分析与产业化推进等方面起着不可替代的作用。

纵观以上分析，创新资源、创新协同度和协同环境对协同剩余的形成产生重要影响，其作用见图 2.6。

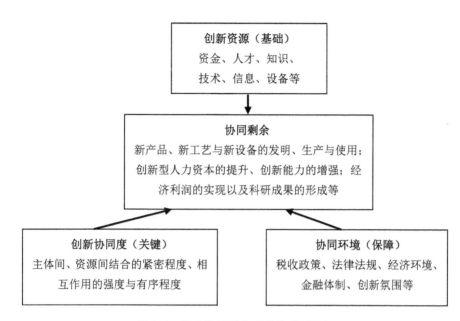

图 2.6　影响协同剩余形成的重要因素

2.3.2.2　协同剩余形成的机理及模型

协同剩余的形成依赖于创新资源的优化组合，而各创新主体所拥有的创新资源具有很强的互补性。我们作出以下两点假设：第一，创新资源要素符合边际效应递减规律，即在其他条件不变的情况下，继续追加某种创新资源要素，产生的单位效应将递减；第二，创新资源均能被无损耗地完全利用。在以上假设的基础上，构建如下协同剩余形成机理模型（见图 2.7）。

图 2.7（a）为协同剩余形成机理的立体图，图 2.7（b）为图 2.7（a）在水平面的投影图。水平面坐标轴 OX 表示创新资源禀赋，OY 表示创新资源边际效应，高度坐标轴 OZ 表示创新协同度。水平面上的曲线 L_1 表示协同创新之前创新主体总的创新资源边际效应曲线，由于边际效应递减规律，故 L_1 随坐标轴 OX 向右下方倾斜。创新资源产生的创新效应，可用水平面坐标轴中创新资源边际效应曲线与坐标轴围成的区域表示，四边形 $OABC$ 表示协同创新之前各创新主体产生的总的创新效应。

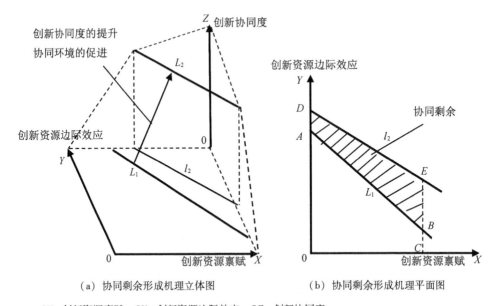

（a）协同剩余形成机理立体图　　　　（b）协同剩余形成机理平面图

OX：创新资源禀赋；*OY*：创新资源边际效应；*OZ*：创新协同度

L_1：协同创新前创新资源边际效应曲线；L_2：协同创新后创新资源边际效应曲线

OABC：协同创新前总的创新效应；*ODEC*：协同创新后总的创新效应；*ADEB*：协同剩余

图 2.7　协同剩余形成机理示意图

　　开展协同创新后，创新资源、创新协同度、协同环境等影响因素开始作用于协同剩余的形成。首先，由前文相关假设与创新主体之间创新资源禀赋的极大差异性可推知，企业知识资源的边际效应相对较高，资金资源的边际效应相对较低，而高校与科研机构则正好相反。创新资源在协同创新开展之后将实现高度共享，自动从创新边际效应较低的主体流向较高的主体，如知识资源将从高校与科研机构流向企业，而资金资源则从企业流向高校与科研机构。创新资源这种自发的流动组合与有机结合，实现了优化配置，物尽其用，充分发挥了创新效应，进而形成协同剩余。另外，企业、高校、科研机构、政府等主体在协同创新过程中深度交流与协作，极大地提高了相互之间的整合程度。创新协同度的增强使得主体之间、创新资源之间的相互作用从无序变成有序，形成更多的协同剩余。最后，良好的外部协同环境作为协同创新的重要保障，一方面有利于创新资源的高度共享与相互作用，另一方面也利于主体间协同关系的建立与维持，从而促进协同剩余的形成。

以上影响因素的作用过程使得创新资源边际效应曲线从 L_1 移动到 L_2。L_2 为协同创新后的创新资源边际效应曲线，其对应的创新效应可用图 2.7（b）中的四边形 ODEC 表示，与协同创新之前资源边际效应曲线 L_1 对应的创新效应 OABC 相比，面积明显增大，增量为四边形 $ADEB$（如图 2.7（b）阴影部分所示），即为协同创新产生的协同剩余的大小。

采用数学方法可对协同剩余作进一步的说明：若设 $i=1$，2，3，$\cdots$，m 分别表示企业、高校、科研机构与政府等创新主体，$j=1$，2，3，$\cdots$，n 分别表示资金、知识、人才、信息、设备等创新资源要素，则用 X_{ij} 可表示 i 创新主体所拥有的 j 资源的数量（其中 $i \in \{1, 2, 3, \cdots, m\}$；$j \in \{1, 2, 3, \cdots, n\}$）。此时企业所拥有创新资源的数量为：

$$X_{11}+X_{12}+X_{13}+\cdots+X_{1n} = \sum X_{1j} \qquad (2.1)$$

同理，高校拥有的创新资源数量为 $\sum X_{2j}$，即 i 主体拥有的创新资源数量为 $\sum X_{ij}$（其中 $1 \leqslant i \leqslant m$；$j \in \{1, 2, 3, \cdots, n\}$）。若 $F(X)$ 为创新资源的创新效应函数，则在未开展协同创新之前，一定区域内的所有主体独自创新所达到的创新效应总和为：

$$F\left(\sum X_{1j}\right) + F\left(\sum X_{2j}\right) + F\left(\sum X_{3j}\right) + \cdots + F\left(\sum X_{mj}\right) = \sum \sum F(X_{ij})$$

$$(2.2)$$

开展协同创新后，创新资源要素在不同主体之间自由流动并动态地选择最佳组合方式实现更大的创新效能，各创新主体创新总协同效应为 $F\left[\left(\sum \sum X_{ij}\right), \gamma\right]$（其中 γ 表示创新协同度）。此时，协同剩余（Synergy Residual）可表示为：

$$SR = F\left[\left(\sum \sum X_{ij}\right), \gamma\right] - \sum \sum F(X_{ij}) \qquad (2.3)$$

（其中 γ 为协同度；$i \in \{1, 2, 3, \cdots, m\}$；$j \in \{1, 2, 3, \cdots, n\}$），即一定区域内各创新主体通过协同创新实现的总效应与各创新主体独自创新产生的效应加总间的差值。

2.3.3　协同剩余促进策略

综上所述，协同创新已成为创新的重要方式，开展协同创新是增强企业创新能力、推动区域经济发展的有力举措。协同主体开展协同创新的源动力是协同剩余，主体对协同剩余的预期越高，协同积极性将越强。协同剩余的形成主要受到创新资源、创新协同度与协同环境等因素的影响。其中，辨识各创新主体的创新资源禀赋并对创新资源进行互补性组合，是协同剩余形成的基础；提升创新协同度是最大化协同剩余的关键；而良好的协同创新环境，则是协同剩余形成的重要辅助因素。基于对协同剩余形成机理的科学分析，针对影响协同剩余形成的关键因素，为促进协同剩余最大化的形成，综合提出以下促进策略。

（1）构建科学有效的评价与选择机制，合理评估协同创新主体的资源与能力，构建最优协同组合。协同创新是一项分工协作的跨组织行为，创新资源与能力优势互补是形成协同剩余形成的前提，因而选择理想的协同创新主体是保证协同剩余形成的关键。必须在协同创新开展初期，构建科学有效的评价指标体系，全面评估各主体的创新资源禀赋，明晰各主体创新资源与创新能力的异质性与互补性，组建合理有效的协同创新联盟，增强协同创新能力，最大化协同剩余。

（2）构建良好的资源交流平台与信任机制，促进创新资源非线性作用与创新主体间的协同互动，提升创新协同度。通过构建知识、信息交流平台，搭建信息中心以及技术协调会议等方式，实现信息与知识的共享，提高知识流动与转化效率，从而改变信息、知识等创新资源分布不均、创新资源不对称等问题，提高协同创新效率。另外，基于利益共享、风险共担的协同创新原则，建立良好的协同创新信任机制，一方面防范协同创新中的道德风险，另一方面尽量避免协同主体离心力的产生，以形成协同合力。

（3）加强科技协同创新的组织管理，保证协同创新活动顺利高效运行。协同创新不同于独自创新，协同过程的组织管理对协同创新能否持续、协同剩余能否顺利形成影响巨大。只有建立科学合理的组织管理制度，通过规章明确各方的权责利，才能保证协同创新活动顺利有序地进行。可单独设立一个协调管理机构，该机构由协同主体各方抽调的代表组成，以企业、高校和科研机构为核心，联合政府相关部门、金融机构、中介机构等辅助创新主体，负责协同创新的总体规划、运行与管理制度的制定以及冲突的预防与处理等，从而保证协同创新顺利开展。另外，创新活动中高风险性与高收益性并存，因此事先做出制度性安排，建立协同创新相关的利益与风险共担的责任制度，将投资风险与收益权、责任大小与决策权进行绑定，并在协同创新过程中严格执行成为必须。

（4）改善科技协同创新环境，充分发挥政府、金融机构与中介机构等辅助创新主体在协同创新过程中的作用。协同创新是开放性的创新活动，税收政策、法律法规、经济环境、金融体制、创新氛围以及中介服务等构成了协同环境的主要内容。政府在协同中的作用至关重要，除了对协同创新活动给予财政、税收、信贷等方面的优惠政策外，还需要不断完善基础设施，兼顾各方利益，保证协同创新活动的长期进行。金融机构要切实提供完善可行的融资方案，促进协同创新信用体系的发展，改善协同创新融资难、资金短缺的问题。最后，中介机构作为连接科技和经济的桥梁，不仅要提供价值评估、创新活动风险分析等服务，更要主动跟踪各创新项目的进展，依据实际提供更有针对性的全方位的后续服务，促进协同剩余的形成。

3 协同知识创新生态系统的演化与博弈

在分析协同知识创新系统演进规律与影响因素的基础上，借鉴系统动力学原理，构建协同知识创新主体共生演化的动力学模型，并采用系统仿真和博弈方法，探讨影响协同创新中知识主体共生演化和知识创造的关键因素及其相互作用关系，为促进协同知识创造和知识增值提供参考。

3.1 协同知识创新系统的演进规律与影响因素

2011年4月，胡锦涛总书记在清华大学提出，要"积极推动协同创新"，标志着"协同创新"正式进入国家战略层面；教育部紧随其后提出的"2011计划"也于2012年4月启动实施，该计划强调国内一批高校将从重大前瞻性科学问题、行业产业共性技术问题、区域经济与社会发展的关键问题以及文化传承创新的突出问题出发，联合国内外各类创新力量，建立一批协同创新平台，形成"多元、融合、动态、持续"的协同创新模式与机制。党的十八大报告指出，"科技创新是提高社会生产力和综合国力的战略支撑，必须摆在国家发展全局的核心位置"，由此可见，跨区域科技协同创新研究具有重要的现实意义。

根据创新实现途径的不同，学者熊励等（2011）将协同创新分为内部协同创新和外部协同创新，并进一步将外部协同创新分为横向协同创新和纵向协同创新。内部协同创新的主体是产业组织本身，其实现依赖于组织内部要素之间的互动。国内外学者关于内部协同创新的研究，主要针对如何实现企业内部要素之间的协同展开。外部协同创新的研究主要集中在产业组织与其他相关主体之间的互动。借已有研究成果，笔者认为，纵向协同创新主要指供应链或产业链企业间的协同，横向协同创新主要指不同产业主体间的协同。

所谓科技协同创新，是指不同创新主体（产、学、研、金、政、用）基于目标利益，通过创新要素的有机配合与相互作用，在创新互动机制的约束和协同下，通过复杂的非线性相互作用，提高资源利用效率，从而产生单要素无法实现的整体效应的过程，在形式上属于横向协同创新。作为一种基于特定目标运行的复杂创新行为，科技协同创新的实现过程有一定的阶段规律性。处于不同演化阶段的协同创新行为，其特征不同，影响因素也不同。目前，关于横向协同创新，国内外学者主要围绕协同创新运行机制、模式和绩效等展开研究（熊励等，2011）。

但对阶段性演进规律及其影响要素的研究尚少见到，这使如何从宏观上把握整个协同创新活动的运行规律、增强协同创新效应缺少理论支持。本书基于协同创新活动的发展进程视角，研究科技协同创新的生命周期演化阶段，以及不同阶段协同创新活动的特征及关键影响因素，并提出针对性发展建议，为促进科技协同创新活动的有效开展、提升协同创新绩效提供理论参考。

3.1.1 科技协同创新的演进阶段及特征

科技协同创新是由众多创新主体和要素共同参与的复杂行为，其演进和发展有自己的轨迹和规律。创新系统最重要的表现是创新能力，如果以创新能力和创新绩效作为创新活动不同阶段的辨识变量，可以发现科技协同创新的发展具有生命周期的阶段特点，集中表现为协同创新能力和协同创新绩效的阶段性变化。

　　为了更好地分析科技协同创新的演化过程，我们将协同创新活动划分为磨合期、成长期、成熟期和衰落期四个阶段，如图 3.1 所示。

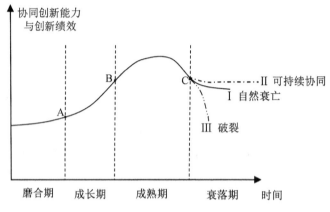

图 3.1　科技协同创新生命周期阶段

　　图 3.1 中，以时间为横坐标，以协同创新能力与创新绩效为纵坐标，描述科技协同创新发展的各阶段，反映科技协同创新的演进过程。需要说明的是，协同创新能力与协同创新绩效虽然是两个不同的概念，但二者在科技协同创新的发展过程中的变化趋势基本一致。因此，在图 3.1 中可以用一条曲线表示科技协同创新的演进过程。此曲线表示的并非严格意义上的数量关系，而仅代表一种走向。为了更直观地表示各阶段的特征，进一步建立如图 3.2 所示的矩阵。

		成熟期
	成长期	
磨合期 衰落期		

图 3.2　科技协同创新演进阶段特征之能力-绩效矩阵

　　在科技协同创新磨合期，各创新主体之间的信任机制和协作模式尚未确立，创新能力难以形成合力，很难马上转化为创新绩效；随着不断磨合，创新氛围逐步形成，创新基础设施不断建立和完善，各类服务机构和中介组织也开始出现，此时协同创新进入迅速成长阶段，创新能力随之较快增长，创新绩效开始逐步产出；当各种正式规则和非正式规则相继建立并发展成熟，协同创新各主体之间的协作模式趋向于合理和稳定，创新能力达到最高点，创新绩效开始集中化高效率地产出，科技协同创新进入成熟阶段；而当协同创新目标达成后，协同创新活动的既定任务基本完成，协同创新组织自然解体，组织整体创新能力相应下降，协同创新绩效也逐渐减少。

基于企业生命周期理论，有美国学者认为，企业的生长和老化同生物体一样，主要是通过灵活性和可控性两大因素之间的关系来表现，灵活性和可控性决定了企业在其生命周期中所处的位置（爱迪思，1997）。但协同创新的生命周期演进与生物体进化和企业发展阶段存在不同：对生物体和企业而言，它们的组成部分不仅依附于整体，其价值是服务于整体的，不管是生物体的单个细胞、单个组织还是企业内部的单个员工、单个部门，都不可能单独存在；而创新主体是独立的、完整的，协同创新是不同主体基于特定目标而形成的协作，会形成阶段性特征，因此创新主体之间存在更多的磨合和信任问题。

磨合和信任问题的存在很大程度上是由于在科技协同创新过程中存在资金投入、产权归属、利益分配、风险承担等诸多问题，难以有效确认利益范围与责任边界，存在矛盾冲突。这些问题的症结在于尚未形成完备、系统的规章和制度，从而在出现问题时缺少可参照解决的程序，这些要素可以用规制的强弱来表示。此外还有一些软性的环境要素，如沟通方式、工作习惯、处事风格之间的磨合，也是衡量协同创新活动健康与否的重要维度，可以用创新氛围的高低来表示。根据规制的强弱和创新氛围的高低两个特征要素，我们将协同创新四个时期划入相应区域，来判定协同创新所处的生命周期阶段，如图 3.3 所示。

图 3.3   科技协同创新演进阶段特征之规制-氛围矩阵

3.1.2   科技协同创新阶段演化影响因素

科技协同创新过程的影响因素很多，通过归纳分析，本书认为资源要素的互补度、知识共享和流动，以及制度的规范性，是影响科技协同创新阶段演化的关键因素，具体分析框架如图 3.4 所示。

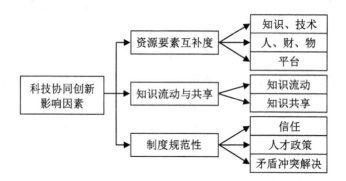

图 3.4   科技协同创新阶段演化影响因素框架

3.1.2.1   资源要素互补是协同创新活动顺利开展的基础

资源要素互补度是指不同协同创新主体所提供的创新资源的互补程度。科技协同创新的资源包括创新主体所拥有的知识、技术、资金、设备以及政策等一系列要素，这些要素直接或间接地对创新组织的竞争优势及创新能力产生影响。

　　协同创新的初衷和动力就是资源要素的互补，如果协同创新主体不具备这一特征，那么合作很难形成。首先，在协同创新过程中，互补资源可以增强创新主体内部资源的价值性，通过学习效应、互补效应，促进科技创新发展；同时，激励知识创新主体和技术创新主体间进行深入合作和资源整合，通过系统叠加的非线性效用，产生协同剩余，这些都有利于创新绩效的提升。其次，资源要素的互补有利于创新资源向创新能力的转化。当所拥有的资源同时具有价值、稀缺、难以模仿和难以替代四个特征时，这种资源就会成为获取和保持竞争优势的源泉。根据能力观的观点，能力是通过组织资源（包括人力资源、规则和政策等）长期的相互作用得以形成并发展。对于科技协同创新，其参与主体所拥有的资源具有异质性，当协同合作开始后，资源开始流动和共享，单个主体所拥有的难以单独发挥作用的优势资源得到充分利用，从而使单个主体独自的创新资源转化为协同组织的协同创新能力。

　　因此，在协同创新形成之前，需要考察协同主体间的资源互补度，以确定合作是否能达成；在创新活动进行过程中，同样需要不定期检查创新资源的完备度，以保障协同创新有序开展。

3.1.2.2　知识流动与共享影响创新能力和创新绩效的提升

　　知识流动与共享是指创新组织内部各成员在创新活动过程中彼此之间进行的知识交流活动，主要体现为在创新活动中知识的转移和扩散。通过流动与共享，知识由个人层面扩散到组织层面。成员可以通过查询组织知识获得解决问题的方法和工具；同时，好的方法和工具也可以通过反馈扩散到组织知识中，方便组织成员查阅，从而提高组织效率。

　　知识可分为显性知识和隐性知识两大类。显性知识指容易转化为符号的知识，可以用有声和无声语言加以表述，从而方便传播；而隐性知识则不容易用符号记录，难以用语言加以表述。在科技协同创新活动中，显性知识包括产品知识、技术、方案、政策规章以及用户体验等，而隐性知识则包括创新想法、设计思路，以及彼此间在工作过程中产生的习惯、默契和惯例等。

　　企业、科研机构及其他创新主体在协同开发产品或其他创新活动的过程中，包含着大量显性知识与隐性知识的流动与转化。组织间知识共享惯例对关联企业技术创新有重要促进作用。对于科技协同创新而言，创新组织间的知识共享不仅能够提供有价值的信息来源，直接促进企业的技术创新，而且通过持续地组织间流动及互动，促进了隐性知识的传递和组织成员知识获取、吸收和利用水平的提升，从而提高了组织的科技创新能力。从价值获取的角度看，充分的信息流动和知识共享也使得创新组织成员更多、更快地获取合作伙伴的知识，从而提高创新能力，也间接促进了企业技术创新绩效的提升。可见，知识的流动与共享为科技创新提供了更多有价值的信息，使得组织可以在整合外部知识的基础上启动内部知识创造的过程，提升技术能力和创新绩效。

综上所述，从短期来看，各创新主体的知识流动与共享通过扩大组织可利用的信息量直接提高了组织技术创新的质量，加快了技术创新的进程。从长期来看，深入、广泛的知识流动与共享，一方面可以在组织内部形成良好的创新气氛和惯例，学习到合作伙伴的缄默知识和解决问题的方式；另一方面也可以不断形成和完善组织内研发部门的技术创新能力，不断提高创新绩效。

3.1.2.3　制度规范性决定协同创新效率

制度的规范性是指制度的健全程度和规范程度。在科技协同创新过程中，创新主体间的信任、人才政策、矛盾冲突解决都是十分重要的影响因素。

首先，信任影响创新主体协同参与度。在协同创新的磨合期，协同创新绩效是不确定的，当资源拥有者对创新绩效有积极预期时，对创新资源投入会更加慷慨，协同参与度高；当资源拥有者对创新绩效存在消极预期时，在投入资源时必定有所保留，这会使协同创新能力受到影响，并影响协同创新目标的实现。同时，协同创新主体及参与人员需要一定的时间来适应彼此的工作模式、沟通方式和态度等，如果交流存在问题，即使主体间有合作之愿也难成合作之实。由此可见，协同参与人员对彼此的信任程度，将影响协同参与度。因此，要缩短磨合期，即在图 3.1 中表现为 A 点的快速到来，建立切实有效的信任机制是关键因素，也是科技协同创新活动得以顺利开展的保证。

除此之外，信任还可以促进组织内创新氛围和隐性规则秩序的形成。这些规则虽然不具强制力，但协同创新主体及参与人员却愿意自觉遵守，使之成为组织内沟通交流及解决矛盾纠纷的准则，是一种非正式交流机制，它可以提供一种感知安全、舒适的心理环境，从而有效提高创新效率。

其次，人才政策是协同创新高效运行的关键。科技协同创新生命周期的长度因协同目标的不同而长短不一。根据库克曲线，人的创造力并非一成不变，一个研究人员到一个单位工作，创造力较强的时期大约有四年。同时，创造力有一个最佳发挥阶段，超过了一定年限，创造力会逐渐衰减。科技协同创新生命周期的成熟期是创新产出迅速集中的阶段，此时，核心研发人员的流失或科研能力的下降会给协同创新带来巨大的损失。因此，在成熟期要特别留意员工的工作、生活等各方面的需求及心理变化，注意对员工采取恰当适度的激励措施和研发扶持，稳定核心人才，激发员工的科研热情。同时，要充分运用库克曲线提供的创造力变化规律，合理规划协同创新的实施过程，保证科研人员的创造力在协同创新绩效快速增长期得到最大发挥，避免在研发的关键阶段出现核心人员流失带来的研发停滞和技术断层，保证研发过程的有序、高效和流畅。

最后，矛盾冲突的解决决定生命周期往前发展的走向。科技协同创新是通过国家引导和制度安排，基于特定目标的创新过程（陈劲和阳银娟，2012）。当创新目标完成后，协同创新组织也将随之解体。但是，解体的方式及后续发展，会因为协同创新运作过程中各主体合作的融洽程度、组织分工的合理程度、目标达成的顺利程度以及对创新绩效的满意程度等差异而产生不同的转化方向。

一般情况下，创新目标完成后，协同创新生命周期的演进方向是自然衰亡，如图3.1中曲线Ⅰ所示。这种情况一般发生在协同创新各主体对上述指标基本满意，且项目结束后合作主体暂时没有新的科技协同创新需要及诉求。但并不是所有的协同创新都会达成既定目标。协同创新本身是一个多主体、多要素参与的复杂有机系统，其中不可避免会存在各种矛盾冲突。如果处理不好这些问题，不能有效确认利益范围与责任边界，致使各方利益难以平衡，治理失灵，必然会导致冲突的产生和升级，这种情况下，协同创新合作组织就会走向破裂，在图 3.1 中如曲线 III 所示。需要说明一点，这种破裂并不只有在点 C 时才有可能发生，如果利益协调不到位，矛盾冲突到不可调和的程度，合作破裂在任何一点都有可能发生。因此，矛盾冲突的有效解决机制决定了协同创新是否能健康运行。

3.2 协同知识创新系统演化的仿真研究

在移动互联网的时代潮流下，商业生态系统理论打破单赢的竞争观念，强调企业之间是一个互相依赖的共生网络。例如，苹果公司通过 iPod、iTunes、iPhone、APP Store 等产品，先后将唱片公司、好莱坞电影、电视制作公司、媒体公司、游戏软件开发商、消费类电子生产商等纳入协同创新生态网络，并牢牢占据了手机和电脑的高端市场。在大数据时代，以平台为中心的协同创新网络强调网络价值，平台提供者扮演着关键角色，加强了创新成果。许多高技术产品和服务都可视为"系统中相互依赖的成分，建立在平台之上"，且为公司和生态系统提供了复杂的网络。而创新平台构建是开放式创新生态系统运行和价值创造的关键。共生的概念最早由德国生物学家 Strasgourg 于 1879 年提出，是指不同种属按某种物质联系在一起，形成共同生存、协同进化的关系。共生学说在生物学领域已成为一门分支学科。"共生是进化创新重要源泉"的观点被越来越多的学者所接受。现有研究大都采用共生演化的理论模型，来探讨区域企业和产学研网络的共生问题，鲜有文献涉及协同创新网络内各知识域耦合主体间的共生关系。基于此，我们以共生理论为基础，探析协同创新网络中知识域耦合主体的共生关系及共生系统不同阶段的演化特征；并引入生态学中的 Logistic 模型，建立协同创新网络中知识域耦合主体的共生演化动态模型，分析协同网络中各主体共生演化的平衡点及稳定性条件。我们试图从理论和实证的角度揭示协同创新网络的演化机制和互动规律。

3.2.1　协同创新网络中知识域耦合主体的共生演化

3.2.1.1　协同创新网络中知识域耦合主体的共生模式

共生是两个或两个以上生物在生理上相互依存程度达到平衡的状态。植物之间相互作用有五种类型，分别为竞争、寄生、互利共生、偏利共生和偏害共生，并认为分类可进一步精细（Jonathan 等，2001）。共生是在一定的共生环境中共生单元之间以某种共生模式形成的关系，共生环境、共生单元和共生模式是共生的三要素，寄生、偏利共生、非对称互利共生和对称性互利共生为最基本的共生行为模式（袁纯清，1998）。目前，学者们按照共生行为的能量与利益关系，将共生模式分为寄生、偏利共生和互利共生三大类。

（1）寄生。寄生是指两创新主体之间并不产生新的能量，寄生者是能量的接受者，只能依靠寄主的能量而生存。因而，在寄生关系中，两个共生单元间只存在能量的单向传递，寄主是能量的付出者。该模式仅有利于寄生者进化而不利于寄主的进化，寄生者甚至还会给寄主传递废物或污染等危害。

（2）偏利共生。在偏利共生中，一个创新主体因共生关系增加了新能量，提高了创新收益，但不会对另一方造成损害或不利的影响。该模式对一方有利而对另一方既无利也无害。

（3）互利共生。互利共生是两个创新主体结合在一起形成的共生体，对共生双方都有利。互利共生关系中产生的新能量在共生单元之间分配，根据能量分配是否均匀，又可进一步分为对称性互利共生和非对称性互利共生。互利共生是创新系统中较常见的共生模式。

3.2.1.2　协同创新网络中知识域耦合主体的演化路径

在协同创新网络中，平台主导企业、供应链上下游的支持企业、高校和科研机构、用户等知识域耦合构成多个共生单元；共生单元外的影响要素则组成共生环境，例如政府、中介机构和竞争对手等外部主体，或社会和经济等环境因素。借鉴企业生命周期模型，协同创新网络可划分为萌芽期、成长期、成熟期和蜕变期四个阶段。在各阶段，知识域耦合主体的共生行为依次表现为寄生、偏利共生、非对称性互利共生，到对称性互利共生或独立发展。共生主体规模由小到大衍生。

在共生体运行初期，即萌芽期，支持企业只能依附于平台主导企业获得生存和发展，平台主导企业暂时无法获得共生带来的资源和利益，二者的共生关系为寄生。

在成长期，平台网络中的资源配置不断优化，共生体逐步得到发展，但相对于平台企业资源的大量投入，其从中获得的收益可忽略，二者在共生关系上主要表现为偏利共生。

在创新网络的成熟期，共生系统内的资源产生了明显的叠加效应，各知识域耦合不断获得共生能量，二者的共生关系发展为非对称性互利共生。

在蜕变期，共生主体的资源配置达到最优，但知识域耦合主体间产品或服务的高度重叠开始阻碍彼此的发展。为了寻求更好的发展机会，共生主体间进行协商或谈判，以实现对称性互利共生。若谈判失败，则共生系统解散，知识域耦合主体各自独立发展。因此，共生行为关系的发展结果既可能是对称性互利共生，也可能是独立发展。协同创新网络各阶段主体间的共生演化过程如图3.5所示。

3.2.2　协同创新网络中知识域耦合主体共生演化动态均衡仿真分析

基于知识域耦合主体的共生演化路径，建立共生演化动态模型，并采用系统仿真方法分析协同创新网络中知识域耦合主体共生演化的均衡点及稳定性条件，以揭示协同创新网络的演化机制和互动规律。

3.2.2.1　协同创新网络中知识域耦合主体共生演化的动态均衡

从生态学的视角来看，生态系统中种群数量明显受资源、技术和制度等环

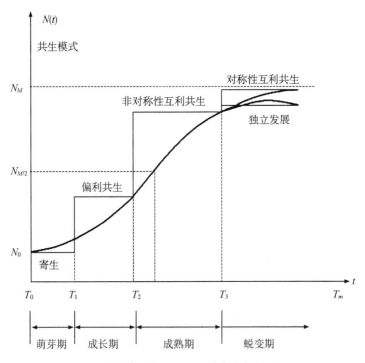

图 3.5　协同创新网络的动态演化过程

境因素的约束。因而，种群数量的演变是密度依赖的。Logistic 模型最初用于估计与预测人口数量，后被广大学者广泛应用于生物学和社会学中，以描述不同种群的共生现象。为了更清楚地阐释协同创新网络中知识域耦合主体的共生演化规律，我们借用 Logistic 模型来分析协同创新网络的动态演化过程。协同创新网络中通常涉及两个及以上的共生主体，各共生主体两两之间又构成错综复杂的网络关系。为了更清晰地刻画协同创新网络中知识域耦合主体的演化规律，我们将协同创新网络中各知识域耦合主体间的相互作用简化为网络核心主体（平台主体企业）和其协同伙伴（网络运营商或移动终端商等支持企业）两类知识域耦合主体间的互动关系。关于协同创新网络作如下假设：

　　假设 1：假设协同创新网络中仅存在平台主导企业和支持企业（即网络运营商或移动终端商等供应链上下游企业）两类创新主体（该假设并不改变多家知识域耦合主体共生的本质），分别记为 A 和 B。

假设 2：在特定的时间和空间内，协同创新网络中创新主体的数量受环境、资源、技术和知识等因素的制约，各种要素资源得到充分有效利用时的状态为自然状态。生态系统内各创新主体的成长需经历自然生态系统的萌芽、成长、成熟和蜕变等过程，其成长过程服从 Logistic 函数规律，增长率受种群密度的影响，且随创新主体密度的增加而下降。设两类创新主体的自然增长率分别为 r_A 和 r_B。

假设 3：创新主体的成长过程用其规模变化来表示，创新主体规模越大表示其成长良好，对创新系统内的资源占有率越大；规模越小表示其逐渐衰退，对创新系统内的资源占有率越小。设协同创新网络中两类创新主体的规模分别为 N_A 和 N_B。

假设 4：在资源要素充足的情况下，创新主体的规模随时间不断增长，当创新主体的创新边际收益等于创新边际成本时，其种群数量达到最大规模。设两类创新主体的初始规模分别为 N_{A0} 和 N_{B0}，种群规模的最大值分别为 N_{AM} 和 N_{BM}。

假设 5：随着创新主体种群密度的增加，各类创新资源趋于紧张，种群内竞争加剧，对两类种群的增长率产生抑制作用。设两类创新主体对有限资源的消耗而对其规模增长产生的阻滞作用分别为 $1-N_A(t)/N_{AM}$ 和 $1-N_B(t)/N_{BM}$。

引入生态学中的 Logistic 模型对互联网平台生态系统共生单元的动态演化过程进行分析。参考 David（1994）的研究成果，Logistic 方程可以表示为：

$$\begin{cases} \dfrac{\mathrm{d}N_A(t)}{\mathrm{d}t} = r_A \left[1 - \dfrac{N_A(t)}{N_{AM}} \right] N_A(t), \quad N_A(0) = N_{A0}, \\[3mm] \dfrac{\mathrm{d}N_B(t)}{\mathrm{d}t} = r_B \left[1 - \dfrac{N_B(t)}{N_{BM}} \right] N_B(t), \quad N_B(0) = N_{B0} \end{cases} \tag{3.1}$$

在创新生态系统中，创新主体的发展不仅受自身种群密度的影响，还受环境、资源、技术和知识等因素的制约，且与另一类创新主体的种群规模相关。考虑在同一生态系统中两类创新主体的共生关系，得到互联网平台创新生态系统中两类创新主体相互作用的共生演化 Logistic 模型。

$$\begin{cases} \dfrac{\mathrm{d}N_A(t)}{\mathrm{d}t} = r_A\left[1 - \dfrac{N_A(t)}{N_{AM}} - \beta_{AB}\dfrac{N_B(t)}{N_{BM}}\right]N_A(t), & N_A(0) = N_{A0}, \\[4mm] \dfrac{\mathrm{d}N_B(t)}{\mathrm{d}t} = r_B\left[1 - \dfrac{N_B(t)}{N_{BM}} - \beta_{BA}\dfrac{N_A(t)}{N_{AM}}\right]N_B(t), & N_B(0) = N_{B0} \end{cases} \tag{3.2}$$

在式（3.2）中，β_{AB} 表示第二类创新主体对第一类创新主体的共生作用系数，即支持企业对平台服务商的共生作用系数；β_{BA} 表示平台服务商对支持企业的共生作用系数。β_{AB} 和 β_{BA} 的取值范围代表了协同创新网络中两类创新主体的共生模式，具体如表 3.1 所示。

表 3.1　共生作用系数 β_{AB} 和 β_{BA} 的取值及其对应的共生模式

β_{AB} 和 β_{BA} 的取值	共生模式	基本特点	增长方式
$\beta_{AB}=0$，$\beta_{BA}=0$	不存在共生关系	双方互不影响	独立增长
$\beta_{AB}<0$，$\beta_{BA}>0$，或 $\beta_{AB}>0$，$\beta_{BA}<0$	寄生	一方受益（共生系数为负），另一方受损（共生系数为正）	受益方依赖增长
$\beta_{AB}<0$，$\beta_{BA}=0$，或 $\beta_{AB}=0$，$\beta_{BA}<0$	偏利共生	一方受益（共生系数为负），另一方无影响（共生系数为零）	独立增长
$\beta_{AB}<0$，$\beta_{BA}<0$，$\beta_{AB}\neq\beta_{BA}$	非对称性互利共生	双方受益，但不对称	可独立增长，可一方依赖增长
$\beta_{AB}<0$，$\beta_{BA}<0$，$\beta_{AB}=\beta_{BA}$	对称性互利共生	双方受益且对称	同时独立增长或同时依赖增长
$\beta_{AB}>0$，$\beta_{BA}>0$	竞争共生	双方均受损	独立增长

可见，移动互联网平台生态系统中不同创新主体之间共生演化的结果取决于共生作用系数的取值。为了研究协同创新网络中不同创新主体之间共生演化的结局，需要对方程组（3.2）的平衡点进行稳定性分析。平衡点就是使式（3.2）为 0 时的实数解。

令 $\dfrac{\mathrm{d}N_A(t)}{\mathrm{d}t}=0$，$\dfrac{\mathrm{d}N_B(t)}{\mathrm{d}t}=0$，得到以下四个局部平衡点：$F_1(N_{AM}, 0)$，

$F_2(0,\ N_{BM})$，$F_3\left(\dfrac{N_{AM}(1-\beta_{AB})}{1-\beta_{AB}\beta_{BA}}\cdot\dfrac{N_{BM}(1-\beta_{BA})}{1-\beta_{AB}\beta_{BA}}\right)$ 和 F_4（0，0）。

为了判断各平衡点的稳定性，利用近似线性方法判定平衡点 $F(N_{A0}$，$N_{B0})$ 的稳定性，并进一步得到协同创新网络中不同知识域耦合主体之间共生演化的雅可比矩阵为：

$$J=\begin{bmatrix} r_A\left(1-\dfrac{2N_A}{N_{AM}}-\beta_{AB}\dfrac{N_B(t)}{N_{BM}}\right) & -\dfrac{r_A\beta_{AB}N_A}{N_{BM}} \\[3mm] -\dfrac{r_B\beta_{BA}N_B}{N_{AM}} & r_B\left(1-\dfrac{2N_B}{N_{BM}}-\beta_{BA}\dfrac{N_A(t)}{N_{AM}}\right) \end{bmatrix} \tag{3.3}$$

用雅可比矩阵来判断平衡点是否处于局部渐近稳定状态的方法是：当系统平衡点使得 det（J）>0 且 tr（J）<0 时，那么它就是稳定的平衡点。此时，平衡点处于局部渐进稳定状态。因此，协同创新网络中不同创新主体之间共生演化的均衡条件就是 det（J）>0 且 tr（J）<0。具体的分析结果如表 3.2 所示。

表 3.2　协同创新网络共生演化的平衡点及稳定性分析

平衡点	det（J）	tr（J）	稳定条件
F_1（N_{AM}，0）	$-r_A r_B(1-\beta_{BA})$	$-r_A+r_B(1-\beta_{BA})$	$\beta_{BA}>1$
F_2（0，N_{BM}）	$-r_B r_A(1-\beta_{AB})$	$-r_B+r_A(1-\beta_{AB})$	$\beta_{AB}>1$
$F_3\left(\dfrac{N_{AM}(1-\beta_{AB})}{1-\beta_{AB}\beta_{BA}}\cdot\dfrac{N_{BM}(1-\beta_{BA})}{1-\beta_{AB}\beta_{BA}}\right)$	$\dfrac{r_A r_B(\beta_{AB}-1)(\beta_{BA}-1)}{1-\beta_{AB}\beta_{BA}}$	$\dfrac{r_A(\beta_{AB}-1)+r_B(\beta_{BA}-1)}{1-\beta_{AB}\beta_{BA}}$	$\beta_{BA}<1$，$\beta_{AB}<1$
F_4（0，0）	$r_A r_B$	r_A+r_B	不稳定

在得到协同创新网络共生演化的平衡点后，用相轨迹示意图对协同创新网络中两类创新主体之间的共生演化过程进行进一步分析。令：

$$\begin{cases} g_1=1-\dfrac{N_A(t)}{N_{AM}}-\beta_{AB}\dfrac{N_B(t)}{N_{BM}}, \\[3mm] g_2=1-\dfrac{N_B(t)}{N_{BM}}-\beta_{BA}\dfrac{N_A(t)}{N_{AM}} \end{cases} \tag{3.4}$$

在式（3.4）中，g_1 和 g_2 分别表示协同创新网络中两类创新主体的

Logistic 系数。令 $g_1=0$ 和 $g_2=0$，将相平面分为若干个区域。以 $\beta_{BA}<1$，$\beta_{AB}<1$ 为例，相平面可分为 S_1，S_2，S_3 和 S_4 四个区域：

$$S_1: \frac{\mathrm{d}N_A(t)}{\mathrm{d}t} > 0, \frac{\mathrm{d}N_B(t)}{\mathrm{d}t} > 0 \tag{3.5}$$

$$S_2: \frac{\mathrm{d}N_A(t)}{\mathrm{d}t} > 0, \frac{\mathrm{d}N_B(t)}{\mathrm{d}t} < 0 \tag{3.6}$$

$$S_3: \frac{\mathrm{d}N_A(t)}{\mathrm{d}t} < 0, \frac{\mathrm{d}N_B(t)}{\mathrm{d}t} > 0 \tag{3.7}$$

$$S_4: \frac{\mathrm{d}N_A(t)}{\mathrm{d}t} < 0, \frac{\mathrm{d}N_B(t)}{\mathrm{d}t} < 0 \tag{3.8}$$

具体如图 3.6（a）所示。若初始相点落在 S_1 区域，由式（3.5）可知，在此区域内 $\mathrm{d}N_A(t)/\mathrm{d}t > 0$, $\mathrm{d}N_B(t)/\mathrm{d}t > 0$，随着时间推移，若相点从 S_1 出发，肯定会向右上方移动，要么趋向平衡稳定点 E_1，要么进入 S_2 或 S_3 区域。

若相点进入 S_2 区域，由于在此区域内 $\mathrm{d}N_A(t)/\mathrm{d}t > 0$, $\mathrm{d}N_B(t)/\mathrm{d}t < 0$，从此区域出发，相点会向右下方移动，有可能会趋向平衡稳定点 E_1，或者进 S_4 区域。若相点从 S_2 区域进入 S_4 区域，由于在此区域内两类创新主体的规模增长速度均小于零，若相点从 S_4 区域出发，则会向左下方移动，一是趋向于 E_1，二是进入 S_2 区域。如果相点进入 S_2 区域，根据上文的分析它会趋向平衡稳定点 E_1。如果相点进入 S_3 区域，由于在此区域内 $\mathrm{d}N_A(t)/\mathrm{d}t < 0$, $\mathrm{d}N_B(t)/\mathrm{d}t > 0$，若从此区域出发，相点会向左上方移动，它会趋向平衡稳定点 E_1，或者进入区域 S_4。若相点从 S_3 区域进入 S_4 区域，由于在此区域内 $\mathrm{d}N_A(t)/\mathrm{d}t < 0$, $\mathrm{d}N_B(t)/\mathrm{d}t < 0$，若相点从 S_4 区域出发，则会向左下方移动，要么趋向平衡稳定点 E_1，要么进入到 S_2 区域。如果相点进入 S_2 区域，根据上文的分析它会趋向平衡稳定点 E_1。

由以上分析可知，当 $\beta_{BA}<1$，$\beta_{AB}<1$ 时，无论初始点在哪，两类创新主体最终都将演化到平衡稳定点 E_1。其他 3 个相轨迹分析类似于 E_1，具体见图 3.6（b）、图 3.6（c）和图 3.6（d）。

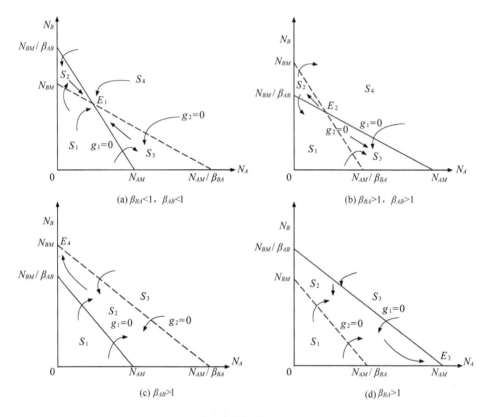

图 3.6　协同创新网络共生演化相图

3.2.2.2　协同创新网络中知识域耦合主体共生演化的仿真分析

　　协同创新网络中各创新主体基于产品或服务的互补性合作而产生价值的增值效应，使得共生系统内可利用的资源和要素增多，共生效率提高，具体表现为共生主体种群规模的最大环境容量增加，共生损耗减少。为确定协同创新网络的演化规律以及创新主体间的相互作用关系，我们在 Logistic 模型的基础上，采用 Matlab 软件中的微分方程进行仿真分析，对两类创新主体的共生演化过程及相互依赖过程进行仿真模拟。由于自然生态系统中种群数量增长的规模受资源和环境等外部因素的制约，为更真实地模拟平台生态系统的演化规律，参考先前研究成果，设平台服务商的最大规模为 100，支持企业的最大规模为 80，迭代次数为 1000，平台服务商的初始规模为 15，支持企业的初始规模为 5。

（1）寄生。当两类创新主体间的共生关系表现为寄生，即支持企业依赖于平台服务商而发展时，表现为共生作用系数一个为正，一个为负。分别设 $\beta_{BA}=-0.2$，$\beta_{AB}=0.2$ 和 $\beta_{BA}=-0.1$，$\beta_{AB}=0.3$，对两类创新主体的演化过程进行模拟，仿真结果如图3.7所示。可见移动互联网创新生态系统中被寄生的一方（即平台服务商）由于受到支持企业的消耗作用，其增长上限下降，发展规模小于环境允许的最大规模100，且支持企业对平台服务商的共生作用系数 β_{AB} 越大，平台服务商的发展规模越小；而支持企业的增长上限则因寄生于平台服务商而受益，且随着平台服务商对其共生作用系数 β_{BA} 的增大而减小。

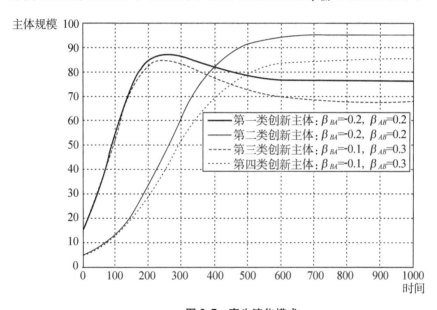

图3.7　寄生演化模式

（2）偏利共生。当两类创新主体间关系表现为偏利共生时，分别设 $\beta_{BA}=-0.2$，$\beta_{AB}=0$ 和 $\beta_{BA}=-0.3$，$\beta_{AB}=0$，对两类创新主体的演化过程进行模拟，仿真结果如图3.8所示。在该模式中，两类创新主体间的共生作用系数一个小于零，另一个等于零。由图可知，平台服务商的增长上限无变化（规模发展曲线重叠），在一定时期后达到环境允许的最大规模；而支持企业的增长上限则因受益而增加，且随着平台服务商对支持企业的共生作用系数的增大而减小。

（3）非对称性互利共生。当两类创新主体的共生作用系数均为负但不相

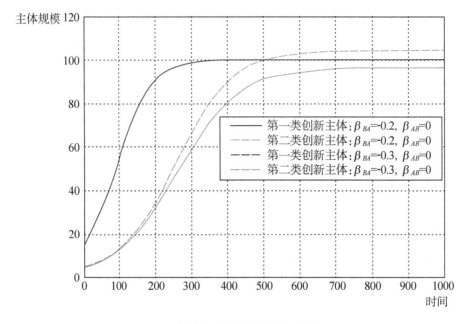

图 3.8   偏利共生演化模式

等时，共生双方均从共生关系中受益，两类创新主体的共生关系表现为非对称性互利共生。分别设 $\beta_{BA} = -0.2$，$\beta_{AB} = -0.1$ 和 $\beta_{BA} = -0.3$，$\beta_{AB} = -0.15$，演化模拟结果如图 3.9 所示。可见双方的增长上限均有所提升，且随着共生作用系数的增大而减小，在一定时期后，双方的发展规模均大于环境允许的最大规模。

（4）对称性互利共生。当两类创新主体的共生关系为对称性互利共生时，共生作用系数均为负且相等。分别设 $\beta_{BA} = -0.2$，$\beta_{AB} = -0.2$ 和 $\beta_{BA} = -0.3$，$\beta_{AB} = -0.3$ 进行仿真模拟，得到如图 3.10 所示的演化结果。两类创新主体的增长上限均因受益而有所增加，发展规模也均大于环境允许的最大容量，且随着共生作用系数的减小而增大。

（5）独立发展。当两类创新主体间的共生作用系数为零，即创新主体各自独立发展时，两类创新主体间无共生关系。分别设 $r_A = 0.02$，$r_B = 0.01$ 和 $r_A = 0.04$，$r_B = 0.02$，由图 3.11 可知，两类创新主体的发展互不影响，由知识、技术等资源充足条件下的自然增长率决定，经过一定时期的发展后，两类创新主体均能达到环境允许的最大规模。同时，自然增长率越大，知识域耦合的种

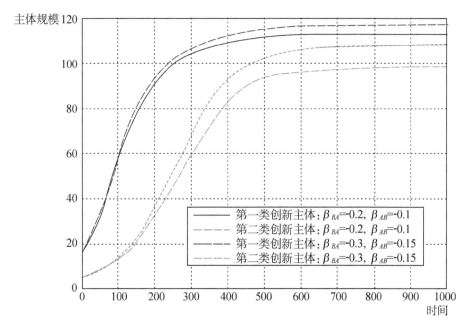

图 3.9　非对称性互利共生演化模式

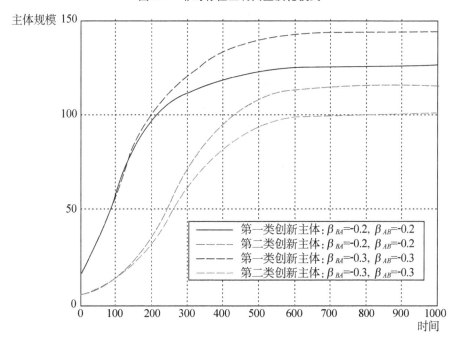

图 3.10　对称性互利共生演化模式

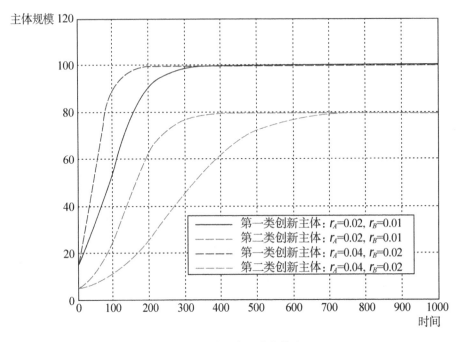

图 3.11　独立发展演化模式

群密度进入环境最大容量的时间越短。

以上分析表明，在协同创新网络的复杂演变过程中，其演化结果不仅受自身自然增长规律的影响，也取决于共生系统中创新主体之间的共生关系，不同的共生关系将导致不同的演化路径。

我们从共生理论视角来探析协同创新网络的动态演化规律。从结果上看：协同创新网络的共生关系演化轨迹经历从寄生、偏利共生到非对称性互利共生，再到对称性互利共生或独立发展的动态演变过程。伴随着共生关系的演化，平台创新生态系统从萌芽、成长、成熟到蜕变，共生系统内的信息、能量、物质等资源不断交互作用，共生主体的规模不断变大，形成合乎逻辑的演化规律。同时，在给定的条件下，协同创新网络的动态演化最终会趋向一个稳定平衡点。具体表现为：当共生系统中的一方对另一方的共生作用系数大于1，或双方对对方的共生作用系数均小于1时，共生系统趋向稳定均衡。由于当共生作用系数大于零时，共生主体一方的利益将被损害，因此提倡在共生整体效益优化下的系统均衡。

此外，协同创新网络中不同主体之间共生演化的结果不仅受自身自然增长规律的影响，也取决于共生系统中创新主体之间的共生关系，不同的共生关系将导致不同的演化路径。

3.3 协同知识创造的系统动力学分析

自 20 世纪 70 年代德国物理学家哈肯创立协同理论以来，关于协同的理论研究不断深入并得到发展。跨组织的协同创新，是各种创新要素互动、整合、创造的动态过程，能提高企业知识创新成功的把握性，降低创新成本和风险。坚持走中国特色自主创新道路，提高原始创新，集成创新能力，推进创新驱动发展，已成为国家发展战略的重要内容。产学研协同创新以高校、科研机构、企业等创新主体为核心，通过复杂的非线性协同作用，整合创新网络内的知识、技术、资金等资源，产生单个主体无法形成的经济效应。我国正处于经济增长方式转型期，知识创新已成为我国企业获取持续竞争优势的源泉。因此，研究产学研协同创新中知识的创造过程，对提升企业创新效率具有重要的现实意义。

创新的本质是知识集成和创造，随着科技经济一体化进程的加快，知识已成为企业创新活动的主要动力和竞争优势的重要来源。基于知识管理的产学研协同创新有专利许可、联合研发、项目培训、人员互流等多种形式。产学研合作的核心是通过知识的跨组织转移、流动和学习管理，实现知识增值（涂振洲和顾新，2013）。以企业、高校、科研机构为核心的创新主体间知识的传递与共享，形成了主体间的协同关系，知识的交流与创新为产学研主体提供了全新的思想性知识（晏双生，2010）；借助以信息技术为载体的各种交流平台，能实现知识在不同主体间的传递与转移，从而促进知识增值。协同创新中的知识特性、合作各方知识共享意愿、知识转移渠道等因素对提升创新绩效起重要作用。

已有的研究根据协同创新过程中知识的作用特点以及发展规律，提出了基于知识的产学研协同创新作用模型。如 Nonaka 和 Takeuchi（1995）将各创新主体通过知识共享实现知识转换的过程划分为社会化、外在化、组合化与内在化（SECI）四个阶段；何郁冰（2012）结合协同创新的要素和层次特征，提出"战略—知识—组织"三重互动的产学研协同创新模式；涂振洲和顾新（2013）从知识流动的视角解释产学研协同创新过程，提出知识流动的 SCA 理论模型，即产学研协同创新是各创新主体之间从知识共享、知识创造到知识优势形成的过程。可见，学者们从知识的角度对产学研协同创新过程进行深入研究，丰富了协同创新发展理论的内涵。但系统地研究产学研多主体协同创新中知识创造和知识增值的机理尚少有论述。我们借助系统动力学原理，将产学研协同创新中知识流动过程划分为知识共享、知识创造和知识转移三个阶段，构建产学研协同创新中知识创造的系统动力学模型，对模型进行仿真分析，试图从理论上探索产学研协同创新过程中知识创造的机理及影响因素，为实践中提升协同创新主体的知识创造能力、改善协同创新绩效提供参考。

3.3.1　产学研协同创新中知识创造系统分析

3.3.1.1　产学研协同创新中知识流动过程分析

产学研协同创新建立在各方资源优势互补的基础上。企业资金雄厚，有着广阔的市场和丰富的经验，但缺乏足够的知识和技术资源；高校/科研机构熟练掌握基础知识和研究方法，有一支完善的人才队伍，但缺乏创新资金和市场经验。正是双方对资源和能力的不同诉求，为协同创新创造了条件。协同创新的过程本质上是知识创造的过程，产学研协同创新中知识流动过程经历三个阶段：知识共享、知识创造和知识转移。这一过程的价值在于新知识的产生，即形成创新知识增量。产学研协同创新中知识流动过程如图3.12所示。

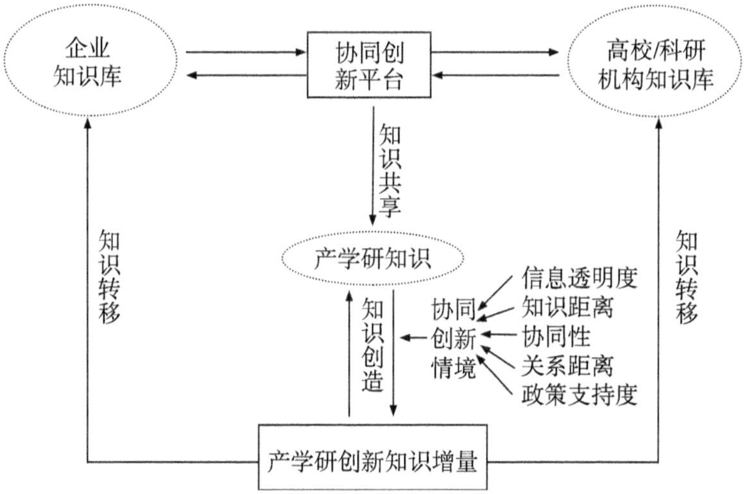

图3.12 产学研协同创新中知识流动过程

（1）知识共享。知识共享是指各创新主体基于协同创新的平台，分享各自所拥有的知识（包括显性和隐性知识）的过程，是产学研协同创新的基础。知识共享的实质是知识的跨组织流动，各创新主体只有将各自掌握的前沿知识进行共享，形成产学研协同知识库，才能以双方现有知识为基础，整合各种优势资源，进行知识的创新。在知识共享阶段，创新主体彼此的信任程度、知识共享意愿，将影响产学研协同知识存量。基于自身知识产权和利益保护的考虑，创新主体可能会隐藏部分核心知识。因此，双方在进行合作谈判前，应商定合理的合作协议，以利于知识的充分共享。

（2）知识创造。知识创造是以知识共享为基础，创造出新的流程性知识的过程（晏双生，2010），是产学研协同创新的核心。与组织的其他资源不同，知识一旦被创造，可经过反复组合、情景化生成新的知识。知识创造是一个复杂的非线性交互过程，通过知识在创新主体间的不断传递和反馈，创造出新的知识，形成知识增值。知识增值是产学研协同创新的根本目的。影响知识创造的因素除了创新主体的知识创造能力外，还包括各种外部因素，如创新主体间协同度、关系距离、知识距离、信息透明度以及政策支持度。

（3）知识转移。知识转移是将产学研创新知识增量转移给创新主体，以利于创新主体利用新知识进行生产和创造的过程，这一阶段是协同创新成果的反馈。将基于知识共享创造出来的新知识，及时转移给创新主体，有利于创新主体将创新成果转化成经济效益，也能防止协同创新知识遗失。由于各主体的知识吸收能力存在差异，因而吸收到的协同创新知识量是不同的。因此，各创新主体在提升知识创新效率的同时，还应对知识工作者进行定期培训，以提高他们的知识吸收水平，增强知识转为经济效益的能力。

3.3.1.2　产学研协同创新中知识创造的因果关系分析

产学研协同创新中各主体间的知识交流与共享、知识整合与转移等活动，以及为适应外部社会环境而进行的一系列结构变化，构成了产学研协同创新中知识创造的复杂系统。我们将从企业、高校/科研机构各自的知识情境等方面对产学研协同创新中知识创造的因果关系进行分析，如图3.13所示。

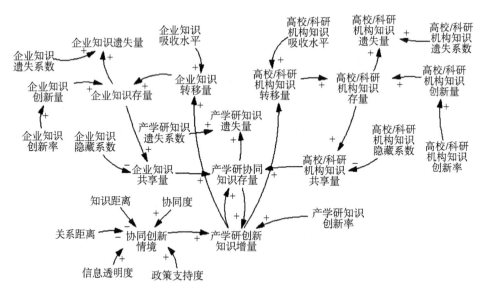

图3.13　产学研协同创新中知识创造的因果关系

企业知识情境包括企业知识创新量、知识转移量、知识遗失量，知识创新量取决于企业的知识创新效率，企业知识转移量与企业知识吸收水平正相关，企业知识遗失量是指企业知识随时间而失效的部分，与企业知识存量正相关。

高校/科研机构知识情境同样包括高校/科研机构知识创新量、知识转移量、知识遗失量。同理，高校/科研机构知识创新量取决于其知识创新效率，我们设定高校/科研机构知识创新率低于企业知识创新率。高校/科研机构知识转移量、知识遗失量分别与知识吸收水平、知识存量正相关。

产学研知识情境包括企业、高校/科研机构知识共享量，产学研创新知识增量和知识遗失量。知识共享量主要与创新主体对合作方的信任程度相关。一般而言，基于知识产权保护的考虑，创新主体会隐藏部分知识，企业、高校/科研机构知识共享量与其知识隐藏系数负相关。产学研创新知识增量是指各主体基于共享知识协同创造出的知识总量，取决于产学研知识创新率和协同创新情境。产学研知识遗失量则与产学研协同知识存量正相关。

协同创新情境是指产学研协同创新的关键影响因素：协同度、关系距离、知识距离、信息透明度、政策支持度（卫洁和牛冲槐，2013）。其中，协同度、信息透明度、政策支持度与产学研创新知识增量正相关，关系距离和知识距离与产学研创新知识增量负相关。

3.3.2 产学研协同创新中知识创造系统动力学模型构建

3.3.2.1 系统流图

模型的基本假设：高校/科研机构的知识存量高于企业知识存量；由于高校/科研机构的知识存量较大，其知识共享量大于企业知识共享量，企业对高校/科研机构共享的知识进行学习和吸收，因此假设高校/科研机构知识隐藏率大于企业；高校/科研机构的知识创新率大于企业知识创新率，其对知识的整合创造能力相对更强。

系统动力学的关键是建立 SD 系统流图，并利用 Dynamo 仿真语言对真实系统进行仿真实验，以研究系统结构、功能及行为之间的动态关系。我们运用系统动力学原理，研究产学研协同创新中知识创造的过程，建立系统流图

（见图 3.14）。系统流图主要由状态、决策、信息和行动四个要素构成，可用来反映各变量间的因果关系回路，反馈系统动态性能的积累效应。我们构建的系统结构包括 4 个状态变量、9 个速率变量、11 个辅助变量及 5 个常量（见表 3.3）。

表 3.3 系统流图中相关变量

变量类别	变量名称
状态变量	企业、高校/科研机构知识存量，产学研协同知识存量，产学研创新知识增量
速率变量	企业、高校/科研机构知识创新量，企业、高校/科研机构、产学研知识遗失量，企业、高校/科研机构知识转移量，企业、高校/科研机构知识共享量
辅助变量	企业、高校/科研机构知识吸收能力，企业、高校/科研机构、产学研知识创新率，协同创新情境，协同度，关系距离，知识距离，信息透明度，政策支持度
常量	企业、高校/科研机构、产学研知识遗失系数，企业、高校/科研机构知识隐藏系数

在系统流图中，存在两条正反馈回路影响各主体知识存量的变化，分别为：企业知识存量—企业知识共享量—产学研协同知识存量—产学研创新知识增量—企业知识转移量—企业知识存量；高校/科研机构知识存量—高校/科研机构知识共享量—产学研协同知识存量—产学研创新知识增量—高校/科研机构知识转移量—高校/科研机构知识存量。流图具体要素和结构如图 3.14 所示。

3.3.2.2 结构方程设计及说明

对系统流程图中主要方程式设计及说明如下：

企业知识存量＝INTEG（企业知识创新量＋企业知识转移量－企业知识遗失量）

企业知识创新量＝企业知识存量×企业知识创新率

企业知识遗失量＝STEP（企业知识存量×企业知识遗失率，5）。用阶跃函数表示，从仿真时间 5 个单位后企业知识开始遗失，遗失知识量为企业知识存

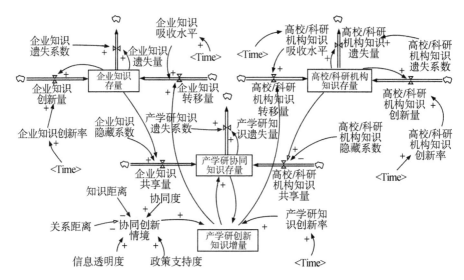

图 3.14　产学研协同创新中知识创造过程系统流图

量的 3%。

企业知识创新率＝WITH LOOK UP（Time,（［（0，0）－（24，0.2）］,（0，0.04），（24，0.06）））。用表函数来表示企业知识创新率与知识存量的关系。考虑到企业的创新能力，设定在 24 个单位的仿真时间内，企业知识创新率水平按线性提高 2%。

高校/科研机构知识存量＝INTEG（高校/科研机构创新量＋高校/科研机构知识转移量－高校/科研机构遗失量）

高校/科研机构创新量＝高校/科研机构知识存量×高校/科研机构知识创新率

高校/科研机构知识遗失量＝STEP（高校/科研机构知识存量×高校/科研机构知识遗失率，5）。同样用阶跃函数来模拟，从仿真时间 5 个单位后高校/科研机构知识开始遗失，遗失知识量为高校/科研机构知识存量的 3%。

高校/科研机构知识创新率＝WITH LOOK UP（Time,（［（0，0）－（24，0.3）］,（0，0.05），（24，0.08）））。同样用表函数表示，考虑到高校/科研机构的创新能力，设定在 24 个单位的仿真时间内，高校/科研机构知识创新率水平按线性提高 3% 。

产学研协同知识存量 = INTEG（DELAY1I（企业知识共享量+高校/科研机构共享量+产学研创新知识增量−产学研知识遗失量，1，0））。由于知识共享和协同创新过程需要调整时间，使用一阶延迟函数来反映这个过程，延迟 1 个单位才开始知识的共享和协同创新。假定产学研知识存量初始值为 0。

企业知识共享量 = DELAY1I（企业知识存量×（1−企业知识隐藏系数），1，0）。由于知识共享过程中存在反馈，使用一阶延迟函数来反映这个过程，延迟 1 个单位才开始知识的共享。假定企业知识共享量初始值为 0。

高校/科研机构共享量 = DELAY1I（高校/科研机构知识存量×（1−高校/科研机构知识隐藏系数），1，0）。同样使用一阶延迟函数来反映这个过程，延迟 1 个单位才开始知识的共享。假定高校/科研机构知识共享量初始值为 0。

产学研创新知识增量 = DELAY1I（协同创新情境×产学研协同知识存量×产学研知识创新率，1，0）。使用一阶延迟函数来反映这个过程，延迟 1 个单位才进行产学研知识创新。假定产学研创新知识增量初始值为 0。

产学研知识创新率 = WITH LOOK UP（Time，（［（0，0）−（24，0.5）］，（0，0.045），（24，0.07）））。用表函数表示，设定在 24 个单位的仿真时间内，产学研知识创新率水平按线性提高 2.5%。

企业知识转移量 = DELAY1I（产学研创新知识增量×企业知识吸收水平，3，0）。使用一阶延迟函数来反映这个过程，延迟 3 个单位才进行企业知识转移。假定企业知识转移量初始值为 0。

企业知识吸收水平 = WITH LOOK UP（Time，（［（0，0）−（24，1）］，（0，0.2），（24，0.4）））。用表函数来表示，设定在 24 个单位的仿真时间内，企业知识吸收水平按线性提高 20% 。

高校/科研机构知识转移量 = DELAY1I（产学研创新知识增量×高校/科研机构知识吸收水平，3，0）。使用一阶延迟函数来反映这个过程，延迟 3 个单位才进行高校/科研机构知识转移。假定高校/科研机构知识转移量初始值为 0。

高校/科研机构知识吸收水平 = WITH LOOK UP（Time，（［（0，0）−

(24，1）］，（0，0.3），（24，0.5））)。用表函数来表示，设定在 24 个单位的仿真时间内，高校/科研机构知识吸收水平按线性提高 20%。

协同创新情境＝IF THEN ELSE（协同度×信息透明度×政策支持度>知识距离×关系距离，协同度×信息透明度×政策支持度－知识距离×关系距离，0)。使用选择函数来表示协同创新情境，为了简化，设定知识距离、关系距离与创新情境负相关，协同度、信息透明度、政策支持度与协同创新情境正相关，协同创新情境与知识创新量正相关，其取值设为［0，1］间的随机变量，其值采用随机函数 RANDOM NORMAL（｛rain｝，　｛max｝，　｛mean｝，　｛stdev｝，｛seed｝）自动生成，具体为：

协同度＝RANDOM NORMAL（0，1，0.4，0.01，0.3）

关系距离＝RANDOM NORMAL（0，1，0.2，0.01，0.15）

知识距离＝RANDOM NORMAL（0，1，0.3，0.01，0.2）

信息透明度＝RANDOM NORMAL（0，1，0.6，0.01，0.5）

政策支持度＝RANDOM NORMAL（0，1，0.8，0.01，0.6)。

产学研知识遗失量＝STEP（产学研知识存量×产学研知识遗失系数，6)。用阶跃函数来模拟，从仿真时间 6 个单位后产学研知识开始遗失，知识遗失量为产学研知识存量的 3%。

3.3.3　产学研协同创新中知识创造过程仿真分析

（1）初值选取及参数设定。我们利用 Vensim PLE 软件对产学研协同创新中知识创造的系统动力学模型进行仿真分析。结合前人的研究成果及产学研主体的特点，设定仿真时间为 24 个月，企业知识存量的初始值为 5，高校/科研机构知识存量的初始值为 10。企业、高校/科研机构、产学研的知识遗失系数均为 0.03，企业的知识隐藏系数为 0.02，高校/科研机构的知识隐藏系数为 0.05。

（2）模型有效性检验。选取系统中主要变量 6 个重要时点的数值，得表 3.4 所示仿真结果。

表 3.4　主要变量重要时间点的数据值对比

重要变量	1	5	10	15	20	24
产学研创新知识增量	0	0.22	9.24	44.58	157.14	462.36
企业知识存量	5.20	6.13	7.45	21.74	95.39	299.53
高校/科研机构知识存量	10.50	12.92	16.03	37.54	140.81	420.73
产学研协同知识存量	0	45.26	127.97	275.13	785.12	2136.45
企业知识创新量	0.21	0.27	0.36	1.14	5.41	17.97
高校/科研机构知识创新量	0.54	0.73	1.00	2.58	10.56	33.66
企业知识共享量	4.90	5.76	6.71	16.05	69.82	220.67
高校/科研机构知识共享量	9.50	11.63	14.15	28.27	101.91	303.32
企业知识转移量	0	0	0.88	6.99	29.30	90.82
高校/科研机构知识转移量	0	0	1.21	9.25	37.68	114.54
企业知识遗失量	0	0.18	0.22	0.65	2.86	8.99
高校/科研机构知识遗失量	0	0.39	0.48	1.13	4.22	12.62
产学研知识遗失量	0	0	7.68	16.51	47.11	128.19

①产学研创新知识增量在仿真时间内以较快的速度不断增长。由于企业和高校/科研机构不断聚集知识共享成果，产学研创新知识增量不断增大。

②企业、高校/科研机构及产学研知识存量都在不断增长。在仿真时间内，由于高校/科研机构的知识创新率高于企业，高校/科研机构知识存量的增长速度大于企业知识存量的增长速度。同时，高校/科研机构知识遗失量也大于企业知识遗失量。而产学研协同知识存量的增长速率则一直保持在较高水平，这与企业、高校/科研机构知识共享量，产学研创新知识增量的不断增长有关。

③在仿真时间内，高校/科研机构知识共享量大于企业的知识共享量。知识共享量取决于知识存量和知识隐藏系数，知识隐藏系数指因对合作方的不信任，而将自身知识存量隐藏的比例，出于保护自身利益的意图，设定高校/科研机构知识隐藏系数大于企业。

④知识转移量主要取决于知识吸收水平，在协同创新过程中，由于高校/科研机构的知识吸收水平大于企业，其知识转移量自然也更大。

⑤知识遗失量与知识存量正相关，在仿真时间内，企业、高校/科研机构、产学研知识遗失量随知识存量的增加而不断增长。

仿真结果与实际较相符，说明本模型具有一定有效性，能在较大程度上反映产学研协同创新中知识创造系统的变化规律。

（3）模型灵敏度分析。灵敏度分析是指通过改变模型中的相关参数或模型结构来考察对模型的影响，为研究工作提供理论支撑和决策支持。我们选择分别改变知识隐藏系数、知识吸收水平、知识遗失系数来进行灵敏度分析。

原模型中，企业的知识隐藏系数为 0.02，高校/科研机构的知识隐藏系数为 0.05，参考已有仿真分析研究成果，将两者的知识隐藏系数连续扩大一倍，即企业的知识隐藏系数分别调整为 0.04，0.06，高校/科研机构的知识隐藏系数分别调整为 0.1，0.15，来考察知识隐藏系数的变动对产学研协同知识存量及创新知识增量的影响（易力和胡振华，2013）。如图 3.15 所示，Current 1，Current2 表示调整后变量的变化曲线，Current 表示调整前变量的变化曲线（下同）。从图 3.15 可以判断，提高知识隐藏系数后，产学研协同知识存量和产学研创新知识增量相对减少，这是由于隐藏系数提高后，导致企业和高校/科研机构的知识共享量减少，而知识共享量是产学研协同知识存量的部分来源，协同知识存量自然随着知识隐藏系数的提高而减少。同时，产学研创新知识增量

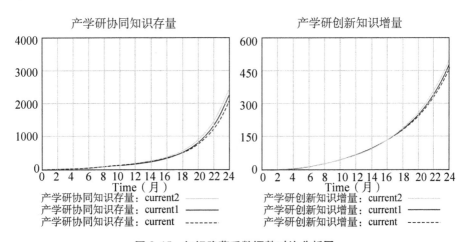

图 3.15 知识隐藏系数调整对比分析图

也随着协同知识存量的减少而减少，这说明产学研创新知识增量与创新主体的知识隐藏系数负相关。在产学研协同创新过程中，各创新主体加强沟通，增进彼此的信任，以减少各主体对知识的隐藏量，对提高产学研协同创新效率有重要的意义。

在知识隐藏系数和其他因素不变的情况下，考虑到各创新主体的知识创新特点及知识吸收能力，将知识吸收水平由在仿真时间内按线性提高20%调整为40%，来观察调整前后产学研协同知识存量和产学研创新知识增量的变化。如图3.16所示，提高创新主体的知识吸收水平后，产学研协同知识存量和产学研创新知识增量都变大。这是由于创新主体对知识的吸收能力越强，其知识存量自然更多，基于共享平台协同创造的知识也更多。可见，产学研创新知识增量与创新主体的知识吸收水平正相关。在协同创新过程中，除了要提高知识的创新率外，也应设法提高创新主体对知识的吸收能力，以增加创新主体的知识存量，形成更大的知识增值效应。

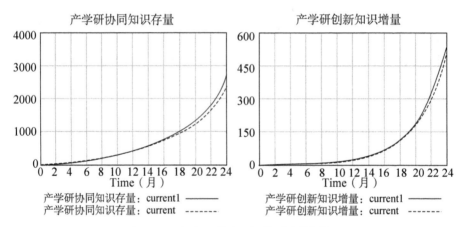

图3.16　知识吸收水平调整对比分析图

在保持其他变量不变的情况下，将企业、高校/科研机构及产学研的知识遗失系数扩大一倍，即将知识遗失系数由3%调整为6%，调整前后产学研协同知识存量及产学研创新知识增量变化如图3.17所示。扩大知识遗失系数后，产学研协同知识存量和产学研创新知识增量都减少，这表明产学研创新知识增量与创新主体的知识遗失系数负相关。在产学研协同创新过程中，各协同创新

主体应加强对知识的保存能力，以减少知识的流失速率，防止协同创新成果的
丢失。

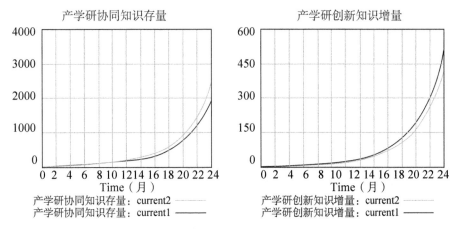

图 3.17　知识遗失系数调整对比分析图

　　知识是组织最重要的生产要素，知识创新能力是提高产学研协同创新效率
的关键。我们将产学研协同创新中知识流动过程归纳为知识共享、知识创造、
知识转移三个阶段。其中，知识创造是产学研协同创新的根本目的，各主体基
于互补性知识进行协同创新，形成产学研协同创新知识增量，促进知识增值。

　　产学研协同创新中知识创造系统包括企业知识情境、高校/科研机构知识
情境、产学研知识情境、协同创新情境等四个子系统。在产学研合作中，应采
取合理有效的措施，提升各子系统的效率，最大限度地促进知识增值。

　　我们借助系统动力学原理构建了产学研协同创新中知识创造的系统动力学
模型，运用仿真软件进行了分析。从结果看，模型较好地拟合了产学研协同创
新中知识创造的实际过程，说明系统动力学方法研究产学研中知识创造具有可
行性。仿真结果表明各创新主体的知识吸收水平与产学研协同知识存量、创新
知识增量正相关；知识遗失系数、知识隐藏系数与产学研协同知识存量、创新
知识增量负相关。研究结果为提升产学研协同创新能力、促进知识增值提供了
理论参考。

3.4 产学研协同知识创新主体博弈分析

2017 年 10 月 11 日，阿里巴巴宣布成立阿里巴巴达摩研究院。达摩院将联合 13 个国家的 99 所高校和科研机构构建全球协同创新平台，整合高校知识资源与阿里巴巴数据资源，计划三年内投资 1000 亿元用于技术创新。伴随着阿里巴巴达摩院的成立，产学研协同创新的话题再次被人们高度关注。创新是指以现有的知识和物质，在特定的环境中，改进或创造新的事物，并能获得一定有益效果的行为。在快速发展的数字经济时代，创新变得越来越开放，协同创新成为创新的重要方式。本书的协同创新是指创新主体间既相互竞争、制约，又相互合作、受益，通过复杂的非线性作用产生自身所无法实现的整体效应的动态过程。作为连接科学创新和技术商业化的跨组织合作模式，产学研协同创新存在的一系列的潜在好处使得参与方能够互惠互利、共生发展。随着信息技术，尤其是人工智能和大数据等新兴热点技术的飞速发展，产学研协同创新现已突破以往校企之间从研究成果到产业化的"点对点"的线性模式，并逐渐向跨区域化、国际化和网络化方向发展。

根据系统动力学理论，产学研协同创新作为一个具备自组织性的复杂动态系统，因主体博弈行为的存在使得系统动荡，甚至导致协同关系的破裂。例如，麦肯锡咨询公司的研究报告显示：60% 的联盟在短期内中断或解体。因此，稳定对系统生存和发展至关重要，它为协同主体共同创造价值提供了必要的条件。主体耦合度是对系统不同主体间关联程度的度量，体现了系统从无序到有序的趋势。主体间的耦合关系对协同创新系统的平稳发展至关重要。产学研协同创新系统是由不同群体组成的，群体规模的增加有利于知识异质性的获取，而群体规模的减少可以限制创新的协调成本。更重要的是，群体规模决定了博弈参与人数和创新主体间"相遇"的概率。本研究探讨的是主体耦合和群体规模的组合对产学研协同创新稳定演化的影响作用。此外，政府作为产学研协同创新的外部环境因素，所采取的激励性措施（如专项补贴、减税）与处罚性措施（对绩效情况不佳的合作项目责令整改或实施末位淘汰制，并撤回所投入的财政资金）也将影响其稳定演化（Lemola，2002）。本研究依据演化博弈论与系统动力学理论，从系统内部特征及外部环境入手，探讨产学研协同创新稳定演化的影响因素，以及各影响因素与其稳定演化的关系。

3.4.1 主体耦合度

耦合是物理学中的概念，是指两个或者两个以上的系统或运动方式互相作用、彼此影响的机制。耦合反映了系统或不同参与主体间彼此作用、相互依赖的程度。主体耦合度是对系统各要素间关联程度的度量，它决定了系统处于临界点时的走向，体现了系统从无序到有序的趋势。在此基础上，产学研协同创新的主体耦合度被定义为：企业、高校及科研机构等不同主体在协同创新过程中，相互依赖、相互促进与相互协调的程度（Brusoni 等，2001）。

（1）知识耦合。企业和学研方的耦合决策是由其追求的战略和市场、竞争对手的行动、外部知识来源和社会认知等复杂因素共同驱动的。因而，探讨知识耦合对产学研协同创新的效应有助于提升知识重组的效率。产学研协同创新本质上是知识的创新（Kogut 和 Zander，1992），而知识异质性是不同的创新主体协同的基础，知识广度和知识成熟度是其合作关系良好发展的核心。因此，知识层面的耦合对协同创新各维度的耦合都有十分重要的意义。我们将知识耦合定义为：在协同创新过程中，不同知识主体的不同知识元素间相互契合、有效互补。一方面，产方和学研方不同主体间通过已有知识领域和新知识领域的有效耦合打破认知框架，促使其考虑以前从未考虑过的重组，从而加速创新活动的开展、提升创新收益。另一方面，创新主体间的知识耦合程度会有效影响主体间的知识搜索效率以及知识转移效果，从而影响协同收益。因此，产学研协同创新主体间的知识耦合正向影响协同收益。

（2）互动耦合。产学研协同创新是一个持续发展的动态过程，异质性主体间需要通过互动来不断促进彼此认识、信任以及知识的搜寻、更新、重组。我们将互动耦合描述为：在协同创新过程中，不同主体间的沟通交流方式、渠道、内容、频率等相互促进与相互协调。首先，互动耦合的渠道有正式渠道和非正式渠道。渠道可细分为传统、服务、双向和商业等，这些互动渠道与主体的行为动机密切相连。互动渠道的有效协调会正向影响产学研协同收益。其次，在互动内容上，协同主体间的互动广度越大，其互动耦合度就越高；此时，主体间的了解不断加深，能更有效地转移知识和技术，从而最大化协同收益。最后，从互动频率来看，主体间的互动深度越强，其互动耦合度也就越高；主体间的情感距离被不断拉近，即信任程度增强，并降低协同中因信息不对称而出现的机会主义和搭便车行为所带来的逆向作用。因此，产学研协同创新主体间的互动耦合正向影响协同收益。

总的来说，产学研协同创新主体通过知识耦合和互动耦合实现相互依赖、相互协调与相互促进，即主体耦合积极促进产学研协同创新的持续发展，因此，主体耦合正向影响协同收益。

3.4.2　演化博弈模型

3.4.2.1　模型描述

近年来兴起的博弈论为产学研协同创新领域的研究提供了一种新的长期发展视角，总体呈现出从理论模型转向适用和实际测试研究的趋势。演化博弈理论起源于生物进化论，产生于行为生态学理论，是一种把博弈理论和动态演化过程分析结合起来的理论。该理论从有限理性的个体出发，以群体行为为研究对象，阐述了生物物种的发展历程和选择。根据演化博弈论，在产学研协同创新的过程中，获得较低收益的参与方会通过长期的学习、模仿和试错来改进策略以获得较高收益。长此以往，所有的博弈方为了自身生存与利益最大化都会逐渐趋于某个特定策略，该策略可以在群体组织中长期稳定下来，从而使得系统长期稳定发展。从系统动力学的理论视角来看，产学研协同创新系统可以分为产方子系统和学研方子系统，而每一个子系统都是一个异质性的群体，系统各主体间在进行着非线性的相互作用时，也不断地受到外部环境因素的影响。基于此，本研究提出博弈模型构建的基本前提：

H1：协同过程中，基于自身利益最大化原则，博弈方要么消极合作，要么积极合作。当协同创新收益分配方式尚未明确时，创新主体彼此缺乏信任而不能完全积极合作，甚至消极合作，从而影响主体间的长期合作。积极合作是指创新主体根据契约规定，合理共享知识、技术等资源，共同承担创新风险，积极促进协同创新持续发展；消极合作是指创新主体不能充分履行合约规定，存在机会主义行为（如控制隐形资源或者核心技术的投入等），甚至中途背叛联盟契约，从而损害协同主体的创新收益。因此，本研究的模型设计中，企业、高校和科研机构的纯策略集为：{积极合作，消极合作}。

H2：企业、高校及科研机构等不同主体在协同创新过程中会共享资源和相互协调。产学研协同创新系统通过主体间的知识耦合和互动耦合来影响知识、技术、资源的搜索效率以及转移效果，从而影响创新产出。因此，在演化博弈模型中，我们考虑主体耦合度 C 对创新收益的积极作用，其中，$0 \leqslant C \leqslant 1$。

H3：基于自身利益最大化，在协同创新过程中企业与高校、科研机构之间会开展双边或多边博弈，群体规模（也即产方和学研方参与协同创新的主体数量）在博弈中发挥重要作用。设某产学研协同创新系统中存在 m 个企业：E_i，$i = 1$，…，m 和 n 个高校和科研机构：U_j，$j = 1$，…，n 进行协同创新。

H4：政府会对产学研协同创新项目进行阶段性监管。一方面，政府会为积极合作的参与方提供资金予以激励；另一方面，政府也会对消极合作的行为主体采取处罚性措施，譬如对不能有效实施或绩效不佳的合作项目，责令整改或实施末位淘汰制，并回收财政资金。为简化模型，设政府采取奖励性措施增加了积极合作主体的预期收益，即奖金为 R；政府采取处罚性监管措施降低了消极合作主体的预期收益，即罚金为 G。

3.4.2.2　模型设计

首先，根据创新收益通用形式（Zhang，2016），建立企业、高校和科研机构协同创新的收益模型：

$$\pi = CAK^{\alpha},\ A > 0,\ 0 < \alpha < 1,\ 0 \leq C \leq 1 \qquad (3.9)$$

其中，π 为创新收益；C 为主体耦合度；K 为创新投入（如资金、人才、知识、技术等）；A 为创新过程中资源投入产出的转化效率；α 为产出弹性（如知识转化率等）。由于协同主体的创新能力各不相同，因此设企业、高校和科研机构的创新效率、创新投入、产出弹性分别为：A_{E_i}，K_{E_i}，α_{E_i} 和 A_{U_j}，K_{U_j}，α_{U_j}。

其次，协同收益也受主体间的创新资源溢出程度的影响。产学研协同创新的资源溢出度是指主体间创新资源（如知识、技术等）的转移、扩散程度。设资源溢出度为 β，$0 \leq \beta \leq 1$。借鉴资源共享模型，企业、高校和科研机构协同创新的资源投入表示为：

$$\overline{K} = [\,(K_{E_i})^{\rho} + (K_{U_j})^{\rho}\,]^{\frac{1}{\rho}},\ 0 < \rho \leq 1 \qquad (3.10)$$

其中，ρ 为协同创新中资源的互补程度。

3.4.2.3　主体耦合度的度量

根据系统动力学理论，产学研协同创新作为一个多主体的非线性系统，其包含产方子系统以及学研方子系统。为了从定量角度测量产学研协同创新系统的主体耦合度，即测度两个子系统之间的耦合发展效率，需首先建立功效函数来测度子系统内部的发展功效。

假设变量 u_i 是产学研协同创新系统的子系统，u_{ij} 是第 i 个子系统的第 j 个评价指标。如果用矩阵 $X_{ij}(i = 1,\ 2,\ \cdots,\ m;\ j = 1,\ 2,\ \cdots,\ n)$ 表示系统的原始数据，也就是各子系统基础观测指标的数值。根据上述耦合维度的划分，本研究把知识耦合和互动耦合作为子系统的基础观测指标，建立如下功效函数：$u_{ij} = (X_{ij} - \min\{X_j\})/(\max\{X_j\} - \min\{X_j\})$。其中，$n = 2$，并且 u_{ij} 反映了各指标对目标的满意程度，其取值范围为 $0 \leq u_{ij} \leq 1$。由于产学研协同创新系统只包含产方和学研方两个子系统，则 $m = 2$。

其次，通过线性加权法，计算各子系统对产学研协同创新系统有序度的"总贡献"：

$$u_i = \sum_{j=1}^{2} \omega_{ij} u_{ij}, \qquad \sum_{j=1}^{2} \omega_{ij} = 1, \qquad i = 1, 2 \qquad (3.11)$$

其中，u_i 为子系统对总系统有序度的贡献，ω_{ij} 为各个序参量的权重。

最后，借鉴物理学中容量耦合（Capacitive Coupling）模型，包括产方与学研方两个子系统的整体系统，其耦合度模型可以表示为：

$$C = 2 \sqrt{\frac{u_1 u_2}{(u_1 + u_2)(u_2 + u_1)}} = \frac{\sqrt{u_1 u_2}}{(u_1 + u_2)/2} \qquad (3.12)$$

其中，$\sqrt{u_1 u_2}$ 为几何平均数，由于它本身暗含了惩罚性因子，即有一个值较低，则整体数值就会被拉低，因此可用来反映两个子系统的协同发展状况；$\dfrac{u_1 + u_2}{2}$ 为算术平均数，反映了两个子系统的平均发展水平。

C 为产学研协同创新的主体耦合度，显然其值在 0 到 1 之间。当主体耦合度 C 趋向于 0 时，表明此时系统之间或系统内部要素之间处于失谐或无关状态，系统将朝着无序发展。而当主体耦合度 C 趋向于 1 时，系统之间或系统内部要素之间达到良性共振，系统也将趋于新的有序状态。

3.4.2.4　博弈支付矩阵

基于以上模型设计和变量测量，并考虑政府政策因素，企业、高校和科研机构四种策略组合及收益情况如下：

（1）企业、高校和科研机构的策略组合为（积极合作，积极合作）时，其收益情况如下：

企业创新收益：$V_1 = C_{E_i} A_{E_i} \left[(K_{E_i})^\rho + (\sum_{j=1}^{n} K_{U_j})^\rho \right]^{\frac{\alpha_{E_i}}{\rho}} + R$；　　　(3.13)

学研创新收益：$Z_1 = C_{U_j} A_{U_j} \left[(\sum_{i=1}^{m} K_{E_i})^\rho + (K_{U_j})^\rho \right]^{\frac{\alpha_{U_j}}{\rho}} + R$；　　　(3.14)

（2）企业、高校和科研机构的策略组合为（消极合作，消极合作）时，其收益情况如下：

企业创新收益：$V_0 = C_{E_i}A_{E_i}K_{E_i}{}^{\alpha_{E_i}}$； (3.15)

学研创新收益：$Z_0 = C_{U_j}A_{U_j}K_{U_j}{}^{\alpha_{U_j}}$； (3.16)

（3）企业、高校和科研机构的策略组合为（积极合作，消极合作）时，其收益情况如下：

企业创新收益：$V_2 = C_{E_i}A_{E_i}\left[(K_{E_i})^{\rho} + \left(\sum_{j=1}^{n}\beta_j K_{U_j}\right)^{\rho}\right]^{\frac{\alpha_{E_i}}{\rho}} + R$； (3.17)

学研创新收益：$Z_2 = C_{U_j}A_{U_j}\left[\left(\sum_{i=1}^{m}K_{E_i}\right)^{\rho} + (K_{U_j})^{\rho}\right]^{\frac{\alpha_{U_j}}{\rho}} - G$； (3.18)

（4）企业、高校和科研机构的策略组合为（消极合作，积极合作）时，其收益情况如下：

企业创新收益：$V_3 = C_{E_i}A_{E_i}\left[(K_{E_i})^{\rho} + \left(\sum_{j=1}^{n}K_{U_j}\right)^{\rho}\right]^{\frac{\alpha_{E_i}}{\rho}} - G$； (3.19)

学研创新收益：$Z_3 = C_{U_j}A_{U_j}\left[\left(\sum_{i=1}^{m}\beta_i K_{E_i}\right)^{\rho} + (K_{U_j})^{\rho}\right]^{\frac{\alpha_{U_j}}{\rho}} + R$。 (3.20)

设在 t 时刻，企业、高校和科研机构采取｛积极合作，消极合作｝的混合策略的概率向量分别为：$(x(t)，1-x(t))$ 和 $(y(t)，1-y(t))$，其中 $0 \leqslant x \leqslant 1$，$0 \leqslant y \leqslant 1$。即 x 表示企业方采取"积极合作"策略的个数占产学研协同创新内所有企业数的比例，y 表示学研方采取"积极合作"策略的个数占产学研协同创新内所有学研机构数的比例。此时，建立企业、高校和科研机构的博弈支付矩阵，见表3.5。

表 3.5 博弈支付矩阵

企业	高校和科研机构	
	积极合作（y）	消极合作（$1-y$）
积极合作（x）	$V_1 Z_1$	$V_2 Z_2$
消极合作（$1-x$）	$V_3 Z_3$	$V_0 Z_0$

3.4.2.5 演化稳定策略

根据期望效用理论，由表3.5的支付矩阵可知，在 t 时刻，企业 E_i 采取

"积极合作"策略的期望收益为：$\pi_{E_1} = yV_1 + (1-y)V_2$；企业 E_i 采取"消极合作"策略的期望收益为：$\pi_{E_2} = yV_3 + (1-y)V_0$；则企业 E_i 采取混合策略的期望收益为：$\pi_E = x\pi_{E_1} + (1-x)\pi_{E_2} = xyV_1 + x(1-y)V_2 + (1-x)yV_3 + (1-x)(1-y)V_0$。

同理，高校和科研机构 U_j 采取混合策略的期望收益为：

$$\pi_U = y\pi_{U_1} + (1-y)\pi_{U_2} = xyZ_1 + x(1-y)Z_2 + (1-x)yZ_3 + (1-x)(1-y)Z_0$$

$$(3.21)$$

此时，产学研协同创新的复制动态方程为：

$$\begin{cases} \dfrac{\mathrm{d}x}{\mathrm{d}t} = x(\pi_{E_1} - \pi_E) = x(1-x)[y(V_1 - V_2 - V_3 + V_0) + (V_2 - V_0)], \\ \dfrac{\mathrm{d}y}{\mathrm{d}t} = y(\pi_{U_1} - \pi_U) = y(1-y)[x(Z_1 - Z_2 - Z_3 + Z_0) + (Z_3 - Z_0)] \end{cases}$$

$$(3.22)$$

首先，根据微分方程平衡点的定义，令 $\dfrac{\mathrm{d}x}{\mathrm{d}t} = 0, \dfrac{\mathrm{d}y}{\mathrm{d}t} = 0$，得到 5 个平衡点：$E_1(0, 0)$，$E_2(0, 1)$，$E_3(1, 0)$，$E_4(1, 1)$，$E_5(x_0, y_0)$，其中 $x_0 = \dfrac{Z_0 - Z_3}{Z_1 - Z_2 - Z_3 + Z_0}$，$y_0 = \dfrac{V_0 - V_2}{V_1 - V_2 - V_3 + V_0}$。

其次，根据微分方程的稳定性定理，可以通过考察动力系统的雅可比矩阵来判断平衡点的稳定性，并进一步得到产学研协同创新中不同主体之间博弈演化的雅可比矩阵 J。用雅可比矩阵来判断平衡点的稳定性的方法是：当系统的平衡点使其行列式大于零且迹小于零时，那么它就是稳定的平衡点。因此，可判断以上所求的 5 个平衡点的稳定性，具体结果见表 3.6。其中，$\det J$ 表示雅可比矩阵 J 的行列式，$\mathrm{tr}\,J$ 表示矩阵 J 的迹，"#"表示符号不确定。

表 3.6　平衡点稳定性分析结果

平衡点	$\det J$	符号	$\mathrm{tr}\,J$	符号	结果
$E_1(0, 0)$	$(V_2 - V_0) \cdot (Z_3 - Z_0)$	+	$(V_2 - V_0) + (Z_3 - Z_0)$	+	不稳定
$E_2(0, 1)$	$(V_1 - V_3) \cdot (Z_0 - Z_3)$	−	$(V_1 - V_3) + (Z_0 - Z_3)$	−	不稳定
$E_3(1, 0)$	$(V_0 - V_2) \cdot (Z_1 - Z_2)$	−	$(V_0 - V_2) + (Z_1 - Z_2)$	−	不稳定

续表

平衡点	det J	符号	tr J	符号	结果
$E_4(1, 1)$	$(V_3 - V_1) \cdot (Z_2 - Z_1)$	+	$(V_3 - V_1) + (Z_2 - Z_1)$	−	稳定
$E_5(x_0, y_0)$	$-\dfrac{(V_0 - V_2) \cdot (V_1 - V_3) \cdot (Z_1 - Z_2) \cdot (Z_0 - Z_3)}{(V_1 - V_2 - V_3 + V_0) \cdot (Z_1 - Z_2 - Z_3 + Z_0)}$	#	0	0	鞍点

图 3.18 为表 3.6 所对应的博弈演
化相位图。图 3.18 显示，产学研协同
创新的演化博弈存在唯一的稳定点：
$E_4(1, 1)$，对应的演化稳定策略 ESS
为（积极合作，积极合作）；另外，
$E_1(0, 0)$，$E_2(0, 1)$，$E_3(1, 0)$ 为不
稳定点，$E_5(x_0, y_0)$ 为鞍点（即稳定与
不稳定的临界点）。此结果表明：不论
各博弈方初始的策略选择是积极合作
还是消极合作，随着产学研协同创新

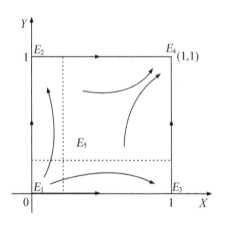

图 3.18　博弈演化相位图

的长期演化，各博弈方在利益最大化
的驱使下，通过不断地学习、模仿和试错，最终选择积极合作策略，从而使产
学研协同创新各主体实现演化稳定。

3.4.3　仿真分析

为检验前述理论分析结果，本研究采用 Matlab 软件编写仿真程序，对产
学研协同创新的演化博弈过程进行仿真模拟，并探究主体耦合度、群体规模以
及政府政策对产学研协同创新稳定演化的影响作用。

由于协同创新的参与主体具备明显的差异性和多样性，模型初始变量的设
置很难采取以现实数据为背景的实际赋值方法。本研究采取平衡态赋值法
（即主观赋值法），具体设置见表 3.7。虽然不具备历史数据的支撑，却可以用
来分析预测产学研协同创新的演化趋势，并对参数前后变化的效果进行对比。

表 3.7　模型初始变量设置

分　类	变　量	取值范围
资源投入	创新投入 K	$[0, 100]$
	资源互补度 ρ	$(0, 1]$
	资源溢出度 β	$[0, 1]$
产学研效率	创新效率 A	$(0, 100]$
	产出弹性 α	$(0, 1)$
	主体耦合度 C	$[0, 1]$

3.4.3.1　演化稳定策略模拟

根据表 3.7，随机产生模型所需变量，得到具有确切数值的支付矩阵。当 $t=0$ 时，任意选取 $x \in [0, 1]$，$y \in [0, 1]$，即保证模拟的初始状态是任意的。根据上述复制动态方程，本研究对演化稳定策略进行模拟，具体演化过程，见图 3.19。

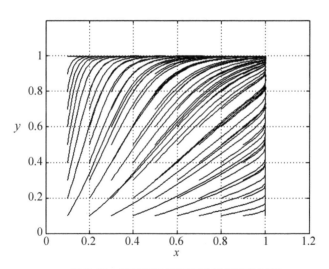

图 3.19　产学研协同创新的博弈演化过程

由图 3.19 知，在产学研协同创新的长期演化中，企业、高校和科研机构采取积极合作策略的个体比例最终都趋于 1。此结论与图 3.18 相位图的走势基本保持一致，验证了前文关于演化稳定策略 ESS 的理论分析结果。

3.4.3.2　主体耦合度对产学研协同创新稳定演化的影响

首先，利用控制变量法，保持模型中除主体耦合度 C 以外的所有变量固定不变；其次，改变主体耦合度 C 的大小，通过观察实现 ESS 所需仿真时间 t 的长短，来判断主体耦合度对产学研协同创新稳定演化的影响作用。模拟以下四种情况：（1）$C=0.01$，（2）$C=0.1$，（3）$C=0.5$，（4）$C=0.9$。具体的演化走势，见图 3.20。

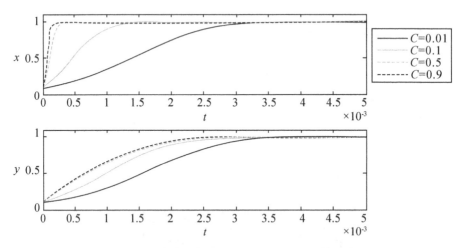

图 3.20　主体耦合度对协同创新稳定演化的影响

图 3.20 中，横轴代表仿真时间 t，从下往上的四条曲线分别对应 $C=0.01$，$C=0.1$，$C=0.5$，$C=0.9$ 四种不同情形。由图 3.20 知，从 $C=0.01$ 到 $C=0.9$，曲线越来越快地从初始位置到达 $x=1$（或 $y=1$）的稳定状态。此结果表明：主体耦合度对产学研协同创新的稳定演化具有显著的正向影响。但是，对比情形（1）到情形（2）、情形（2）到情形（3）与情形（3）到情形（4）的演化速率增长情况，我们可以发现，随着主体耦合度 C 的不断增加，其作用速率逐渐递减。

产生上述结果的原因如下：首先，根据复制动态的基本原理，当主体耦合度很小时，主体间的关联程度较低，博弈方就需要更多次数（即更多时间）

去"试错"，并在不断的试错中选取更优决策。因此，在此情形下，主体耦合度的小幅度增加，可以大幅度提高产学研协同创新稳定演化的速率。然而，随着主体耦合度的不断提升，高主体耦合度提升组织有序程度的这一优势就逐渐不再明显。Rothaermel 和 Boeker（2008）认为合作伙伴间必须同时具备一定的相似性和互补性。主体耦合度的增大意味着主体间的知识互补性和互动协调性增强，而随着协同创新演化过程中创新合作次数的增加，主体间最初所具备的互补性特征逐渐趋同减弱，即产学研协同创新的内部一致化程度越来越高。此时，组织逐渐丧失应对复杂动荡的外部环境和多样化市场需求的能力，从而抑制了产学研协同创新的演化速度。

3.4.3.3 主体耦合度与群体规模的组合效应

本研究关注主体耦合度与群体规模的合理匹配。群体规模一般是指组成一个群体的个体数量。然而，由于产学研协同创新中有两类异质性的群体：产方和学研方，其规模可以相同也可以不同。因此，本研究分别探讨在产方规模与学研方规模相同和不同时的两种情形下，主体耦合度与群体规模对产学研协同创新稳定演化的组合效应。

（1）产方规模与学研方规模相同。当产方规模与学研方规模相同（$m=n$）时，仿真参数设置如下：大规模群体中的个体数为 50 个，小规模群体中的主体数为 5 个；另外，根据前文关于主体耦合度的阐述及效应分析，选取高主体耦合度为 0.9，低主体耦合度为 0.1。模拟以下四种组合情形：①大规模与高耦合度，②大规模与低耦合度，③小规模与高耦合度，④小规模与低耦合度。具体的演化走势，见图 3.21。

图 3.21 中的四条曲线分别对应上述四种不同情形下，产学研协同创新的博弈演化过程。对比这四条曲线，我们发现上述四种组合对产学研协同创新稳定演化的作用强度依次如下：大规模与高耦合＞大规模与低耦合＞小规模与高耦合＞小规模与低耦合。

（2）产方规模与学研方规模不同。当产方规模与学研方规模不同（$m \neq n$）时，分别考虑以下两种情形：①大企业群体与小学研群体（$m=50$，$n=5$）

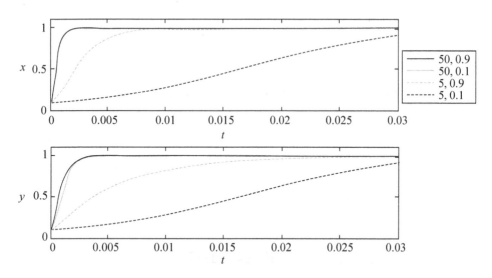

图 3.21   主体耦合度与群体规模对稳定演化的组合效应

下，主体耦合度的变化对协同创新稳定演化的影响；②小企业群体与大学研群体（$m=5$，$n=50$）下，主体耦合度的变化对协同创新稳定演化的影响。产方具体的博弈演化走势对比图，见图 3.22；学研方具体的博弈演化走势对比图，见图 3.23。

对比图 3.22 与图 3.23 中各曲线的走势情况，我们发现：对产方而言，当主体耦合度较低时，大企业群体与小学研群体的组合能更快地促进产方实现演化稳定状态；当主体耦合度较高时，大企业群体与小学研群体的组合和小企业群体与大学研群体的组合对产方演化稳定的作用程度无明显差异。然而，对学研方而言，不管主体耦合度是高还是低，小企业群体与大学研群体的组合总比大企业群体与小学研群体的组合更快促进学研方实现演化稳定状态。

总之，在主体耦合度较低时，群体规模对产方和学研方的稳定演化均有显著的正向调节作用；在主体耦合度较高时，群体规模对学研方的稳定演化有显著的正向调节作用，但对产方无显著差异。

3.4.3.4   政府政策对产学研协同创新稳定演化的影响

为了研究政府政策对产学研协同创新稳定演化的影响作用，分别考虑以下

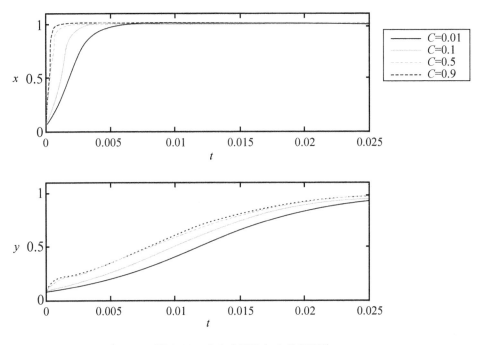

图 3.22　大企业群体与小学研群体

两种情形：①奖励与惩罚双因素同步变化时，政府政策对稳定演化的影响；②奖励与惩罚分别独立变化时，政府政策对稳定演化的影响。

（1）双因素同步变化。根据表 3.5 的支付矩阵，随机产生所需初始变量，考虑以下四种情形：$R=G=20$；$R=G=60$；$R=G=100$；$R=G=200$。演化博弈的详细变化过程见图 3.24。

从图 3.24 中仿真时钟 t 的变化来看，随着奖金 R 与罚金 G 的同步增大，产学研协同创新从初始状态到达稳定状态所需时间也随之不断减小。此结果表明，政府政策对产学研协同创新稳定演化具有显著的正向影响，但奖励措施与惩罚措施两者中哪个更有效，需做进一步仿真分析。

（2）单因素独立变化。保持 R 与 G 其中一个固定不变，改变另一个的大小，观察系统达到稳定状态所需时间 t 的长短，来判断此变量对产学研协同创新稳定演化的影响作用。对比分析以下两类情况：①令 $G=20$，R 分别取值：$R=20$，$R=60$，$R=100$，$R=200$；②令 $R=20$，G 分别取值：$G=20$，$G=60$，G

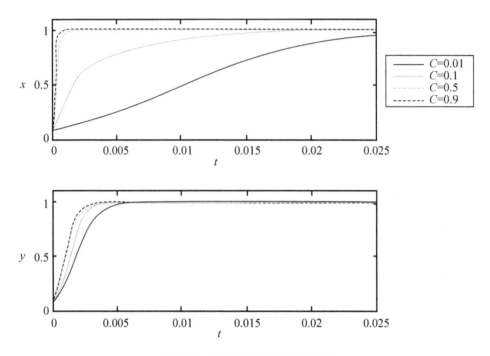

图 3.23   小企业群体与大学研群体

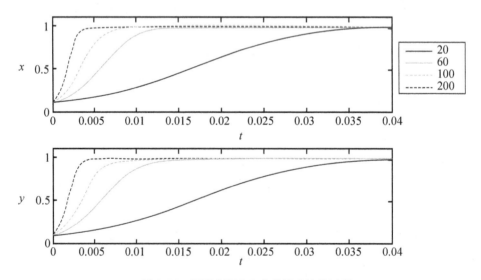

图 3.24   双因素同步变化的博弈演化过程

=100，$G=200$。奖金 R 独立变化对产学研协同创新稳定演化的影响，见图 3.25；罚金 G 独立变化对产学研协同创新稳定演化的影响，见图 3.26。

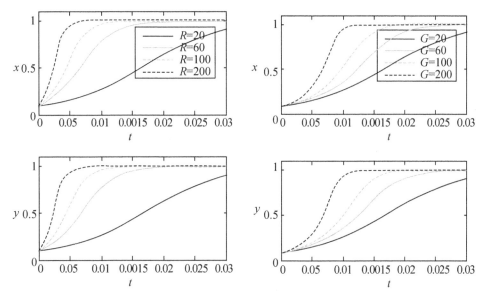

图 3.25　奖金 R 独立变化的博弈演化过程　　图 3.26　罚金 G 独立变化的博弈演化过程

对比图 3.25 和图 3.26 中仿真时间 t 的大小，我们发现：奖金 R 同等程度的增加引起了仿真时间 t 更大程度的减小，且变化幅度更为明显。此结果表明：政府实施奖励性措施比惩罚性措施更能有效促进产学研协同创新的稳定演化。

本研究旨在探讨产学研协同创新稳定演化的影响因素，以及各影响因素与系统稳定演化的关系。首先，基于演化博弈论和系统动力学理论，我们发现：积极合作是产学研协同创新的演化稳定策略。根据演化博弈理论，在产学研协同创新的长期博弈过程中，获得较低收益的参与方会通过学习、模仿和试错来改进策略以获得较高收益。即参与方最终都趋向于选择积极合作策略，降低创新系统中参与主体的中途背叛行为的发生概率，从而使协同创新达到稳定状态。

其次，主体耦合度与产学研协同创新的稳定演化正向、非线性相关。主体耦合度的增加有利于促进产学研协同创新的稳定演化，但其影响速率随着主体耦合度的增加而逐渐递减。该结论是从主体关系视角提出的一个全新结论。根据演化博弈理论的复制动态原理，当主体耦合度很小时，主体间的关联程度较低，博弈方需要更多次数去试错并寻找更优决策；此时，主体耦合度的小幅度增加，可以大幅度提高产学研协同创新的演化速率。当主体耦合度超过阈值时，随着创新合作次数的增加，主体间最初所具备的互补性逐渐减弱并趋同，降低了系统应对复杂外部环境的能力，从而抑制产学研协同创新的演化速度。

再次，当产方与学研方的群体规模相同时，规模比耦合度对产学研协同创新稳定演化的作用强度更大。当产方与学研方的群体规模不同时，对学研方而言，无论主体耦合度是高还是低，群体规模对其稳定演化均有显著的正向影响。然而，对产方而言，当主体耦合度较低时，群体规模对其稳定演化有显著的正向影响；当主体耦合度较高时，群体规模的变化对其稳定演化的作用无显著差异。根据系统动力学理论，本研究立足于系统以及子系统之间的关系研究，对主体耦合和群体规模的组合在产学研协同创新演化过程中的作用进行了深入分析。事实上，系统内的群体规模通过影响创新主体间相遇的概率，即协同机会的大小，来影响产学研协同创新的稳定演化。因此，产学研联盟可以根据主体间的耦合程度，来适当调节或控制联盟规模，以促进其平稳运行并最大化协同主体的长期收益。

最后，政府政策对产学研协同创新的稳定演化具有显著的正向影响。但是，政府采取奖励性措施比处罚性措施更有效。政府奖励比监管处罚更能持续激发各参与主体的正确行为动机，调动其积极性和创造性，充分发挥参与主体的智力效应，从而有效促进产学研协同创新的稳定演化；而政府监管很大可能会引发参与主体的消极逆反心理，增加机会主义行为的发生概率，从而抑制产学研协同创新的稳定演化。

3.5 协同知识创造的促进策略

协同创新逐渐成为科技创新的新范式。科技协同创新涉及产、学、研、金、政、用等多个主体,常常伴随跨区域合作,涉及面广、时间跨度大。因此,在了解其演进规律及影响因素的基础上,应根据协同创新中的问题,积极采取合理有效的措施,促进各主体创新资源向创新能力和创新绩效转化,保障科技协同创新良性运转、健康发展。产学研协同创新建立在各方创造知识增值预期的基础上,只有满足各主体的利益诉求,构建和谐的交流平台,促进知识在组织间的流通与共享,才能提升协同创新效率、创造更大的知识经济效应。根据研究结论,我们提出以下实践建议:

(1)辨识和整合创新资源应贯穿协同创新活动全过程。正是由于资源的稀缺和互补,协同创新主体才有合作的初衷和动力。创新资源包括人、财、知识、设备、土地、材料、实验室等,科技协同创新各主体不仅应在协同创新活动初始阶段深入了解资源状况,更应充分考虑协同创新过程中资源是否会变质、供应不足以及流失等。从广义上讲,此处的资源既包括设备、物料等可见资源,也包括人才的吸引和保留、知识的获取和更新、制度的建立及完善,这些要素中的任何一个出现问题,都会导致创新活动的中断甚至协同创新活动合作的破裂。因此,在协同创新活动中,要定期开展资源完备状况大检查,积极采取有效措施,防患未然,确保协同创新活动正常进行。

(2)建立协同创新知识流动与知识共享促进机制。知识创新的主要动力来自于隐性和显性两类知识的相互作用和相互转化,而隐性知识的流动与转化则是企业知识创新的起点和关键(张庆普和李志超,2003)。知识流动与共享一方面需要知识持有人有分享知识的意愿,另一方面则需要组织内有顺畅的沟通渠道和分享机制。

对于分享知识的意愿，可以营造知识主导型创新文化和建立组合激励机制。知识主导型创新文化，能在组织内创造一种促进学习、交流、转化和创新知识的良好氛围，是加快企业隐性知识流动、转化与创新的关键措施之一。协同创新还应该从物质和精神两个方面采取平衡高效的组合激励措施，对那些贡献出隐性知识的个人、团体、部门进行相应的物质或精神激励，来促进隐性知识的流动与转化。承认员工隐性知识的独创性和专有性，尽快建立按知识贡献分配的物质激励制度，用利益来驱动隐性知识的流动与转化。在具体实施方面，还要建立基础知识储备和研究动态成果数据库，方便科研人员对知识的掌握、查阅和使用。在加快内部知识共享、流动与转化的同时，还要不断获取外部知识，广泛地与外部进行知识交流，并使之与协同创新组织内部知识相融合，最终转化成为可用知识。

（3）建立创新的协调管理机构。协同创新作为一种新型的创新方式，在我国的发展时间并不很长，相关的规则、机制尚不健全，这致使协同创新过程中出现的很多矛盾和冲突，缺乏解决的依据。规则、机制的建立是保障协同创新有序运作的基础和前提，规则中有关创新目标、组织管理、冲突解决、资源投入、利益分配、参与主体权利义务等内容需要各方协商制定。同时，设立以企业、高校和科研机构为核心，联合政府相关部门、中介组织、金融机构等组成的协调管理机构，负责人员的组织管理、冲突解决、利益分配以及对协同创新过程的监督，逐步形成自我管理、自我发展、自我约束的自律运作机制，并严格按照章程开展活动，保证协同创新运行效率。

（4）搭建可持续科技协同创新的社会网络。社会网络的形成取决于相互信任关系的积累，各创新主体对共同利益的认知及对未来收益的预期。因此，协同创新主体首先要提升内部信任水平，特别是要提升基于道德规范的信任，形成守法守信的宏观文化，从而节省协议谈判成本、拟定和执行准则规章的时间与费用。其次，要积极搭建创新关系网络，保持创新参与者对内、对外的沟通和彼此的良好关系，从而获得更多的社会资源和外部信息，在后续的项目中节省搜寻合作伙伴信息的时间和费用，减少磨合期的时间和成本，进而减少矛盾冲突的产生，提高协同合作效率，使协同创新朝着良性发展方向运行，实现可持续协同创新。

（5）设定合理的利益分配机制。知识具有外部性和流动性特征，即知识一经产生很容易发生外溢，导致知识在组织间无偿流通，这会严重损害知识创新主体的利益。而且，知识外溢导致知识资产的专有性流失，会挫伤知识工作者的积极性，影响知识在协同创新主体间的流动，造成知识产权纠纷。因此，在正式开展协同合作之前，应签订知识产权保护协议，明确利益归属和分配机制，制定合理的监督措施和违约处罚条例，以促进各方的通力合作，为知识在创新主体间的流动、共享和转移提供保障。

（6）搭建良好的交流平台与信任机制。协同创新要求知识流动与共享，这需要创新主体间建立良好的交流平台和信任机制，提升知识创造者的共享意愿，降低知识隐藏率。创新主体间可组织一些非正式的学习、交流会议，促进知识工作者间的沟通交流，以创造良好的协同创新氛围。同时，产学研协同创新还要求重视知识工作者的劳动成果，承认知识的产权和独有性，并建立合理的利益分配机制，用利益驱动知识在组织间的流动与共享。

4　协同创新网络中的生态位
　及其效应

　　本章阐释生态位概念，介绍协同创新网络中生态位的内涵与特征，协同创新网络生态位的测量，协同创新网络生态位的动态演化等。在理论假设的基础上，实证研究协同创新网络生态位对创新绩效的影响，从理论和实证角度揭示协同创新网络生态位对创新活动的意义。

4.1　协同创新网络生态位及其特征

4.1.1　协同创新网络中生态位的内涵

　　美国学者 Johnson 最早提出生态位一词，他认为同一个地区的不同物种可以占据环境中的不同生态位，但是他并未对其进行定义，也没有将生态位发展成一个完整的概念。美国生态学家 Grinnell（1917）最早定义生态位概念，他认为生态位是生物在群落中所发挥的功能作用和所处的位置，是恰好被一个物种或一个亚种所占据的最后分布单位，即空间生态位。Hutchinson（1957）从资源利用、空间等多方面考虑，认为生态位是生物和它的生态环境互相影响的总和；进一步地，他将生态位比喻为一个生物单元生存条件的总集合体，并将它拓展成既包括生物在群落中的功能地位及其生物的空间位置，又包括生物在环境空间的位置，也就是所谓的 n 维超体积生态位。以此为基础，Hutchinson 又提出了现实生态位和基础生态位的概念。基础生态位是物种可占领的潜在的空间，即不存在种间竞争时的理想状态下的生态位；而现实生态位指的是存在种间竞争并受其影响的实际占领的空间，其范围由竞争因子决定。实际上，种间竞争对物种适合度的影响是客观存在的，因此基础生态位的空间会在竞争中失去一部分而变成现实生态位。Grinnell 和 Hutchinson 的定义分别被称为空间生态位和多维超体积生态位，其中，Hutchinson 的多维超体积概念为现代生态位的研究奠定了理论基础。

类似于生态学中生态位定义，Hanna 和 Freeman（1977）首次将生态位引入到企业种群的竞争、合作共生的研究当中，开创了生态位在企业战略和企业管理研究中应用的先例。目前对企业生态位内涵的界定主要存在两种观点：一种以 Hanna 和 Freeman 为代表，认为企业生态位是企业在战略环境中占据的多维资源空间，企业种群共同构成基础生态位，占据着特定资源空间，而种群内的每个企业所能够占据的某一部分或全部的基础生态位，称为现实生态位；另一种以 Baum 等（1994）为代表，认为生态位是企业表现出的资源需求、生产能力等方面的特性，是企业与环境互动匹配后所处的状态。之后，学者们在此基础上相继展开对企业生态位的研究，认为企业生态位是在一定生态环境里某个企业在其特定时期上，所具有的功能和地位；或是一个企业与其他企业相关联的特定地理位置、市场位置和功能地位；又或是企业在一定社会经济环境下，以生产制造能力、核心技术能力为支撑，获取企业生存、发展、竞争的能力。也有将企业生态位视为一个企业乃至一个行业在生态大环境中拥有的明确位置，是企业在行业内竞争实力的标志。总体而言，企业生态位的产生基于环境空间特性和企业固有性质互动的客观关系定位，是由于企业与环境互动而形成的均衡状态。综上，企业生态位的内涵包括以下三方面的内容。

（1）企业承担的系统功能。企业在商业生态系统中承担的主要功能是为用户提供价值。任何企业都难以独自完成某个系统的全部功能，往往仅承担该系统的部分子功能。而对于系统而言，各子功能的重要程度也有高低之分，也意味着企业所承载功能的重要性与次要性。

（2）企业占据的系统位置。企业在系统中的位置包括企业的地理位置及企业在价值网中的位置。通常地，大部分企业都会建立以企业所在地为中心的区域市场，雇员也较多来自于周边地区，因此，企业的地理位置与企业可利用资源范围和种类之间具有较强的相关性。企业在价值网中的位置可从两方面进行理解：一是企业处于哪些价值链的交点上；二是企业处于价值链的哪个部分。一般而言，企业参与的价值链越多，规避风险的能力越大，经营风险就越小；另外，在一条价值链中，处于价值链的两端获益最大，而中间区域只能获得较少的价值。

（3）企业控制的系统资源。企业所拥有的系统资源由四个元素构成：①知识资源，即企业知识获取的来源，包括知识来源的范围、质量等内容；②资本资源，即企业资本的来源，包括资本来源的范围和稳定性；③供应资源，即企业的供应商群体，包括供应商的数量、与供应商的关系以及供应产品的质量；④消费资源，包括企业的市场份额、用户群体及其品牌忠诚度等。

但是，企业生态位又不同于生态学中的生态位，其差异性如表4.1所示。

表4.1　企业生态位与生物生态位的差异

条目	生物生态位	企业生态位
研究对象	物种、种群	企业个体、企业集群
稳定性	相对稳定、不易改变	不稳定、易改变
保留方式	基因遗传	企业惯性、学习、复制
生态位域	较固定	区域扩大、环境间紧密性强
环境互动/发展方式	被动、自然选择	主动、能动性选择和市场竞争

4.1.2　协同创新网络中生态位的特征

4.1.2.1　协同创新网络中生态位的类型与结构

自然界中每个物种都有自己的生态位，没有两个物种共同占据同一个生态位；如果某个生态位同时出现了两个物种，则必然会发生激烈的竞争。社会圈中的企业生态位也是如此。企业形成了适合自身生存发展的生态位，才能减弱与其他企业的竞争，确保生态系统的有序、稳定。

在自然生态系统中，物种的生态位由多种生态因子构成，那么在协同创新生态系统中的企业生态位同样是由多种生态因子构成。企业生态因子指的是企业所在的生态系统中存在的直接关系到企业生态位演变的少数变量（范思琦，2019）。这些生态因子存在于系统环境中，由需求、资源、技术、制度等组成，是支配企业在系统中生存的序参量（高晶等，2007），并且与创新环境产生相互作用，最终影响系统内创新主体的创新效率。其中，技术因子主宰企业对环境的适应性并形成企业技术生态位，用于衡量企业的技术发展水平。

宏观层面的企业生态位是企业所在生态系统的中间层。企业所处环境共同构成复合生态系统，系统是核心圈、基础圈和生态库三个关系圈的集合。核心圈是企业，是系统的生态核；基础圈是企业活动的直接环境，即生态位；生态库是包含企业种群的企业生态系统。中观层面的企业生态位是企业生态环境中的客观存在，是企业与环境的交汇点。因此，也有学者将生态位看作是企业生态网络中的节点，如图4.1、图4.2、图4.3所示。而微观层面的企业生态位一般被认为是企业生存发展所依赖的小环境，它既是与企业接壤的环境终端，也是企业行为活动的出发点。企业生态环境直接影响和作用于企业生存与发展，也接受企业的互动反馈，因此，企业生态位变化与环境互动是作用物和反作用物的关系。

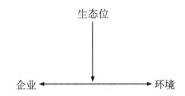

图 4.1　企业、企业生态位、生态环境关系示意图

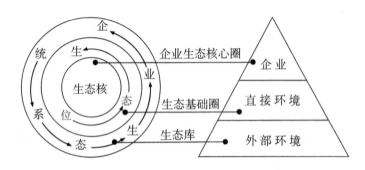

图 4.2　企业复合生态位系统结构示意图

资料来源：张晟剑，胡仁杰，谢卫红. 2013. 社会网络理论视角下的产学研联盟生态位及其治理机制研究［J］. 南昌航空大学学报（社科版），15（2）：48-59.

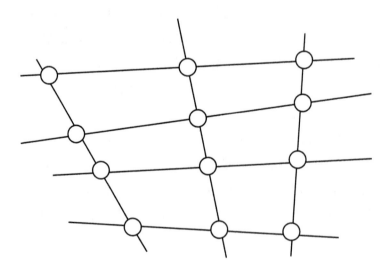

图 4.3　企业生态网络及节点（生态位）示意图

4.1.2.2 协同创新网络中生态位的特性

生态位表征的是生物体对资源及环境变量的利用情况，每个物种在长期生存竞争中都拥有其最适合自身生存的生态位。基于前文对企业生态位的定义，可以得出协同创新网络生态位具有以下特性。

（1）相对性。企业生态位是一个相对的概念，是相对不同企业间和不同时间段而言的。缺少企业之间的比较，企业生态位差异就没有基础；缺少时间维度刻画，就没有企业生态位变化，那么生态位研究也就丧失意义。

（2）综合性。企业生态位描述的是综合概念，既包括了自然资源和条件、社会资源和条件，还包含了自身因素和自身与环境之间彼此作用关系，基本全面包含自然与社会、无形与有形等诸个层面。同时，也反映了一种综合能力，包括态反映的是企业内部要素完整性和资源占有的能力；势反映的是企业与外界交流转换的能力；态势反映的是资源整合配置与协调管理的能力。

（3）动态性。企业生态位具有动态性。企业生态位是企业所占据、利用的资源、条件等的总和，而资源、条件等构成了企业生存的环境。对于发展中的企业来说，企业持续受到来自内部因素和外部环境的影响，两大因素的相互作用形成了企业生态位。因此，企业的生态位并非处于一成不变的状态，而是以一种动态的形式展现。

（4）趋异进化性。企业生态位的动态性决定了个体自身的进化性特征。对于网络社会中的参与者来说，通过进化来提高自身的生存能力至关重要，物种自身生存能力的增强是其更好地应对外部环境变化的充分条件。当生态位发生分化时，各物种在时间、空间、相互关系和资源利用等方面更倾向于相互补充，而非直接竞争。因此，生态位分化过程使得由多个物种组成的生物群落对环境资源的利用更加有效。

4.2 协同创新网络生态位的测量

生态位的概念是抽象模糊的，在具体的研究中人们发展了一些刻画它的数量指标，即生态位测度，如生态位宽度、生态位重叠、生态位适宜度、生态位"态"和"势"、生态位体积及生态位维数等。其中生态位宽度和生态位重叠是描述一个物种的生态位及物种生态位间关系的重要数量指标，生态位适宜度反映了物种需求与环境的匹配性，而生态位的"态"和"势"综合体现了特定生物单元在特定生态系统中的相对地位和作用。目前研究主要集中在这四个指标的估算与分析上。

4.2.1 企业生态位宽度及其测量

生物物种所利用的各种环境资源的总和即为其生态位宽度，反映了环境资源利用的多样化程度。Van valen（1965）理解为在有限资源的多维空间中被某一物种或某一群落所占用的比例大小。Hulbert（1978）将生态位宽度描述为生物物种利用所有可支配或潜在资源进而降低种内个体冲突的可能性。Slobodchikoff 和 Schulz（1980）认为生态位宽度可以看作是，在生态位空间中沿着某条射线穿过生态位的距离。类比于生物生态位宽度，可以将企业生态位宽度定义为企业所利用的各种市场环境资源的总和，即企业对市场环境资源适应的多样化程度。

根据朱金兆和朱清科（2003）对生态位理论及其测度研究情况的总结，目前生态位宽度测量模型主要有 Shannon-Wiener 多样性指数公式、Simpson 指数和 Levins 公式。

Shannon-Wiener 多样性指数公式：

$$NW_{(i)} = -\sum_{r=1}^{R} P_{ir} \ln P_{ir} \tag{4.1}$$

Simpson 指数：

$$NW_{(i)} = 1 - \sum_{r=1}^{R} P_{ir}^2 \tag{4.2}$$

Levins 公式：

$$NW_{(i)} = \frac{1}{R\sum\limits_{r=1}^{R} P_{ir}^2} \tag{4.3}$$

$NW_{(i)}$ 代表企业 i 的生态位宽度，P_{ir} 表示企业 i 对资源 r 的利用，R 为企业拥有的生态位资源数。此外，生态学上计测生态位宽度的公式还有 Hulbert 公式、Schooner 公式、Smith 公式、余世孝公式等（李德志等，2006），但目前研究中鲜见引用。

企业生态位宽度较大，说明企业资源的利用范围较广、资源利用率较高，其特化程度就越小；相反，如果企业生态位宽度较小，则说明企业资源的利用范围较小、资源利用率较低，其特化程度就越大。在一定程度上，企业生态位宽度为企业市场的战略选择提供了参考。一般来说，生态位宽度与企业的适应度成正比。企业生态位越宽，其适应范围越大、适应效率越低，宽生态位使企业具有通用化或多元化趋势；而窄生态位则反之。企业可以拓宽企业生态位，占据更多的细分市场，即采取企业生态位泛化战略；或缩小企业生态位，退出一些细分市场，从而将资源集中投入在某些特定领域，即选择企业生态位特化战略；或干脆退出某市场或行业，转而进入新的细分市场或新的行业，即为企业生态位转移战略和企业生态位退出战略。

4.2.2　企业生态位重叠度及其测量

生态位重叠是指不同物种的生态位之间的重叠现象或共有的生态位空间，即两个或更多的物种对资源位或资源状态的共同利用。类似地，如果企业为了生存和发展的需要，占用同一种资源或环境变量时，便会出现企业的生态位重叠。生态位重叠的理论与测度主要探讨了物种竞争与共存的问题，是生态位理论的中心内容。Hulbert（1978）将生态位重叠描述为两个物种占据同一资源要素时发生冲突的频率；王刚等认为生态位重叠是两个生物物种在生态因子占有上具有的共同性；此外，学者提出平均生态位重叠的概念，用于描述资源位上物种的多样性。

计算企业生态位重叠最常用的方法为对称 α 法（Pianka 公式），具体公式如下：

$$NO_{ij} = \frac{\sum_{r=1}^{R} P_{ir}P_{jr}}{\sqrt{\sum_{r=1}^{R} P_{ir}^2 \sum_{j=1}^{R} P_{jr}^2}} \tag{4.4}$$

式中，$NO_{ij} = NO_{ji}$。NO_{ij} 代表企业 i 和 j 的生态位重叠，P_{ir} 和 P_{jr} 分别表示企业 i 和 j 对资源 r（$r=1{\rightarrow}R$）的利用部分，R 为企业生态位资源等级数。

该公式下的企业生态位重叠值范围为 $[0, 1]$，$NO_{ij} = 0$ 为生态位的完全分离，介于 0 和 1 之间的不同 NO_{ij} 值代表不同程度的部分重叠，$NO_{ij} = 1$ 表示生态位完全重叠。

此外，较为常见的还有不对称 α 法（Levins 公式），具体公式如下：

$$NO_{ij} = \frac{\sum_{r=1}^{R} P_{ir}P_{jr}}{\sum_{r=1}^{R} P_{ir}^2} \tag{4.5}$$

式中，$NO_{ij} \neq NO_{ji}$。NO_{ij} 代表企业 i 和 j 的生态位重叠，P_{ir} 和 P_{jr} 分别代表企业 i 和 j 对资源 r 的利用部分，R 为企业生态位资源等级数。

该公式的隐含意义为企业 i 对 j 的重叠不一定等于企业 j 对 i 的重叠，同时也反映出由于生态位的重叠带来的企业间竞争压力。

企业生态位重叠关系主要有四种形式。①内含：一个企业生态位被完全包含于另一个企业生态位中。此时，两个企业之间存在激烈的竞争，竞争的结果取决于两者在重叠位置上的竞争能力，重叠的生态位空间最终会被具有竞争优

势的企业占有，处于竞争劣势的企业可能会被迫退出。②部分重叠：两个企业
生态位部分重叠，表示每个企业都占有一部分无竞争的生态位空间，从而可以
实现共存。但重叠生态位也可能会被具有优势的企业占有，实现企业间的资源
整合和优化。③邻接：生态位邻接的企业不发生直接竞争，但此情形下的生态
位关系很可能是回避竞争的结果。④分离：两个企业的生态位完全分开，即没
有生态位重叠部分。此时两个企业之间不存在竞争关系，彼此都能占有自己的
基础生态位。

4.3　协同创新网络生态位的动态演化

Baum 等（1994）率先提出了企业生态位动态演化问题，他们认为企业可
以使用的资源和企业自身对资源的使用效率共同决定了企业生态位，并将企业
生态位细化到个体的层面，具有更为实用的价值。它能很好地为企业定位，为
企业管理者制定战略提供新的思路。

在商业生态系统中，任何企业和个人都不能摒弃其他个体与环境而单独存
在，每个企业的行为决策必然会对其他企业（或组织机构）及外部环境产生
影响，从而形成了多层次的共存关系下的商业生态系统协同演化。

穆尔指出，商业生态系统是具有层次结构的复杂系统，这一系统包含三个
层次，即核心生态系统、扩展生态系统和完整的商业生态系统。核心生态系统
是由直接供应商、核心产品生产企业、销售渠道和直接顾客构成的供应链体
系。扩展生态系统将核心生态系统的范围扩大，包括供应商的供应商和顾客的
顾客（Moore，1993）。完整的商业生态系统在扩展生态系统的基础上，将相关
利益单位和宏观环境要素纳入系统之中。在系统中，相关利益单位主要包括政
府部门和制定规章的准政府组织、风险分担者（如投资者、物主、贸易协会、

制定标准的机构、工会、金融机构）、竞争性组织（具有相同或相似的产品、服务、生产流程和组织形式）、科研院所、其他同类或非同类生态系统中的企业。穆尔提出的商业生态系统理论与以往在组织生态学中占绝对理论地位的达尔文强调的"适者生存，优胜劣汰"的环境选择观点截然相反，它打破了只强调企业竞争优势的战略理论思想的局限，更注重企业之间及企业与环境之间的协同演化。

自然生态系统中，生态位随着生物与资源、环境的适应性改变而发生变化。单一资源维度生态位变化随着对资源的需求改变而发生改变，而当生态位拥有多个维度时，其变化可能出现的状态有：一部分维度发生变化，其他部分的维度保持原状；所有维度都发生了缩减；所有维度都进行了扩展；一部分维度出现了缩减，另一部分维度出现了扩展等。生态位的演化包括生态位的泛化、特化和分离等（武晓辉、韩元俊、杨世春，2006）。生态位泛化意味着生物生存空间的扩展，表明生物利用到更多的环境资源，更加适应自然环境，此时可理解为生态位扩展。随着自然环境的改变，生物对环境的适应性可能降低，对环境资源的利用也会逐渐减少，生物或者选择最适宜生存的自然空间，或者捕食最适宜的资源，此时生物占据的生态区间就会压缩，生态位在环境变化的过程中实现了特化，也就是生态位的压缩。生态位分离又可看成生态位的错位发展。在自然生态中，不同生物可通过特化可用资源的种类来实现生态位分离，以此达到不同生物共存的结果。而且，生物通过生态位的分离避免被自然界淘汰，同时减少其他生物带来的竞争压力和竞争强度，以实现其与自然生态的和谐共存。

4.3.1　协同创新系统中单个企业的生态位演化模型

分别将生态位宽度（NW）、生态位重叠（NO）、市场位置（$1/L$）作为 Y_1 轴，将资源承载量作为 Y_2 轴，绘制协同系统中知识流动过程企业生态位宽度、生态位重叠以及市场位置的变化曲线图，如图 4.4、图 4.5、图 4.6 所示。知识流动过程分为知识选择、知识共享、知识吸收和知识创造四个阶段，图中分别用 A，B，C，D 表示；曲线Ⅰ、曲线Ⅱ表示演化结果的不同均衡状态，该状态的企业环境适宜度最大，创新能力最强；K_0（max）表示环境中资源承载量的最大值；K（max）表示企业依据自身能力可以拥有的资源最大值。企业生态位的演化过程具有连续间断平衡的特点，因此，知识流动循环过程中每个阶段的知识流动结果就是演化曲线上的相对静止的一点，即平衡点。

如图4.4所示，企业生态位宽度演化过程直观地表示为企业利用资源的多样化程度，其中：

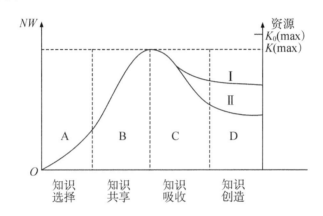

图4.4　企业生态位宽度演化过程

A 阶段：知识信息在环境中呈无序分布，由于空间内资源充裕，企业对各种信息进行探索和寻找，自主选择有利的知识信息，并扩张自己的生态位宽度。此阶段，企业处于速率递增的快速发展状态，影响其发展的关键因子为资源。

B 阶段：随生态位宽度的增加，企业技术能力、市场容量或市场需求发生变化，企业处于较好的生存状态，为达到更好的生存条件，企业愿意与环境进行知识共享，进一步扩大自己的资源，直至能力所及的极限。此阶段，影响其发展的关键因子为需求。

C 阶段：在扩张过程中，企业知识共享的结果并不能得到完全的吸收和利用。B 阶段企业生态位宽度增加，其部分原因是企业在并不熟悉的领域扩张，由此造成的竞争压力意味着企业将面临更多的风险。因此，为调整企业处于稳健的状态，会出现两种情形："泛化"与"特化"。此阶段，影响其发展的关键因子为技术。

D 阶段：曲线Ⅰ表示企业生态位的泛化，曲线Ⅱ表示企业生态位的特化。企业规模影响企业的资源需求，企业生态位宽度的最优选择与之相关。规模大、实力强的企业，可以采取"泛化"的方式拓展生态位，扩大产品与服务的覆盖面，获得主动权，分散竞争压力，即使部分业务发生重叠，也不会撼动企业的稳定性。而规模小、实力弱的企业，可以采取"特化"的方式压缩生态位，增强核心竞争力，强化竞争优势，成为不可或缺或无法替代的企业。此阶段，影响其发展的关键因子为制度。

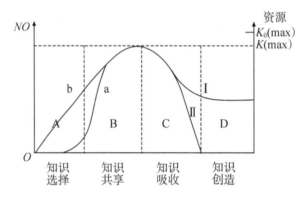

图 4.5   企业生态位重叠演化过程

如图 4.5 所示，企业生态位重叠演化过程直观地表现为两个或两个以上企业对同一环境资源的需求，其中：

A 阶段：企业进入市场时可能出现生态位不重叠的情况，此情形发生在新兴行业较多，虽然竞争相对较弱，但生命力很强，因此，在 A 阶段的后期仍会出现生态位重叠并呈增长趋势，如 a 所示。较成熟的行业，竞争企业的生态位较稳固，对资源的利用能力较强，生态位较宽，因此，开始进入 A 阶段时便会出现企业间的生态位重叠并呈增长趋势，如 b 所示。相比而言，a 的增长速率大于 b 的增长速率。

B 阶段：一般而言，企业生态位的宽度越宽与其他企业发生生态位重叠的可能性越大，因此，生态位宽度和生态位重叠度在增长期具有一致性。B 阶段的后期，企业在现有能力的状态对资源的使用达到最大，企业间竞争加剧。

　　C阶段：资源的限制和生态位重叠共同引发企业间的竞争，根据竞争排斥原理，竞争会产生两种结果，一种是其中一方被淘汰，另一种是双方在生态位分离的情况下继续共存，包括生态位的完全分离和部分分离（钱燕云、刘思思，2013）。曲线Ⅰ表示共存状态，且为生态位分离后的部分重叠；曲线Ⅱ表示企业在竞争中被淘汰或生态位的完全分离。

　　D阶段：曲线Ⅰ所示为企业在竞争过程中，竞争优势得以发挥，在系统中的地位和作用不断得到加强，尽管部分业务重叠，仍可继续发展。对于曲线Ⅱ，若企业在竞争中被淘汰，则在此阶段表示企业的消亡，因而生态位重叠降为0；若企业生态位完全分离，则它在系统中所占用的资源和提供的产品服务具有完全异质性，此时不存在竞争和生态位重叠。相比而言，曲线Ⅱ所示状态更为极端，曲线Ⅰ所示是在协同系统中期望得到的状态。

　　如图4.6所示，企业市场位置演化过程直观地表示为企业与市场中心的距离。其中企业生态位宽度是竞争的标志，企业生态位重叠是竞争的起因，企业市场位置的变化与生态位宽度和生态位重叠度在A，B阶段具有一致性，即随生态位宽度和重叠度的增加，其与市场中心的距离变小。然而，市场中心的变化受到企业和市场集中度两方面的影响，且当企业生态位宽度或位置改变时，死亡风险会大幅上升。因此，企业处于点M时，若市场集中度较大、企业自身的规模能在竞争中取得优势，则会向曲线Ⅰ发展；若市场集中度较小、生态位宽度优势不能抵消掉生态位重叠带来的风险，则会向曲线Ⅱ发展。

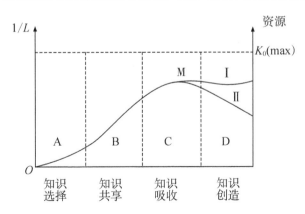

图4.6　企业市场位置演化过程

综合以上的推演，绘制企业生态位变化曲线，如图 4.7 所示。

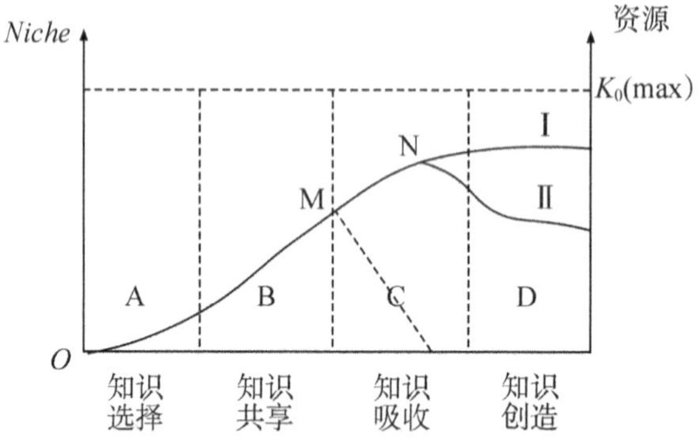

图 4.7　企业生态位演化过程

企业生态位的演化会经历生态位增长、生态位压缩和生态位移动等过程，由于协同效应和企业进化的定向选择，其演化过程及结果总体呈向前向上发展，但并未达到资源承载量的最大值 $K_0(\text{max})$。点 M 和点 N 是企业生态位演化过程中的重要转折点；企业生态位的最佳状态是生态位宽度大、生态位重叠度适中且邻近资源丰富的市场中心。

企业在点 M 位置时，生态位宽度和重叠度均为最大值，此时企业处于高竞争压力、高生存风险的状态，企业死亡率很高。若企业此刻没有占据竞争优势，则可能会向曲线Ⅲ的状态发展；若能赢得竞争，则其生态位增长。企业在点 N 位置时，距离市场中心最近，且生态位宽度较宽、生态位重叠度较小，企业处于较好的生存状态。然而，此时的状态会受到企业内部因素和系统环境因素的影响，并由此分化出曲线Ⅰ和曲线Ⅱ。曲线Ⅰ表示企业生态位跃迁至最佳状态，此时企业拥有较宽的生态位、适度的重叠以及资源丰富的中心位置；曲线Ⅱ表示企业生态位宽度和市场中心位置变化引起的企业生态位压缩。

4.3.2　协同创新系统生态位的演化

将协同创新系统的发展分为四个阶段：萌芽阶段、成长阶段、调整阶段和协同阶段，图 4.8 中坐标和名词的含义与前同。

　　协同创新系统内的企业存在不同形式和状态，或利用的环境资源要素不同，或进入同一竞争环境的时间不同，但每一个企业都找到自己的生态位才能保持系统的稳定性。可以将系统中企业的协同创新情况分为两种情形：一种是实力均衡的企业合作，即企业间的规模、资源拥有情况相同或相近；一种是实力非均衡的企业合作，即企业间的属性相差较大（徐建中、赵伟峰、王莉静，2014）。企业之间既可以是共生的关系，也可以是相互掠夺和竞争的关系，但最优的选择无疑是合作双方共同协作创新，且生态位的跃迁最终会促使企业倾向于协同合作的共生关系，从而更有效地利用环境资源（许晖、王琳，2015）。

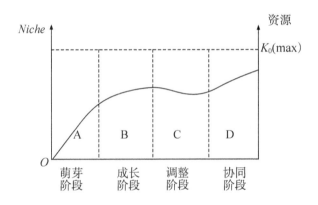

图 4.8　协同创新系统生态位演化过程

　　A 阶段：萌芽期。此阶段协同系统的技术不够成熟，环境稳定性较差，但资源充裕。企业间的合作程度较低，企业进行各自的知识选择和知识整合，开发、探索新技术，并使得自身和系统的生态位快速演变。此阶段具有多样性与不稳定，企业依靠技术积累和市场尝试跻身主流地位的可能性较大，因而此时企业生态位宽度变化明显。

　　B 阶段：成长期。此阶段协同系统技术成熟度提高，但仍未达到稳定状态。企业间合作加强，知识共享程度加大。由于资源承载量与资源丰富性的限制，企业对技术和市场的尝试变得谨慎，更多地考虑未来的发展和定位。此时企业生态位重叠度变化明显。

C 阶段：调整期。此阶段协同系统技术的成熟度和稳定性较强。企业的定位逐渐明确，产品和服务的目标更精准，差异化程度较大。系统资源的容纳量变小，而企业的资源需求在加大，系统为使资源配置得到优化，进行内部调整，生态位的变化存在一定幅度的波动，靠近市场中心的企业获得资源优势。因而此时企业生态位位置变化明显。

D 阶段：协同期。此阶段协同系统技术成熟，稳定性强。协同系统和企业的知识存量增加，主导性的知识逐渐形成，其生态位由原有状态跃迁至更高水平。此时，资源的分配相对于成本投入是均匀且最优的，因此协同创新系统内部各创新资源能良好流动，企业间达到协同进化的状态。但系统资源的局限会促使系统向外扩大资源的丰富性，因此，该稳态实质是动态均衡中相对静止的状态。

4.3.3　集群企业生态位协同演化模型

关于集群企业生态系统及企业生态位的研究，目前的成果并不丰富。在此借鉴王子龙、谭清美和许箫迪（2005）的研究成果，呈现如下。

单个企业在一定时期内只能获取特定的输入资源和输出资源，只能占据企业生态资源空间的某个部分，其占据部分即为企业生态位。

关于集群企业及与资源要素之间的协同进化行为有以下研究假设。

假设 1：在给定的时间和地域空间内，假定各种要素禀赋（包括技术、原材料、劳动力、资本和市场规模等）一定，受区域资源"生态因子域" E_i 的约束，集群企业 i 的生态位宽度 B_i 存在一个范围值 K，其饱和系数记为 k。K 与时间无关，但与区域企业集群规模相关，集群规模越大，则 K 取值也将越大。

假设 2：用 $N(t)$，$\mathrm{d}N/\mathrm{d}t$ 表示集群企业在时刻 t 资源生态因子的生态位宽度及其变化率，可知集群企业生态位变化率随其集群企业规模的提高而降低。

假设 3：在企业集群现象中，地理位置相对集中的企业，彼此的存在对对方产量的增长能够起到促进作用。

设某集群区域有 A，B 两个集群企业，在集群区域资源生态因子范围值 li 一定的情况下，集群企业 A，B 的生态位演化方程为：

$$\begin{cases} \dfrac{dN_1}{dt} = n_1\left(k_1 - \dfrac{m_1}{n_1} - N_1 - \alpha N_2\right)N_1, \\[3mm] \dfrac{dN_2}{dt} = n_2\left(k_2 - \dfrac{m_2}{n_2} - N_2 - \alpha N_1\right)N_2 \end{cases} \tag{4.6}$$

式中 n_1，n_2 为集群企业 A，B 的生态位宽度比例系数；k_1，k_2 分别为集群企业 A，B 的生态位饱和系数；m_1，m_2 为其生态位协同竞争系数；因子 α 为集群企业 A 对集群企业 B 资源生态位的重叠值。

（1）$\alpha=1$，结论：当一个集群企业生态位被另一集群企业完全包围时，协同结果取决于两个集群企业的竞争能力。

（2）$\alpha=0$，结论：若集群企业生态位完全分离（不重叠），则 A，B 之间不存在竞争关系，两个集群企业都能够占有自己的全部生态位，其演化路径分别遵循自身规律，直至两者生态位宽度达到各自区域资源要素最大利用量为止，此时集群企业 A，B 生态位达到相对平衡，使用着完全不同的资源要素，能够相互共存、独立发展。

（3）$0<\alpha<1$，结论：当两个集群企业生态位部分重叠时，其中一个集群企业占有部分另一集群企业的生态位空间，此时两个集群企业使用的资源具有重叠部分，虽可实现相互共存、协同发展，但具有竞争优势的集群企业将会占有重叠部分的生态位空间。

4.3.4 基于生态位的企业演化机理

企业生态位是一种基于环境资源空间特性和企业固有性质互动的客观关系定位，是企业与环境互动匹配（适应）后所处的客观状态。

本研究借鉴钱辉、张大亮（2006）的研究成果做以下整理。从宏观层面看，生态位是企业复合生态系统环境的中间层。从中观层面看，生态位是企业生态环境中的客观存在，是企业客观与环境客观的交汇点，可以把生态位看作是企业生态网络中的一个个节点。从微观层面看，生态位是环境对企业的直接外包，是每个企业生存发展所依赖的小环境，它不仅是与企业接壤的环境终端层，同时又是企业一切外延行为的出发点。

演化的思路是以时间序列为纽带对企业与环境的互动分别进行分析，并最终以因果循环的形式把两者的行为联系起来；而生态位的研究则是试图把企业与环境之间的互动纳入一个空间框架中进行考察，在一个模型内观察两者相互影响及发展的规律，即生态位研究把企业的构成要素与环境中的关键要素在生态位框架内进行匹配，分析它们之间的匹配变化情况，并以此研究企业与环境的互动规律，如图4.9所示。

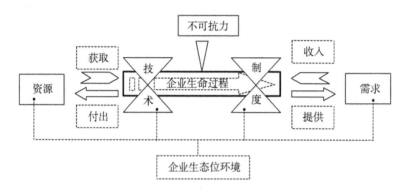

图4.9　企业生态位环境因子模型

资料来源：罗亚非，韩文玲. 从生态位的角度分析我国汽车产业发展存在的问题 [J]. 工业技术经济，2007 (3)：81-85.

匹配系统由以下基本要素构成，即（内外部）资源、文化、需求、技术、制度。详见图4.10。

企业及其环境与生态位，是一个相互连通和匹配的系统。在系统各要素的相互作用下，企业将进行两个层次的演进，即图4.10中的A，B，C，D，E五种功能的显性与隐性演进。

企业演化的实质也可以描述为在底层互动约束下的五对显性矛盾的运动过程。

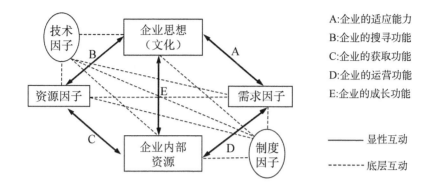

图4.10 企业生态位匹配钻石（网络）模式

资料来源：钱辉，张大亮. 基于生态位的企业演化机理探析［J］. 浙江大学学报（人文社会科学版），2006，36（2）：20-26.

4.4 协同创新网络生态位对二元创新绩效的影响

为顺应和引领经济发展新常态，国家提出创新驱动发展战略，将产业技术升级、战略性新兴产业的发展列入"十三五"规划前期研究的重大课题。调查数据显示，企业对技术创新的投入自2013年以来保持较快的增长：企业平均研发资金增长了10.48%；研发投入强度增长了13.0%；研发人员比重提高了6.6%（程虹等，2016）。企业正致力于提升自主创新能力，以实现转型升级。然而，技术和知识的独占性、排他性和无限性使其无法在生产网络中自由扩散，从而造成非均衡的分布状态。这使网络中大部分稀缺资源和核心技术依然被国际领先企业掌控，技术引进和自主创新成为企业面临的困境。现实中，企业的成功不仅依赖技术能力的成长，也与其在创新生态系统中的适应性息息相关。因此，辨识技术的优劣势，不断提升生态位，已成为企业技术创新的重要因素。如华为公司最初依靠成熟的产业技术，在巩固电路交换技术和无线接入技术两大核心能力的基础上大力进行产品创新，继而打破技术规则率先采用准 SDH 技术的光纤连接方案开发出 C&C08 万门机，并以此搭建技术和产品平台，通过对传输、移动、智能、数据通信等技术领域关键性资源的掌握，不断优化生态位，从产品代理公司一跃成为世界顶级的通讯设备制造商。可见，企业依靠技术积累、扩张和变迁，提升企业在创新系统中的技术地位是实现跨越式发展的必要条件。

近年来，技术生态位因其对技术能力培育和技术发展变革的重要推动作用引起了学者们的关注。Podolny 和 Stuart（1996）率先提出技术生态位的概念，将其定义为与技术变迁共同演进的关联创新，并根据企业拥有的技术发明（专利数量）衡量企业的技术生态位，为后续研究提供了平台。目前，技术生态位的研究仍处于探索阶段，学者们在其概念、维度及影响因素等方面尚未达成共识；对技术生态位的定量分析和应用研究均显不足。从研究内容来看，已有研究探讨了技术生态位的内涵及测量（许箫迪，2007）、演化（Schot 和 Geels，2007）、对新技术的孵化作用（Schot 和 Geels，2008）及对技术能力和技术范式变迁的影响（Lopolito 等，2011）等问题。技术生态位的影响因素及与环境、技术创新活动的互动关系和演化机理的探讨也是研究的重点。已有文献多以高新技术产业、产业集群和区域为对象分析产业生态学特征，虽有研究以企业为对象，但对企业技术生态位前因和后果变量的探讨有待深入。Ahuja（2000）将社会网络分析方法引入企业创新研究，关注企业间关系对企业技术创新的影响，组织互动和资源的重新配置对提升创新绩效及核心竞争力的意义。创新网络的结构特征被证实是影响企业间绩效差距的关键变量，但长期以来，关于企业网络的研究仍以定性描述为主，其量化研究有待推进。创新绩效是技术能力在约束条件下的选择结果，是技术生态位最直观的价值体现形式，虽然已有文献充分探讨了企业创新绩效的影响因素，但主要集中在企业知识基础结构、技术多元化、创新战略等方面（刘岩和蔡虹，2011），鲜有文献将企业技术生态位纳入分析框架。此外，仅少数文献考虑探索式创新和利用式创新的差异性，而现实中企业不可能采取独立的创新方式。因此，深入理解技术生态位对两种创新模式的影响具有重要的理论和现实意义。

　　综上，我们以已有文献为基础，将深入探讨以下问题：第一，企业是否能够通过改善技术生态位结构提升创新绩效？第二，当企业同时存在探索式和利用式创新行为时，两种创新模式产出效应的差异性会受到何种因素的影响？其影响呈现怎样的趋势？我们以生态位理论和社会网络理论为指导，探索企业技术生态位结构特征对其技术创新价值转换的影响机理，力求为理论和实证研究拓展新思路，也为企业技术能力培育和发展提供理论依据。

4.4.1　生态位对企业二元创新绩效的作用机理

　　技术生态位的研究源于企业生态位。企业生态位因子由需求、资源、技术、制度等构成，是支配企业在系统中生存的序参量（高晶等，2007）。技术因子主宰企业对环境的适应性并形成企业技术生态位，用于衡量企业的技术发展水平。我们选取技术生态位宽度和重叠度两个指标，评价企业技术生态位。

　　根据其创新成果与技术基础、技术轨迹及风险成本的关系，可将企业创新模式分为探索式创新和利用式创新（Benner 和 Tushman，2003）。探索式创新旨在超越现有技术与知识基础，获取并创造新知识，探索新的技术发展轨迹，以实现更宽范围的技术组合，影响企业对动态环境的适应。利用式创新是依托现有技术与知识基础，挖掘、整合及改进现有知识，提升和改善现有的技术组合，影响企业对竞争环境的适应性（Jansen 等，2006）。

4.4.1.1　技术生态位宽度与二元式创新

　　企业技术生态位宽度指企业利用的技术资源的总和，反映了企业技术涵盖的领域的丰富程度。技术生态位宽度应该是一个整体概念，是企业通过内部研发、外部合作等方式扩展其技术领域而达到的稳态。技术生态位的宽窄度与企业技术创新成果对市场环境的适应度同步变化，技术生态位越宽，企业技术范围越广。

　　研究表明，企业的技术创新对企业绩效存在显著的影响。在无法预知未来市场的情况下，企业技术和知识的存储不仅能加速寻找互补和替代技术推动创新，也能提升公司对新技术的开发机会及对潜在商业价值的精准预测。首先，企业技术领域的扩大在增加异质性知识积累的同时势必会引发知识的交叉融合，催生新知识。企业运用这些知识进行探索式创新将产生新技术组合，通过产生协同效应降低企业的研发风险，提升探索式创新绩效。其次，企业的技术知识是创新的基础，为创新活动提供了多种选择。企业涉足的技术领域越多，其小幅度的创新行为越容易被激发，研发成本和创新投资风险也随之降低（Cantwell 和 Santangelo，2006）。因此，企业通过整合和利用现有资源可获得范围经济和规模经济并保持持续增长。当企业某技术领域的竞争优势形成后，由于创新活动的路径依赖性，更倾向于依靠现有知识进行利用式创新，其利用式创新绩效得以提升。由此，提出以下假设：

H1a：企业技术生态位宽度与探索式创新绩效存在显著正相关关系。

H1b：企业技术生态位宽度与利用式创新绩效存在显著正相关关系。

4.4.1.2　技术生态位重叠度与二元式创新

企业技术生态位重叠度是指拥有的技术资源的相似程度或占有相同生态位因素的比例。多个企业间的生态位重叠描述了企业间的竞争强度；企业在不同时期控制的技术资源的重叠刻画了企业的技术变迁轨迹，我们侧重于对后者的研究。

Schot 和 Geels（2007）认为社会技术体系的建立要经过自然选择、间断平衡、市场生态位的发展及技术生态位的发展四个演化阶段，而目的性和战略性是影响技术生态位演化的两个重要因素。事实上，技术的变迁并不是随机变异的过程，而是大量微小技术改进的定向累积和渐进造成的。正如动态连接的特性存在于任何进化系统，新技术的开发继承了企业现有技术基础的良好基因及其所创造的市场优势，并通过内部成长、社会采纳与选择过程实现技术革新。我国企业的技术创新可以分为三个阶段：使用技术阶段、改进技术阶段和创造技术阶段（赵曙东，1999）。在企业循着技术轨迹发展的初始阶段，技术生态位重叠度也相对较低。受时间、资本和技术的限制，企业倾向于"局部搜索"，利用现有技术或在与其邻近的技术空间中搜寻新技术，通过充分挖掘已有技术进行技术的改造和延伸，因此利用式创新绩效随之提升，而探索式创新可能被抑制发展。值得一提的是，任何技术收益都呈现价值递减的趋势，企业对现有技术的过度依赖必然会带来负面影响。随着对现有技术掌握的深入，先前依靠利用式创新形成的特长领域会到达发展阈值，若企业忽略环境变化和外向的技术开发便会受困于技术陷阱，难以实现新技术的突破。此时，为避免核心竞争力的衰减，企业将不断地探索、试验新技术，识别新兴技术潜在的商业机会，获取先发优势。因此探索式创新绩效得以提升，而利用式创新被抑制。由此，提出以下假设：

H2a：企业技术生态位重叠度与探索式创新绩效呈 U 型关系。

H2b：企业技术生态位重叠度与利用式创新绩效呈倒 U 型关系。

4.4.2　生态位对企业二元创新绩效影响的实证研究

（1）样本选择与数据来源。选择我国电子信息企业为研究对象。初始企业来源为中国电子信息产业网公布的 2015 年中国电子信息百强企业名单和Wind 数据库信息技术行业的上市公司，删除重复企业及 ST 类企业后得到原始样本。样本的选择基于三个方面的考虑：①选择单一行业作为研究对象可以排除行业因素的干扰；②电子信息企业既重视技术知识的积累和利用，也注重研发活动的投入和新技术的探索；③该行业的企业重视产权保护，倾向于将专有技术变成专利，为我们提供了很好的实证背景。通过国家重点产业专利信息服务平台获得 2005—2015 年企业专利数据及专利合作信息，最终筛选出信息完备且拥有联合专利的 63 家企业作为研究的样本企业。

（2）变量测量。专利为技术创新活动的研究提供了丰富的数据来源，其科学性已经得到检验。需要说明的是，尽管所有的变量均依据专利来进行测量，但是其计算原理不同，且各变量在时间的跨度上也进行了区分。

①因变量。探索式创新绩效和利用式创新绩效。目前，主要通过专利引用数据和专利分类号来测量创新绩效，我们采取第二种方式。用专利数据 IPC 分类号的前 4 位代表技术类别，并建立 5 年的时间窗，则企业第 t 年的探索式创

新绩效等于该年申请的专利与 t–5 至 t–1 年申请的属于不同技术类别的数量；利用式创新绩效等于该年申请的专利与 t–5 至 t–1 年申请的属于相同技术类别的数量。考虑到绩效的滞后性，分别计算出企业滞后 1~3 年的绩效值，为避免观测值的丢失，使用三个数值之和来衡量企业的探索式创新绩效及利用式创新绩效。

②自变量。第一，技术生态位宽度。我们取专利数据 IPC 分类号的前 4 位衡量企业涉及的技术类型和技术差异，采用 Shannon-Wiener 指数测度技术生态位宽度（Yang Huan 和 Lu Weisheng，2013）：

$$NW_i = - \sum_{r=1}^{R} P_{ir} \ln P_{ir} \tag{4.7}$$

其中，NW_i 表示 i 企业的生态位宽度，r 为 IPC 类别，R 为技术类别总数，P_{ir} 代表第 r 类专利的数量占专利总数的比例。

第二，技术生态位重叠度。我们用 Pianka 公式（对称 α 法）来测度技术生态位重叠度（Pianka，1973）：

$$NO_{ij} = \frac{\sum_{r=1}^{R} P_{ir} P_{jr}}{\sqrt{\sum_{r=1}^{R} P_{ir}^2 \sum_{j=1}^{R} P_{jr}^2}} \tag{4.8}$$

其中，i 和 j 为两个不同的年份，r 为 IPC 类别，R 为技术类别总数，P_{ir} 和 P_{jr} 分别代表第 r 类专利的数量占专利总数的比例。

③控制变量。第一，企业专利活动年期。企业参与专利申请活动的时间跨度，即企业专利申请的初始年份至观测年份所经历的年期。

第二，企业专利积累。企业专利申请初始年份至观测年份之前的专利申请总数。

企业的活动年期越长，更具有技术优势；企业的专利存量会影响企业的合作意愿及未来的创新，因此控制这两个变量对创新绩效的影响。

4.4.3　生态位对企业二元创新绩效影响的实证结果分析

（1）描述统计。各变量的均值、标准差及 Pearson 相关分析结果如表 4.2

所示。各变量间的相关系数小于 0.7，对存在较高相关性的变量进行 VIF 测算，发现其 VIF 值均小于 3，因此，可排除多重共线性的存在。因变量创新绩效的取值是离散的非负整数，且方差大于均值，Poisson 模型不能很好地拟合此类数据，而负二项回归模型能较好地解决样本的分散问题。结合 Hausman 检验，我们最终采用随机效应负二项回归模型进行实证分析。

表 4.2　描述性统计与相关系数　（$N=169$）

变量	1	2	3	4	5	6	VIF
1. 探索式创新	1.000						
2. 利用式创新	0.670	1.000					
3. 生态位宽度	0.465	0.478	1.000				1.47
4. 生态位重叠度	0.048	0.245	0.065	1.000			1.17
5. 专利活动年期	0.199	0.309	0.382	-0.036	1.000		1.47
6. 企业专利积累	0.161	0.572	0.469	0.285	0.514	1.000	2.07

（2）回归分析。为验证假设，运用 Stata 对样本数据进行负二项回归。由表 4.3 的模型 2 和模型 4 可知，企业技术生态位宽度与探索式创新绩效（$\beta=0.6045$，$p<0.10$）和利用式创新绩效（$\beta=0.8193$，$p<0.001$）均显著正相关，假设 H1a 和 H1b 得到检验。由表 4.4 的模型 2 和模型 4 可知，企业技术生态位重叠度与探索式创新绩效没有相关关系，而与利用式创新绩效（$\beta=-1.239$，$p<0.10$）呈倒 U 型关系，假设 H2a 未通过检验，H2b 得到检验。

表 4.3　生态位宽度与创新绩效关系的回归检验

变量	探索式创新		利用式创新	
	模型 1	模型 2	模型 3	模型 4
专利活动年期	-0.0135 (0.034)	-0.0313 (0.034)	-0.0228 (0.031)	-0.0394 (0.031)
企业专利积累	-0.0024** (0.001)	-0.0023** (0.001)	-0.0009 (0.001)	-0.0011 (0.001)

续表

变量	探索式创新		利用式创新	
	模型 1	模型 2	模型 3	模型 4
生态位宽度		0.6045* (0.289)		0.8193*** (0.237)
Log likelihood	−531.527	−529.180	−810.038	−842.235
Wald χ^2	19.23***	23.51***	6.24**	13.56**

注：括号中数值为标准误差；＊表示 $p<0.10$，＊＊表示 $p<0.05$，＊＊＊表示 $p<0.001$。

表 4.4　生态位重叠度与创新绩效关系的回归检验

变量	探索式创新		利用式创新	
	模型 1	模型 2	模型 3	模型 4
专利活动年期	−0.0135 (0.034)	−0.0171 (0.035)	−0.0228 (0.031)	−0.0342 (0.031)
企业专利积累	−0.0024** (0.001)	−0.0023** (0.001)	−0.0009 (0.001)	−0.0008 (0.001)
生态位重叠度		0.451 (0.750)		1.627** (0.740)
生态位重叠度 2		−0.337 (0.666)		−1.239* (0.637)
Log likelihood	−531.527	−531.315	−810.038	−807.155
Wald χ^2	19.23***	19.66***	6.24**	12.14**

注：括号中数值为标准误差；＊表示 $p<0.10$，＊＊表示 $p<0.05$，＊＊＊表示 $p<0.001$。

（3）研究结论。本节在揭示企业技术生态位对探索式和利用式创新绩效直接作用的基础上，在创新系统情境中引入中心度作为调节变量，通过实证分析我们认为企业技术生态位宽度、技术生态位重叠度和企业中心度都是影响企业创新绩效的重要因素。本研究在上述数据分析的基础上得到以下结论，其结果丰富了企业技术生态位对创新绩效影响的相关研究。

第一，技术生态位宽度能同时促进探索式和利用式创新绩效，而技术生态位重叠度与利用式创新绩效呈倒 U 型关系。虽然 Florida 和 Tinagli（2004）强调了占据合适的技术生态位对创新资源的价值转换有重要影响，但并没有给出完整的解释。企业创新的来源主要有企业的自主研发及外部技术引进两种形式，实践中的高科技企业获取较高创新绩效也是通过利用式创新和探索式创新两个途径实现。企业对探索式创新和利用式创新的兼容程度相对较高，但不可否认，两者始终是连续统一的两端，存在此消彼长的关系。如果企业过分依赖现有的技术轨道，则易产生对外部事物的抗拒心理，容易引发企业的"能力陷阱"；而如果企业过多地关注探索式创新，则会导致"失败陷阱"，而这两种情形实际上都是企业创新绩效的发展阻碍。企业广泛地利用网络资源，其多样化的技术和知识将最大限度地为企业扩展积累储备资源，对企业的探索式创新和利用式创新都起到极大的推动作用。而一段时间后，企业的技术构成和技术元素变得复杂，虽然此时企业仍然需要维持并扩大其创新网络，但此时单纯的技术引用对创新绩效的提升作用已然不明显。本书认为企业技术生态位越宽，其积累和可利用的稀缺性、异质性的优势资源越多，更有利于企业开展各类创新活动，获取创新成果；企业技术生态位重叠度表示对相同环境资源的利用和依赖程度，适当重叠有助于企业利用式创新绩效的提升，而重叠度过高则会因同质性资源的排斥对利用式创新绩效产生负面效应。因此，本书更深入地阐释了企业技术生态位对二元式创新的影响机制，得出新的研究结论，是对已有研究成果的深入和拓展。

第二，创新网络的中心位置对企业技术生态位和创新绩效的关系有显著的调节作用：中心度在技术生态位宽度与二元式创新的关系中起正向调节作用，在技术生态位重叠度与利用式创新的关系中起负向调节作用。研究结论深化了高展军和李垣（2006）等的相关研究。本研究结论揭示了中心度在技术生态位对创新绩效影响过程中的双向调节作用，在理论上深化了对企业的网络中心位置与技术生态位的关系及其对二元式创新的作用机制的研究。同时揭示出以下现象：当企业在创新网络中的中心度越高时，较宽的技术生态位更能促进探索式和利用式创新绩效；反之，当企业在创新网络中的中心度较低时，企业技术生态位重叠度越高，越能促进利用式创新绩效。事实上，企业处于网络中心位置有利于其与网络中的其他行动者建立联系，充分发挥自身的位置优势。此时，企业识别以及获取有利资源的能力将会大幅增强，信息搜寻和转换的效率大大提升，对外部技术和外部信息的敏感性也随之提高，因此，企业中心度在技术生态位宽度对创新绩效的影响中起到显著正向的促进作用。但对于依靠技术重叠度实现的创新则不尽如此，成熟企业通过与其他企业的合作来扩展自己的技术领域，其技术重叠度相对较低，但网络中心位置的优势可促进企业实现新技术的合作和交流，也促进了隐性知识在企业间的流动、吸收和利用，也就是说较高的网络中心度会加强企业技术重叠度对利用式创新的影响；年轻企业不可能迅速占领行业主导地位，其技术重叠度相对较高，较易通过建立与其他企业的间接联系来扩展其技术领域，此时，较低的网络中心度则会加强企业技术重叠度对利用式创新的影响。因此，企业中心度在其技术生态位重叠度对创新绩效的影响中起到显著负向的调节作用。研究结论揭示出企业在创新系统中的中心度与其技术生态位宽度和重叠度存在某种适配效应。这一新的结论不仅为该领域的研究提供了新的基础，同时对企业提升创新绩效有积极的指导意义。

4.4.4　网络位置对创新绩效的影响

自十八大提出"实施创新驱动发展战略"后，习近平总书记在不同场合多次强调创新是引领发展的第一动力，提升创新能力已成为国家发展的战略重点。一方面，企业是社会经济发展的主体，面对日益激烈的市场竞争环境，缺乏创新的企业将面临被淘汰的窘境。另一方面，市场需求的多元化和精细化，使得技术日益复杂，独立创新的难度及风险急剧加大。在这样的环境下，即使强大如诺基亚，最终也不得不为其封闭产业链买单——自 2011 年以来，连续四个财季亏损，并由此逐渐走向衰落。开放式创新的提出为企业提供了创新实践的新思路，成为应对上述两难问题的有效方法，这使企业之间的联系逐渐紧密，形成若干协同创新网络，每个企业在网络中都有自己明确的位置，而通讯技术和交通工具的快速发展弱化了地理空间位置对企业发展的局限性，增加了企业的创新柔性。网络空间对企业创新绩效的影响因此受到广泛关注。

当前关于网络位置的研究主要有两种视角。经典如 Burt（1992）从社交网络分析中提取的结构洞概念。在网络位置对创新绩效的影响研究中，学者们多以知识扩散（刘闲月等，2012）、知识获取（彭伟等，2012）、知识搜索（胡保亮和方刚，2013）等为中介变量展开研究，可见知识管理已成为创新的关键。值得注意的是，以知识形态存在的组织记忆被认为是信息技术支撑知识管理的先决条件（田也壮等，2004），没有组织记忆沉淀的企业，将无法进行有效的知识管理。如目前国内传统机械制造企业正面临技术人员断层、关键知识员工青黄不接的局面，严重影响到企业的创新发展。即使占据优越的网络位置、接近优质的知识资源，也只能是有术无道，利用效率极其有限，足见组织记忆对企业发展的重要性。在创新复杂化和知识涌现的今天，协同创新企业如何利用组织记忆将位置优势转化为创新绩效，值得进一步探讨。

我们借鉴已有研究成果，以创新网络为背景，将组织记忆引入网络位置与创新绩效的关系模型，研究网络位置对企业创新绩效的作用机理。提出在创新网络中企业创新绩效受网络位置的影响，组织记忆通过外部资源的内化，在网络位置与创新绩效的关系中起中介作用等观点。研究成果为企业有效改善网络地位、优化知识管理能力、提升创新绩效提供理论依据。

4.4.4.1　理论分析与研究假设

（1）网络位置与创新绩效。综观国内外现有研究，网络位置与创新绩效的显著关系已在半导体、化工、金融、生物技术、汽车、信息技术等多个行业得到验证（Ahuja，2000；钱锡红等，2010）。首先，不同的网络位置代表企业能从外界获取新知识及战略资源的机会和能力，占据优越网络位置的企业相对而言，更有能力和机遇获取外界的新知识和资源。其次，良好的网络位置也使得企业在网络中拥有更广的视野，清楚知识资源在网络中的分布情况，在信息收集和处理方面更具优势，从而更好地激发自身的创新能力以获得良好的创新绩效。同时，优越的网络位置表明企业在合作网络中处于核心地位，通过影响网络中的创新活动从中获利。因此，我们提出以下假设：

H1：网络位置与创新绩效正相关。

（2）中心度与创新绩效。在已有的社会网络研究中，用中心度和结构洞衡量网络位置受到学界的广泛认同（党兴华和常红锦，2013），因此我们也将借鉴已有研究成果，采用这两个指标刻画企业的网络位置。

中心度是衡量企业在网络中的重要程度、地位优越性以及社会声望等的重要指标（罗家德，2010）。中心度越高，说明企业越接近合作网络的核心位置，声望较高，对整个网络的生产活动具有较大影响；反之，企业则处于合作网络的边缘，对整个网络的影响比较有限。一般来说，中心度对企业创新的影响主要体现在以下方面。

首先，中心度高的企业具有与优秀企业合作的先发优势。在合作网络中，企业的较高声望能吸引具有潜力的新企业进行合作，从而聚集不同企业的互补性技能，获取与创新相关的知识技能。其次，中心度高的企业拥有信息获取和控制优势。由于拥有多重的信息源和信息渠道，企业能最大程度地获取新信息并降低重要信息的丢失率。此外，通过甄辨不同渠道来源的信息，排除误导性信息，提高所得信息的准确性。同时，中心度高的企业还能促进或阻碍信息在网络中的传递，通过有效获取和控制外界信息，结合企业内部的知识技能，选择最优创新策略。再次，中心度高的企业更容易获取其他企业的知识溢出，主要通过与更多的企业形成联结，增加企业间的交互频率，从而了解其他企业的运营情况，将外部知识溢出吸收而为己所用。因此，我们提出以下假设：

H1a：企业中心度与创新绩效正相关。

（3）结构洞与创新绩效。结构洞的关注点与中心度有所不同，中心度强调与自我直接联系的特性，而结构洞更为关注与自我联系的企业之间的关系模式（钱锡红等，2010），即当分别与 A 企业有联系的 B 企业及 C 企业之间没有直接联系时，则表明 B 企业与 C 企业之间存在结构洞，而 A 企业则占据着他们之间的结构洞。结构洞对企业创新有重要的影响。首先，占据结构洞的企业能分别从彼此无联系的两个合作伙伴中获取非重复性的信息，且对两方具有控制信息虚实及信息传递的优势。丰富的结构洞扩大了企业信息的多样性，在一定程度上提高了信息收集效率，并能从中筛选出有价值的信息用于企业创新；

同时，利用其控制能力将信息以某种条件转手于不相连的群体间也能获取相应
收益。其次，占据结构洞的企业能查明交易伙伴及潜在合作者的资质，更快地
感知到合作网络中存在的机会和威胁，提高创新成功率。再次，由于维持企业
间的联系需要一定成本，而冗余联系会给企业造成负担，占据结构洞在某种程
度上相当于剔除了冗余联系，这使得企业有限的管理富有成效，为后续创新奠
定基础。因此，我们提出以下假设：

H1b：企业结构洞与创新绩效正相关。

（4）组织记忆的中介作用。Walsh 等（1991）提出组织记忆，将其定义为
存储于组织内部的能用于指导当前决策的组织历史信息，这些信息分布在组织
个体、组织文化、组织流程、组织结构以及组织生态中。Moorman 等（1997）
对前人研究的总结认为组织记忆的存储有 3 种形式：组织信仰、行为规范以及
组织中的有形物品。随着组织记忆关注度上升，研究者根据自己的理解，从不
同角度对组织记忆进行了划分（Stein，1995），对组织记忆的内涵形成了较为
一致的看法。

企业的网络位置对组织记忆的形成具有一定的影响。处于不同位置的企业
所接触的网络成员、信息、知识资源的数量和质量都有所不同，从而一系列的
经营活动、创新活动以及战略决策随之而定。占据良好的网络位置有助于企业
增长见识，比如接触更优质的合作伙伴、参与更复杂的产业链、引进更先进的
生产技术等；加深组织记忆的厚度，比如频繁而多样的业务往来中所发现的问
题及其解决问题的经验、逐步优化的运行规范、高端人才所带来的知识和经验
等。随着时间的迁移，组织内部所积累的经验、知识、信息等优势将逐渐体
现。同时，由于与外部网络联系频繁，企业势必建立完备的信息管理系统，以
便有效管理和提取信息并降低这些信息资源在使用过程中的错误率，提升创新
决策的容错率。

在已有的组织记忆对创新活动影响的研究中，研究者们发现组织记忆对创
新具有正向影响。Moorman 等（1997）在对新产品研发项目的研究中发现对以
往信息的解读以及研发惯例的执行有助于促进新产品的研发进程；Stein
（1995）提出组织记忆可通过帮助管理者长时间保持战略方向，帮助新员工更

快掌握技能，促进组织学习，加强组织认同等促进组织发展；陈涛等（2015）的研究发现企业能依赖原有知识吸取和创造新知识并借此提升企业效率。组织记忆对企业历史信息、知识及经验的记录有助于企业在面对相似问题时，迅速找到解决的办法，提高效率；在面对新问题时，又能在已有信息、知识、经验的基础上进行分析、重组并找到解决之道。深厚的记忆底蕴使得企业在应对创新活动中的不确定性冲击时能有更大的缓冲。综上所述，我们的假设如下：

H2：组织记忆在网络位置与创新绩效的关系中起中介作用。

4.4.4.2　研究设计

（1）研究样本。我们采用方便抽样方法，首先在湖南省内搜集 100 份数据进行预调查以评估问卷有效性及遣词恰当性，针对存在的问题修改完善后再展开正式问卷调查。为获得企业创新发展的准确信息，调查对象主要涉及企业中高层管理者和研发、市场、生产及财务等几类部门的资深员工。问卷填写主要通过到企业发放问卷和请 EMBA 和 EDP 学员现场作答两种方式完成。调查数据主要来自湖南、广东、辽宁、北京、江苏、浙江、上海、四川等地区，涉及制造、计算机软件、通信服务、汽车等行业。我们共发放 370 份问卷，为获得尽量真实的数据，保护被试者的隐私及消除被试者的疑虑，所有问卷均采用不记名方式进行。在剔除一致性过高及填写不完整的问卷后，最终共获得 299 份有效问卷，有效问卷回收率为 80.8%。其中，性别方面，男性比例为 69.2%，女性为 30.8%；学历方面，本科学历以上人员占 94.6%；职位方面，高层管理人员占 7.4%，中层管理人员占 19.4%，基层管理人员 27.8%，员工占 45.4%；企业性质方面，国有企业占 45.8%，民营企业占 32.1%，外资企业占 12.1%，中外合资企业占 10.0%；公司年龄方面，5 年以上的企业占 82.3%；公司规模方面，500 人以上的企业占 67.9%。

（2）研究工具。除控制变量外，其他变量的测量均采用里克特量表。测量指标均来自国内外成熟量表，国外的量表由熟练掌握中英文语言的研究人员通过翻译、回译和调整的方式进行编制。

网络位置中，中心度的测量采用董保宝（2013）根据 Chung 等的定义编制的网络中心度问卷，共 5 个题项；结构洞量表采用王海花等（2012）对结构洞的定义开发的问卷，共 6 个题项；创新绩效量表采用 Han 等（2015）的研究编制的量表，共 5 个题项；组织记忆量表采用 Camisón 等（2011）开发的8 个题项量表。

我们将企业规模、企业年龄、企业性质及其所属行业作为控制变量纳入研究范畴。在多数研究中都发现企业规模以及企业年龄对创新绩效产生了影响，因此有必要对这两个变量进行控制（钱锡红等，2010）；关于企业所属行业在开放度对创新绩效的影响研究中，针对不同行业进行的研究结论尚存在分歧，因此有必要对企业所属行业进行控制（Laursen 和 Salter，2006）；至于企业性质，有学者专门对此进行研究，发现不同性质的企业确实存在创新效率的差异，因此我们也将对其进行控制（刘和旺等，2015）。

（3）问卷信效度分析。我们使用 SPSS19.0 统计分析软件对问卷进行信度分析，使用 AMOS17.0 数据分析软件对各量表进行验证性因子分析，各量表分析结果如表 4.5、表 4.6 所示。各量表的 Cronbach's α 值均在 0.8 以上，说明各量表具有良好的内部一致性。各量表 KMO 值均大于 0.8，累计解释方差均大于 0.5。此外，各测量题项因子载荷均大于 0.5，通过探索性因子分析的检验，表明问卷的效度良好。

表 4.5 各量表信度、效度分析结果

变量	KMO 值	Cronbach's α	变量	Cronbach's α α
网络位置	0.909	0.914	中心度	0.910
			结构洞	0.858
创新绩效	0.853	0.874		
组织记忆	0.888	0.881		

在验证性因子分析中，$\chi^2 / df < 3$，RMSEA < 0.08，CFI > 0.90，IFI > 0.90，TLI > 0.90，从表 4.6 可以看出，修正后各量表验证性因子分析得到的各项拟合指标均较为理想，因此我们的问卷具有良好的结构效度。

表 4.6　各量表验证性因子分析结果

量表	χ^2/df	RMSEA	CFI	IFI	TLI
网络位置	2.018	0.058	0.981	0.982	0.972
创新绩效	1.728	0.049	0.998	0.998	0.990
组织记忆	1.877	0.054	0.988	0.988	0.976

4.4.4.3　数据分析与假设验证

（1）描述性统计及相关性分析。各变量的均值、标准差和相关系数见表4.7。由表4.7可知，自变量、因变量和中介变量之间都存在显著的相关关系（$p<0.01$）。具体而言，中心度与创新绩效呈现显著正相关关系（$\beta=0.611$，$p<0.01$）；中心度与组织记忆呈现显著正相关关系（$\beta=0.653$，$p<0.01$）；结构洞与创新绩效呈现显著正相关关系（$\beta=0.513$，$p<0.01$）；结构洞与组织记忆呈现显著正相关关系（$\beta=0.640$，$p<0.01$）；组织记忆与创新绩效呈现显著正相关关系（$\beta=0.618$，$p<0.01$）。这些结果为后续相关变量之间的关系分析和中介效应的检验提供了必要的前提条件。

表 4.7　各变量描述性统计及相关性分析

变量	均值	标准差	1	2	3	4
1. 中心度	3.446	0.788	1			
2. 结构洞	3.489	0.666	0.648**	1		
3. 创新绩效	3.538	0.674	0.611**	0.513**	1	
4. 组织记忆	3.244	0.787	0.653**	0.640**	0.618**	1

注：＊表示在0.05显著性水平下显著，＊＊表示在0.01显著性水平下显著，＊＊＊表示在0.001显著性水平下显著，下同。

（2）直接效应检验。为进一步检验假设，使用SPSS19.0数据分析软件借助多元线性回归模型对变量间的关系进行验证。考虑到企业性质、企业年龄、公司规模及企业所属行业可能对创新绩效造成影响，将其作为控制变量处理。如表4.8所示，模型1分析了控制变量对创新绩效的影响，模型2中引入网络位置的两个维度中心度和结构洞。

由模型 1 可知，企业性质、企业规模和所属行业均对创新绩效存在显著影响（$\beta=0.145$，$p<0.01$；$\beta=0.292$，$p<0.001$；$\beta=-0.224$，$p<0.001$）；模型 2引入中心度和结构洞后，对创新绩效的解释效应明显增加（$\Delta R^2=0.296$，$p<0.001$），中心度和结构洞与创新绩效之间的正向相关关系均得到验证（$\beta=0.390$，$p<0.001$；$\beta=0.229$，$p<0.001$），假设 H1a 和假设 H1b 通过了检验，即网络位置与创新绩效正相关，假设 H1 得到验证。

表 4.8　多元线性回归分析结果

变量	创新绩效	
	模型 1	模型 2
控制变量		
企业性质	0.145**	0.067
企业年龄	−0.008	−0.013
企业规模	0.292***	0.163**
所属行业	−0.224***	−0.194**
解释变量		
中心度		0.390***
结构洞		0.229***
F	15.150***	81.211***
R^2	0.171	0.467
$\triangle R^2$	0.171	0.296***
DW	1.872	2.011
最大 VIF	1.284	1.894

（3）组织记忆的中介作用检验。为检验组织记忆的中介效应，采用AMOS17.0 数据分析软件进行路径分析，拟合方程的相关指标如表 4.9 所示。完全中介模型表示路径是从网络位置到组织记忆，从组织记忆到创新绩效；部分中介模型增加了网络位置到创新绩效的路径；直接作用模型即网络位置直接作用于创新绩效。通过对比表 4.10 拟合指标，笔者倾向接受部分中介模型为

最优拟合模型，其中 χ^2/df 为 1.820（<3）、RMSEA 为 0.052（<0.08）、CFI 为 0.956（>0.90）、IFI 为 0.957（>0.90）、TLI 为 0.947（>0.90），各拟合指数均达到显著水平，模型拟合度理想。根据部分中介模型分析得到该模型的路径系数结果（见表 4.10）。可知，中心度正向影响创新绩效（$\beta = 0.356$，$p < 0.001$），组织记忆正向影响创新绩效（$\beta = 0.578$，$p < 0.001$），中心度正向影响组织记忆（$\beta = 0.423$，$p < 0.001$），结构洞正向影响组织记忆（$\beta = 0.457$，$p < 0.001$），结构洞对创新绩效的影响在模型检验中并不显著。由此，组织记忆在网络位置与创新绩效的关系中起部分中介的作用，假设 H2 得到验证。

表 4.9　结构方程模型比较

模型	χ^2/df	RMSEA	CFI	IFI	TLI
完全中介	1.984	0.057	0.946	0.946	0.957
部分中介	1.820	0.052	0.956	0.957	0.947
直接作用	2.168	0.063	0.960	0.961	0.951

表 4.10　最优拟合模型的路径系数及检验结果

路径方向	Estimate	S. E.	C. R.	P
中心度→组织记忆	0.434	0.081	5.202	0.423***
结构洞→组织记忆	0.430	0.091	5.039	0.457***
组织记忆→创新绩效	0.545	0.110	5.260	0.578***
中心度→创新绩效	0.343	0.097	3.649	0.356***
结构洞→创新绩效	−0.068	0.108	−0.709	0.478

4.4.4.4　研究结论

从网络和开放式创新的视角出发，试图解释网络位置、开放度及组织记忆对创新绩效的影响机理，并实证检验了各要素的交互作用关系，研究得出以下结论。

第一，网络位置对创新绩效有正向影响作用。该结论与钱锡红等（2010）、党兴华等（2013）大多数学者的研究结果一致，占据良好的网络位置对企业的创新有促进作用。本研究认为，在协同创新网络中，占据优势网络位置的企业往往掌握着关键技术，处在新产品研发的前沿，对创新网络的研发进程具有一定的控制力。同时，与之合作的企业量多质优，可供选择的余地相比其他位置的企业更大，这使得核心企业拥有更强的议价能力，在创新中掌握更大的主动权。在一定程度上，核心企业形成了对技术的控制和资源的垄断，从而降低了创新成本，提高了创新效率。但就结构洞而言，与 Ahuja（2000）的观点则相反，研究结论表明结构洞丰富的企业在创新活动中会有更出色的表现。关于结构洞对创新绩效的影响，学术界一直以来有所分歧，持负向影响观点的学者们认为在结构洞较少的情况下，网络内部的企业彼此之间联结紧密，有助于培养彼此间的信任感从而降低寻租行为，同时也有利于促进网络惯例的形成，进一步规范企业行为，因此结构洞的稀疏反倒能够促进企业获取良好的创新绩效。本书基于资源基础理论的观点，认为能够帮助组织建立竞争优势的往往是因其具有稀缺的异质性资源。而另一方面，国内经济的快速发展带动了资本的迅速积累，使得市场竞争更为激烈，只有不断突破创新满足消费者的需求才能占领市场高地，因此企业对新思想、新信息、知识和技术等掌控就显得尤为重要。当企业占据越多的结构洞，影响力越大，越有利于企业通过对结构洞的掌握而从中获取有价值的新思想、新信息、知识和资源等，从而推动企业的创新活动，并获取较好的创新绩效。

第二，组织记忆在网络位置与创新绩效的关系中起部分中介作用。该结论表明组织记忆在外部资源内化中起着重要的承接作用，揭示了企业将网络位置的优势转化为创新绩效的机理。已有研究表明知识管理活动能促进网络位置对创新绩效的影响。而组织记忆是内部知识的载体，是各类知识管理活动的基础，通过对先验经历、知识、技术等的积累逐渐形成诸多管理制度和相应的知识体系。在协同创新网络中，企业间网络位置的差异将导致不同的创新机遇，不同网络位置的资源分布密度不一，对组织记忆的形成质量和速度存在影响。位于良好网络位置的企业，对信息、知识、资源等的获取具有优先权，合作对象层次较高，有助于形成更为丰富的组织记忆，在面对各类创新问题时将逐渐显露出其柔性及优势。本研究将组织记忆引入网络位置对创新绩效的影响模型中，实证研究得出网络位置与组织记忆相辅相成、共同促进创新绩效形成等结论，是对组织记忆情景化研究的补充，丰富并深化了组织记忆的理论研究。

第三，将网络位置与开放度的交互作用引入研究模型，发现开放度对网络位置与企业创新绩效的关系有正向调节效应，其中开放度正向调节结构洞与创新绩效的关系。开放度是企业对外部的接纳程度，占据丰富结构洞的企业，能否持续不断地利用位置优势从合作伙伴那里获取有价值的信息，取决于双方是否合作愉快。开放度高表明企业对合作伙伴的态度友好，有助其从中获取关键性信息；反之，不良的关系将导致合作伙伴合作意愿低下，甚至造成企业的结构洞"位置丢失"。这一发现进一步揭示了结构洞对创新绩效的影响机理，深化了对结构洞与创新绩效关系的认识。值得注意的是，开放度不调节中心度与创新绩效的关系。其中可能的原因是开放需要成本，当中心度达到一定程度时，企业有限的管理资源无法投入到每一个合作伙伴的关系维护当中（陈钰芬和陈劲，2008）。此外，也可能是因为核心企业出于对内部知识产权的保护，弱化企业知识溢出效应而作出的反应。

4.5　协同创新中生态位与网络位置管理策略

在生态位对二元创新绩效的影响的小节中，我们以电子信息企业作为研究对象，采用理论与实证结合的研究方法，围绕企业如何通过调整生态位以提升企业探索式创新绩效和利用式创新绩效的问题展开了系统研究，在获取理论结论意义的同时，也得到了一些有助于高新技术企业甚至其他类型企业提升创新绩效的管理启示。针对企业的技术创新活动的有效性，提出以下具体的管理建议：

首先，正确认识企业在创新网络中的技术生态位，通过选择性技术进化适应变化的外部环境。技术生态位对扩大企业的可利用资源范围和企业需求定位具有重要意义，然而也一定程度上约束着企业的资源使用能力和价值创造。本研究证实了企业技术生态位宽度不但对探索式创新绩效有显著的积极效应，而且对利用式创新绩效也具有正向作用。这是因为企业的技术生态位宽度是企业在创新网络中所拥有的技术、知识、市场、企业家资本等资源的综合体现。此外，企业技术生态位的重叠度对其利用式创新绩效的影响存在最优值，但企业对技术的积极利用在一定情况下会大打折扣，企业的技术创新不应只局限于沿着自己的现有技术轨道前行，而应注重秉承差异化的思想实现技术、知识的增值和进化。因此，企业一方面应注重技术库的建设和更新，通过认识、评价和吸纳先进技术知识，夯实技术知识基础，扩大技术生态位宽度，为企业交叉创新和企业多元化提供更多有利条件，从而促进探索式和利用式创新绩效。另一方面，企业需要控制技术利用的上下限，保持对技术创新活动选择的灵活性。在核心技术领域渐进发展新技术，寻求技术生态系统中的最佳重叠点，以最大程度地发挥利用式创新的技术优势。

其次，主动维护和调整网络主体间的关系和网络位置，构建高效能的创新网络运行模式。企业的网络中心度对其生态位置和创新绩效关系的影响具有双重效应，当企业技术范围扩张时，应努力占据网络的权力中心。企业如果能够在拓展其社会关系网络空间的过程中，同步占据网络中心性的位置，那么也意味着企业可能发现和拥有更多提升自身组织创新水平和创新能力的机会与资源，并可通过企业间合作及资源共享增强技术开发和协作能力，提升创新绩效。相反地，稀疏、不紧密的创新网络一定程度上成为企业寻求盈利机会、增强创新能力的限制条件。企业间合作关系的建立依赖两个标准：价值观的一致性和能力的互补性。合作关系满足以上条件时，彼此都能在合作中取得较大收益。可是，较强的关系强度通常也会造成较低的资源控制能力，因此，当企业技术更新和变迁对资源依赖性较高时，网络主体间关系的高度集中化反而制约着企业发展。在此情形下，企业一方面可以主动突破束缚，降低网络技术整合的权利集中度，加强各企业间的关系强度，避免信息和技术的重复利用。另一方面，优化系统流程，建立与维护良好的技术协作关系。通过主体间的合作与依存关系形成多重相互作用，促进各主体优势最大限度的发挥，弥补自身技术缺陷，解决企业技术能力受限的问题。

事实上，企业的技术创新活动是一个复杂的、多资源的转化和集成过程。企业在面对探索式创新与利用式创新的选择问题时需多方权衡，既不能盲目地独立研发也不能完全依赖技术引进。企业应首先对内部资源进行评估，清晰界定企业的资源基础和资源优势，然后再结合企业创新发展的战略要求，充分挖掘与利用企业已有的成熟的创新经验和创新能力，通过协调内部资源来实现企业战略主动性，实现新技术、新产品、新工艺的市场投放优势。

此外，在网络位置对创新绩效的影响的小节中，我们基于中国本土企业进行了实证研究，对于引导本土企业认识自身网络位置，合理开发利用内外部资源，从而避免创新资源匮乏困境，具有一定的指导意义。具体启示如下：

首先，识别网络位置、明确企业自身所处环境是获取关键性创新资源的第一步。网络位置对企业创新活动具有重要意义，经济全球化、创新复杂化，使创新网络化、协同化成为企业实现创新的有效途径。因此，企业一方面应认识到自身在合作网络中的位置，明确自身的位置优劣势并采取相应举措，使之有利于创新；另一方面应积极占据良好的网络位置来接近所需资源。特别是位于网络边缘且占有结构洞稀少的企业，更应积极寻求与位于"中心地带"的企业建立合作关系。一者可以"中心地带"企业为接口触发众多间接联系以获取新的创新资源，二者有助于企业节省时间精力，从而将更多资源投入到创新活动中。当企业占据足够优越的网络位置时，其网络控制力随之提升，并将引导资源自发由外至内的流动。

其次，企业应对现有合作关系的组织进行"盘存"，消除冗余联系，将精力引向最迫切的地方，与优质企业、机构等建立良好关系，鼓励企业针对性地建立合作联盟，特别是与创新性极强的高校与研究机构建立协同合作关系。结构洞较为丰富的企业应该增大开放度，与各合作组织建立牢固深入的战略合作伙伴关系，力求通过多层次多方面的业务往来与文化交流获取异质性创新资源，同时应注重与政府的关系管理。政府部门在企业创新中存在相当重要的推动作用，通过提供资金、信息服务、投资扶持政策等方式协助企业创新。另外，与政府建立良好关系是建立并加强自身信誉的重要举措，也是吸引合作伙伴优化自身网络位置的有效方式。

最后，构建良好的企业文化，设置合理的企业结构和运行规范，同时通过创建企业历史信息数据库，将企业发展过程中的决策、客户信息及员工个人技能等存储并进行管理，对合作伙伴的信息的收集和管理也应一并到位。重视企业关键技术的传承，建立相应的新人培养体系；鼓励员工之间进行知识分享，将个人隐性知识显性化；定时盘存组织记忆，将过时的、冗余的信息从数据库中剔除，保持企业组织记忆的活性，防止产生组织惯性；重视组织记忆的管理，将有利于企业在创新过程中快速有效提取相关信息，从内部发现创新知识资源，并根据以往的经验避开失败的雷区，提升创新成功率。

5　协同创新网络中知识域
耦合及其效应

　　本章分四部分研究协同创新网络中的知识域耦合及其效应。首先，介绍协同创新网络中知识域耦合的概念与特征。其次，运用系统动力学模型和方法，对协同创新网络中知识域耦合的实现机理进行仿真分析。同时，以企业专利数据为样本，实证检验知识域耦合对企业二元创新的作用机理。最后，为企业协同创新中进行有效的知识管理提出对策建议。

5.1　协同创新网络中知识域耦合概念及特征

5.1.1　知识域耦合的概念

　　关于知识域耦合的研究现有文献尚少涉及，知识域耦合的定义主要强调不同领域知识元素以及这些元素之间所构造的关系（Kogut 和 Zande，1992；Grant，1996）。国外学者将知识域耦合定义为在创新搜索的过程中，企业组合两个领域的知识元素的程度（Yayavaram 和 Ahuja，2008；Yayavaram 和 Chen，

2015）。也就是说，X 和 Y 两大知识域的耦合意味着企业可能搜寻 X 和 Y 的组合，而不是单独搜寻 X 或 Y，企业在进行技术搜寻时主动选择所有成对耦合的知识域组合，这些成对耦合的知识域集合构成了企业的知识库。国内学者李永周等（2014）首次将产学研知识耦合概括为高校、科研机构、企业之间的知识结构、水平、属性等互为异质，在一定条件下，通过协同合作彼此适应和优势互补，驱动产学研知识创造。

企业的知识耦合决策是由其所追求的战略和市场、竞争对手的行动、外部知识来源和社会认知，以及社会组织和内部社会政治过程所驱动的。耦合是企业所有深思熟虑和突如其来的活动的结果。例如，耦合可能来自高层的指令或独立工作的研究人员的行动。耦合体现在惯例、知识域间潜在的相互依赖的信念、沟通网络和组织结构中（Yayavaram 和 Ahuja，2008）。通过改变企业的内部惯例或沟通模式，先前并未耦合的两个知识域间将会实现耦合。

由于企业在创新搜寻中可改变两个知识域及两者间的耦合关系，因此，当企业从一个领域退出或进入一个新的领域时，知识域间的耦合关系将会发生变化。即使没有涉及新的知识领域，当企业将重点从其知识库中的一个知识领域转移到另一个领域时，也会发生知识域耦合的变化。Yayavaram 和 Chen（2015）从知识领域来源的视角将知识域耦合概括为以下五种类型：①企业旧知识领域间耦合的变化。②在获取或创造新知识时，企业旧知识域与新知识域的耦合。③在企业放弃两个或两个以上的知识域时，知识域间的解耦。④在企业放弃特定知识域时，该知识域与其他旧知识域的解耦。⑤新知识域间的耦合。前面两种知识域耦合最为常见，也是 Yayavaram 和 Chen（2015）研究的重点。

我们在国内外相关研究的基础上，将知识域耦合界定为企业在创新搜寻中，不同知识主体的不同知识元素通过动态关联、相互契合、有效互补，从而获得协同并溢出扩散的过程。

5.1.2 知识域耦合的特征

知识域耦合是协同网络中不同主体间的知识相互作用、重新组合，以创造新知识的过程。以下主要从知识域耦合的类型与结构两个方面来分析知识域耦合的特征，为研究知识域耦合的实现机理奠定基础。

（1）知识域耦合的分类。协同网络中创新主体间的知识域耦合一般经由三个阶段：彼此认知期、规范发展期和螺旋上升期，其分别对应企业所处的协同合作三阶段：初期、中期和后期。它包括以下五种类型：①企业旧知识域间耦合的变化；②在获取或创造新知识时，企业旧知识域与新知识域的耦合；③在企业放弃两个或两个以上的知识域时，知识域间的解耦；④在企业放弃特定知识域时，该知识域与其他旧知识域的解耦；⑤新知识域间的耦合（曾德明等，2015）。为了厘清概念，本文主要研究企业在进行外部知识搜寻时，新旧知识域间的耦合。企业在创新搜寻中，新旧知识域间的耦合，主要是指与焦点企业所在领域不同的新知识与其现有知识间的耦合，该过程是知识创造的重要前提，也是企业通过协同合作从外部组织获取知识的主要途径。一般而言，企业在寻求外部知识时，会选择其创新所需的重要知识，而将其与内部知识相互作用、组合并生成新的知识，以满足企业发展需求。企业选择组合的外部知识，可分为两大类，一类是与企业现有知识领域不同的互补性知识；另一类是与企业处于相同知识领域的替代性知识。这两类知识构成了知识域耦合的基本内容。

（2）知识域耦合的结构。企业的耦合决策是由其所追求的战略和市场、竞争对手的行动、外部知识来源和社会认知等复杂因素共同驱动的（Barr 等，1992）。尽管现有研究分析了不同知识元素如何整合或重组，以及知识耦合的变化对企业知识库变化的影响。然而，学者们尚未明确区分知识耦合的不同型态，因而无法深入分析和判断不同知识元素的交互或重组对企业创新结果的影响。本书借鉴 Knudsen（2007）和 Dibiaggio 等（2014）的研究中互补性知识和替代性知识的概念，将企业外部搜寻中知识元素的耦合结构划分为动态关联度、有效互补度和相互契合度。

①动态关联度。相关性知识是与企业专业领域和经验相匹配的同质性知识。由于冗余等于知识的重叠，在具备先验知识的前提下，相关性知识更易于在企业间转移。因此，替代性知识可在短期内帮助企业改进其产品或技术，以

更好地满足顾客需求。在知识域耦合过程中，动态关联度是指企业通过创新搜寻组合两个具有相似性质的知识元素的程度。相似知识的组合，是企业技术创新过程中必不可少的重要环节。企业的知识资源需要不断更新和发展，以满足不断发展的技术需求，相似知识的组合及替代有助于企业淘汰旧的知识元素，从而更新企业的知识库。因此，动态关联度体现了企业对相同领域知识的学习与重组能力。

②有效互补度。互补性知识强调两个不同知识元素间的差异，互补性知识的组合促进新知识的产生。由于互补性知识资源为企业探索新的技术、思路和想法，以及打破现有制度和程序提供了潜在的机会，当两个互补性的知识元素组合时往往能增加企业单独使用自身知识的价值或效应。在知识域耦合过程中，有效互补度即通过创新搜寻组合两个不同领域的知识元素，交互作用后产生新知识的程度。有效互补度是知识域耦合的重要结构，也是企业技术创新的基础。搜寻与获取不同领域的互补性知识，是企业创造新知识的重要途径。在企业创新过程中，可通过技术转让、合作开发等手段获取外部伙伴的互补性知识元素，以丰富企业内部知识存储，并通过组织内外部互补性知识的组合与交互而创造更多新知识。

③相互契合度。在知识域耦合过程中，两个知识元素经过组合后，已成为具有独立功能的"原材料"。因而，相互契合度是指通过一定的媒介将组合后的知识块串接起来，以产生更具价值的新知识的程度。两个知识元素通过交互作用组合成新的知识元素，知识域耦合中形成了大量知识元素组合，为更合理高效地利用这些新知识，需要将这些知识串联成有序的整体，以便于随时提取。相互契合度体现了新组合的知识元素，以及新旧知识元素之间的契合程度，在一定程度上影响新知识的产生。

5.2　协同创新网络中知识域耦合的实现

在新一轮科技革命、产业变革和经济转型的历史交汇点上，企业仅仅依赖单打独斗式的封闭式创新已然不符合科技发展潮流，竞合才是技术进步的推手。越来越多的企业开始意识到协同创新的优势，并花费大量精力进行外部知识搜寻，将外部异质性互补资源整合到企业协同网络中。如苹果公司不仅与蓝思科技等零部件供应商进行研发合作攻克工艺技术难题，还为下游程序开发商提供技术和营销支持。可见，在协同网络中各方主体知识交互、协同耦合，是实现整个网络知识创造和创新效应最大化的重要基础。

知识域是企业知识库的构成要素，是多种知识元素的集合，它本身呈现萌芽—成长—成熟—衰退的动态生命周期变化，呈循环上升的态势（刘伟和游静，2008）。根据资源基础理论，知识是企业维持竞争优势的重要战略资产。创新活动的本质是创造新知识。虽然知识与创新之间的关系在学界已成共识，也有大量文献基于 SECI 知识创造模型或其改进研究来探讨协同创新网络中知识创造的机理（李民等，2015），或用定量的实证研究来验证企业知识创新及其对企业创新结果的影响（Su 等，2013），但现有文献尚未涉及协同网络中不同领域知识的相互作用过程。知识域耦合作为知识创新的自然基础（李永周等，2014），在协同网络中企业是如何组合组织内外部不同领域的知识元素，以实现知识创造与组织创新的？它与知识创新能力究竟存在怎样的关系？这些都是值得进一步思考的问题。目前，关于知识域耦合的研究尚处于起步阶段，且多为静态分析（李永周等，2014），而静态分析显然不能全面揭示知识域耦合的动态作用机理。同时，研究多从知识来源角度研究新旧知识的耦合对企业创新结果的影响（March，1991），缺乏对知识域耦合影响因素的深入探讨。

基于此，我们依据资源基础理论，从企业内、外及企业间的因素入手，采用系统动力学方法，多角度探究知识域耦合的实现机理，为企业根据自身的知识基础选择恰当的创新战略提供理论支持。

5.2.1　协同创新网络中知识域耦合的路径

企业进行知识创新的根本在于适应动态环境发展的需要，保持竞争优势，其可分为主动适应和被动适应（Su 等，2013）。主动适应是指企业高管前瞻未来，制定战略决策时的战略构想，在知识活动上表现为"战略性知识储备"；被动适应是企业感知到竞争压力而采取的响应行为。依据波特的企业竞争战略思想，可分为差异化、低成本和集中化，而集中化战略是对前两种战略的整合。因此，基于竞争压力下的差异化与低成本战略作为知识域耦合的动力，前者驱动企业进行外部知识搜寻，后者则主要强调企业的内部知识开发。此外，无论是主动进行战略性储备，还是积极响应竞争压力，具体到知识层面，企业都渴望提升知识种类（包括互补性知识和替代性知识）。这种预想也驱动企业分别进行外部知识搜寻与内部知识开发活动。

协同网络中企业获取外部知识资源，进行知识共享、耦合和转移的主要目的在于知识创造，从而形成企业的知识基础。由资源基础理论可知，知识作为创新的基础，通过激活并转化为创新能力，最终产出创新成果。基于知识域耦合实现的知识创新过程见图 5.1。

5.2.2　协同创新网络中知识域耦合的因果关系

企业的知识耦合决策是由其所追求的战略和市场、竞争对手的行动、外部知识来源和社会认知，以及社会组织和内部社会政治过程所驱动的（Barr 等，1992）。耦合是企业所有深思熟虑或突如其来的活动的结果。例如，它可能来自高层的指令或独立工作的研究人员的行动。耦合体现在组织惯例、沟通网络、组织结构和知识域间潜在的相互依赖性中（Yayavaram 和 Ahuja，2008）。

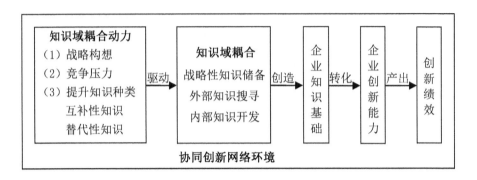

图 5.1　协同网络中基于知识域耦合的知识创新过程

网络惯例对于知识域耦合的影响，主要通过促进机制和阻碍机制体现。促进机制主要包括组织学习、持久合作和低耦合成本，而阻碍机制则主要涉及创新惰性和路径依赖。此外，网络惯例还会影响企业之间的转移知识量（孙永磊等，2014）。

知识创新是一个复杂的非线性交互作用过程，以协同网络中各创新主体的知识共享为基础（姚艳虹和周惠平，2015），通过知识耦合，协同创造出新知识，形成知识增值，进而及时转移到各知识主体。随后，知识基础被激活转化为创新能力，产出新产品或新服务。知识增值是协同创新的根本目的，它反映企业的知识创新能力。当然，企业自身的知识吸收水平、创新动机、战略构想、知识挖掘和融合能力、合作意愿等情境都将影响知识创新能力的形成。基于对协同网络中实现知识域耦合的影响机制分析，以及知识域耦合的特点，为简便起见，我们以主导企业 A 和支持企业 B（如华为的供应商）间的知识域耦合为例，构建了协同网络中知识域耦合实现的因果关系图，见图 5.2。

5.2.3　协同创新网络中知识域耦合的系统动力学模型

（1）系统动力学原理。系统动力学是系统科学理论与计算机仿真紧密结合、研究系统反馈结构与行为的一门科学，是系统科学与管理科学的一个重要分支。它用回路描述系统结构框架，用因果关系图描述系统要素间的联系，实现定性问题定量化，并最终进行计算机模拟分析。1956 年，美国麻省理工学

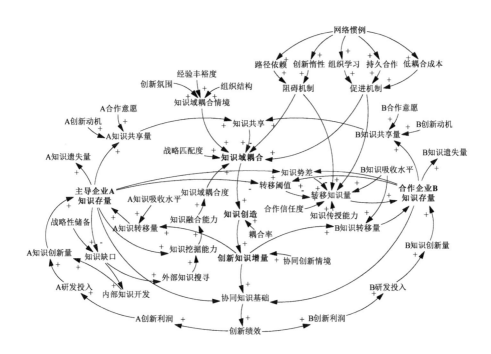

图 5.2　协同网络中知识域耦合实现的因果关系图

院福瑞斯特教授在分析生产管理及库存管理等企业问题时提出系统动力学的概念，最初叫作工业动态学。福瑞斯特于 1961 年出版的《工业动力学》一书，成为系统动力学的经典著作。20 世纪 70 年代，梅多斯从人口、工业、污染、粮食生产和资源消耗等重要全球性因素出发，应用系统动力学的方法建立了全球分析模型，并在 1971 年发表了题为《增长的极限》的研究报告。随后，系统动力学逐渐形成为一门比较成熟的新学科。

①系统动力学建模的基本步骤。系统动力学被称为社会系统的策略实验室，采用不同的策略，能够得到不同的结果，并可以通过系统动力学模型进行实验。系统动力学建模的基本步骤见图 5.3。

②因果关系与反馈环。因果回路图是表示系统反馈结构的重要工具。在对社会经济系统进行仿真时，因果关系分析是建立仿真模型的前提条件。因果关系能合理简化复杂的社会经济系统，准确地描述系统的边界和内部要素。反馈环是两个以上的因果关系键首尾相连而形成的环形，可分为正反馈环和负反馈

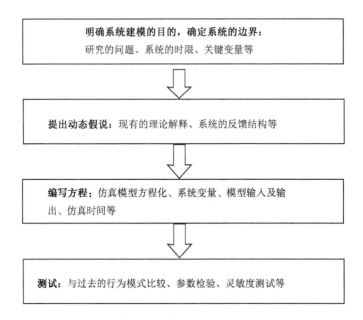

图 5.3　系统动力学建模的基本步骤

环。正环具有自我强化的变动效果，负环则具有自我调节的变动效果。

③流图。系统动力学模型主要由流图和结构方程式两个部分构成。用来描述复杂的社会经济系统的仿真模型被称为系统动态流程图（简称流图）。表5.1 概括了流图的基本元素及其作用。

④变量及方程。动力学模型中的变量及方程主要用来说明系统的运行机制，是仿真分析的基础。系统动力学包括水平变量、速率变量、辅助变量和常量四种类型的变量。仿真软件中有系统自带的函数，可借助这些函数建立方程来表示变量间的关系。

⑤Vensim 仿真软件。Vensim PLE 是 Ventana 系统动力学模拟环境个人学习版，通常用来构建系统动力学模型及系统仿真分析。为了保障系统模型的正确性，还可对模型中的一些重要变量进行真实性检验，来判断模型的合理性与真实性，从而调整结构或参数。

表 5.1　流图的基本元素

元素	作用
流	描述系统的活动或行为，可以是人流、物流、信息流、货币流等
水准	反映子系统或要素的状态，如知识存量、库存量、人口量等。水准通常是实体流的积累，用矩形方框表示
速率	表示系统中随时间而变化的活动状态，例如，知识创新率、货物的入库率和出库率等。在系统动力学中，速率变量是决策变量
参数	表示系统在一次运行中保持不变的量，例如，知识遗失率、货物缺失率等。参数通常为常量，在同一仿真系统中保持不变
辅助变量	简化速率变量的方程，使复杂的函数易于理解
物质延迟	系统对应于某一输入流，产生输出流需要延迟的一段时间
信息平滑	具有指数加权滑动平均的功能，能够平抑输入变量的剧烈程度

（2）基本假设。为了更清楚地阐释协同网络中知识域耦合的实现机理，关于协同创新网络作如下假设：

①主导企业 A 在协同网络中处于核心地位，位于网络中各连线的交点位置，一般规模较大，拥有大量核心技术知识、更强的创新能力和网络协调能力，能够吸引互补企业 B 加入协同创新网络，引领整个协同网络生态系统的发展。因此我们主要考察主导企业 A，研究知识域耦合对知识创新能力的影响。

②主导企业 A 的知识存量高于合作企业 B，两者之间存在知识势差。

③主导企业 A 的创新动机与合作意愿高于合作企业 B，因而其知识共享量也大于 B。

④主导企业 A 的知识创新率大于合作企业 B 的知识创新率，其对外部知识的挖掘和整合能力更强。

（3）系统流图。系统动力学的关键在于以因果反馈环为基础，保留系统真实过程的复杂性和动态性，并且系统行为模式对大多数参数不敏感。基于因果分析和基本假设，我们构建了协同网络中知识域耦合实现的系统流图，见图 5.4。

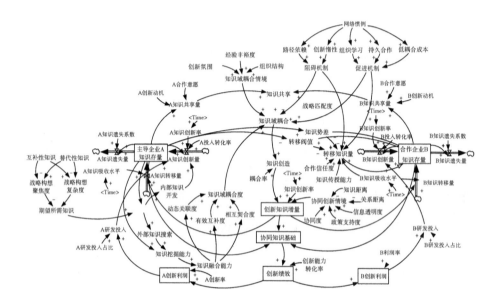

图 5.4　协同网络中知识域耦合实现的系统流图

该流图结构包括 7 个状态变量、6 个速率变量、47 个辅助变量和 17 个常量，见表 5.2。

在系统流程图中，主要包括如下反馈回路：

主导企业 A 知识存量→A 知识共享量→知识共享→知识域耦合→知识创造→创新知识增量→协同知识基础→创新绩效→A 创新利润→A 研发投入→A 知识创新量→主导企业 A 知识存量

主导企业 A 知识存量→A 知识共享量→知识共享→知识域耦合→知识创造→创新知识增量→A 知识转移量→主导企业 A 知识存量

主导企业 A 知识存量→知识缺口→外部知识搜寻→知识挖掘能力→知识融合能力→动态关联度/有效互补度/相互契合度→知识域耦合度→知识域耦合→知识创造→创新知识增量→协同知识基础→创新绩效→A 创新利润→A 研发投入→A 知识创新量→主导企业 A 知识存量

表 5.2 系统流图相关变量

变量类别	变量名称
状态变量	主导企业 A、合作企业 B 知识存量，创新知识增量，协同知识基础，创新绩效，A 创新利润，B 创新利润
速率变量	A，B 知识创新量，A，B 知识遗失量，A，B 知识转移量
辅助变量	A，B 知识共享量，知识共享，战略匹配度，知识域耦合，知识创造，知识势差，转移阈值，转移知识量，合作信任度，知识传授能力，知识域耦合度、动态关联度、有效互补度、相互契合度，知识融合能力，知识挖掘能力，外部知识搜寻，内部知识开发，知识缺口，战略构想聚焦度，战略构想复杂度，期望所需知识，A，B 研发投入，A，B 知识吸收水平，A，B 知识创新率，知识创新率，协同创新情境，协同度，关系距离，知识距离，信息透明度，政策支持度，知识域耦合情境，组织结构，创新氛围，经验丰裕度，阻碍机制，促进机制，路径依赖，创新惰性，组织学习，持久合作，低耦合成本
常量	A，B 知识遗失系数，A，B 创新动机，A，B 合作意愿，耦合率，A，B 利润率，A，B 研发投入占比，A，B 投入转化率，互补性知识，替代性知识，网络惯例，创新能力转化率

主导企业 A 知识存量→知识缺口→外部知识搜寻→知识挖掘能力→知识融合能力→动态关联度/有效互补度/相互契合度→知识域耦合度→知识域耦合→知识创造→创新知识增量→A 知识转移量→主导企业 A 知识存量

以上四个正反馈均影响主导企业 A 知识存量，但因果反馈关系仅反映定性关系，各要素之间的量化关系及不同变量的性质差异见图 5.4。

（4）主要方程设计及说明。对系统流图中主要变量方程式的设计及说明如下：

主导企业 A 知识存量=INTEG（A 知识创新量+A 知识转移量−A 知识遗失量，100）

A 知识创新量=主导企业 A 知识存量×A 知识创新率×内部知识开发+A 研发投入×A 投入转化率

A 知识创新率=WITH LOOK UP（Time，（［（0，0）−（24，0.3）］，（0，0.05），（24，0.08）））。知识创新率水平用表函数表示，以表达 A 知识创新

率与知识存量的关系。考虑到主导企业 A 的创新能力，设定在 24 个单位的仿真时间内，A 知识创新率水平按线性提高 3%。

A 知识共享量＝DELAY1I（主导企业 A 知识存量×A 创新动机×A 合作意愿，1，0）。由于知识共享过程中存在反馈，使用一阶延迟函数来反映这个过程，延迟 1 个单位才开始知识的共享。假定 A 知识共享量初始值为 0。

知识域耦合＝DELAY1I（知识共享×战略匹配度×知识域耦合情境×知识域耦合度×（1+促进机制×阻碍机制），1，0）。使用一阶延迟函数来反映这个过程，延迟 1 个单位才开始知识耦合。假定知识域耦合初始值为 0。

知识域耦合情境＝经验丰裕度×组织结构×创新氛围。为了简化，设定经验丰裕度、组织结构、创新氛围与知识域耦合情境正相关，知识域耦合情境与知识域耦合正相关，其取值采用随机函数 RANDOM NORMAL（｛min｝，｛max｝，｛mean｝，｛stdev｝，｛seed｝）自动生成，具体为：

经验丰裕度＝RANDOM NORMAL（0，1，0.4，0.01，0.3）

组织结构＝RANDOM NORMAL（0，1，0.6，0.01，0.5）

创新氛围＝RANDOM NORMAL（0，1，0.8，0.01，0.6）

协同知识基础＝INTEG（DELAY1I（主导企业 A 知识存量+合作企业 B 知识存量+创新知识增量，1，0））。由于知识共享和协同创新过程需要调整时间，使用一阶延迟函数来反映这个过程，延迟 1 个单位才开始知识的共享和协同创新。假定协同知识基础初始值为 0。

创新知识增量＝INTEG（DELAY1I（知识创造×协同创新情境×知识创新率，1，0））。使用一阶延迟函数来反映这个过程，延迟 1 个单位才进行知识创新。假定创新知识增量初始值为 0。

知识创新率＝WITH LOOK UP（Time，（［（0，0）-（24，0.5）］，（0，0.045），（24，0.07）））。知识创新率水平用表函数表示，设定在 24 个单位的仿真时间内，知识创新率水平按线性提高 2.5%。

知识创造＝DELAY1I（知识域耦合×耦合率，1，0）。使用一阶延迟函数来反映这个过程，延迟 1 个单位才进行知识创造。假定知识创造初始值为 0。

A 知识转移量＝DELAY1I（创新知识增量×A 知识吸收水平，4，0）。使用一阶延迟函数来反映这个过程，延迟 4 个单位才进行 A 知识转移。假定 A 知识转移量初始值为 0。

A 知识吸收水平=WITH LOOK UP（Time，（［（0，0）－（24，1）］，（0，0.3），（24，0.5）））。使用表函数来表示 A 知识吸收水平，设定在 24 个单位的仿真时间内，A 知识吸收水平按线性提高 20%。

转移知识量=DELAY1I（IF THEN ELSE（转移阈值<0.9，合作信任度×知识传授能力×B 知识吸收水平×知识势差×促进机制×阻碍机制，0），1，0）。当阈值超过 0.9 后，知识转移停止。使用一阶延迟函数来反映这个过程，延迟 1 个单位才开始知识转移。假定转移知识量初始值为 0。

转移阈值=合作企业 B 知识存量/主导企业 A 知识存量

知识势差=主导企业 A 知识存量-合作企业 B 知识存量

促进机制=组织学习×持久合作×低耦合成本

阻碍机制=路径依赖×创新惰性

组织学习=持久合作=低耦合成本=0.8×网络惯例

路径依赖=创新惰性=1-网络惯例

知识域耦合度=0.5 动态关联度+0.6 有效互补度+0.7 相互契合度

动态关联度=γ_1 知识融合能力，有效互补度=γ_2 知识融合能力，相互契合度=γ_3 知识融合能力。其中 γ_1=0.8，γ_2=0.7，γ_3=0.7 为知识融合能力的影响系数，由专家打分确定。

知识融合能力=0.6 知识挖掘能力

知识挖掘能力=80+0.2 外部知识搜寻×主导企业 A 知识存量。我们将知识挖掘能力定义为主导企业 A 知识存量的一个递增函数，期初，由于主导企业 A 信息技术平台的建立，企业已经具有一定的知识挖掘技术。随着知识域耦合过程的进行，知识创新程度的提高，知识挖掘技术越来越娴熟。

知识缺口=1-主导企业 A 知识存量/期望所需知识

期望所需知识=RANDOM UNIFORM（100，3000，0）×（战略构想复杂度/战略构想聚焦度）

战略构想复杂度=互补性知识/（互补性知识+替代性知识）

战略构想聚焦度＝替代性知识／（互补性知识+替代性知识）

5.2.4　协同创新网络中知识域耦合实现的仿真分析

（1）初值选取及参数设置。本研究采用 Vensim PLE 6.4 软件对模型进行仿真分析。结合既往研究成果以及协同网络中知识主体的特点，设定仿真时间为 24 个月。互补性和替代性知识均为 600，A 和 B 的创新动机分别为 0.9，0.7，A 与 B 的合作意愿分别为 0.9，0.8，网络惯例和耦合率的初始值均设定为中等水平的 0.5。

（2）模型有效性检验。在仿真之前，必须对协同网络中知识域耦合实现的系统动力学模型进行有效性检验，着重考察模型结构的适应性和一致性。

①模型适应性检验。基于前期大量中外文文献的调查，本模型包括了建模目的所需的所有主要变量和反馈结构。首先，本研究借助软件提供的 check model 工具，对模型的正确性进行检验，确定模型无误后，再对其进行极值检验。采用单侧（极小值）检验，基于 A 创新动机的模型极值检验结果显示：当 A 创新动机取值为 0 时，模型中知识域耦合、创新知识增量发展趋势稳定，并与一般取值状态下知识域耦合、创新知识增量的发展趋势一致。模型对比见图 5.5。

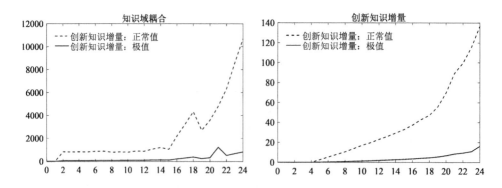

图 5.5　A 创新动机极值 VS 正常值时知识域耦合和创新知识增量比较

检验结果表明，我们构建的模型能够较准确反映企业知识域耦合和知识创新能力间的内在动态关系，因此本模型具有一定的适应性。

②模型一致性检验。系统动力学认为，模型结构正确与否比参数选取更为关键。鉴于企业知识本身的抽象模糊性，难以利用实证数据进行有效性检验，因此我们以理论检验为主。在已有流图模型运行基础上，截取系统主要变量的6个不同时点数值，仿真处理结果见表5.3。

表5.3　主要变量不同时点数值对比

主要变量	1	5	10	15	20	24
知识域耦合	0.00	915.60	883.56	1178.70	4029.18	12057.80
创新知识增量	0.00	2.89	19.00	36.62	78.20	153.80
主导企业A知识存量	100.00	100.00	100.23	247.36	896.40	2437.71
合作企业B知识存量	10.40	13.18	19.72	57.14	180.73	430.94
A知识共享量	81.00	81.00	77.32	150.62	549.47	1559.37
B知识共享量	5.60	6.96	9.59	25.28	81.06	194.74

对表5.3所包括的主要变量不同时点的数值进行对比可以发现：

第一，在系统仿真的两年内，知识域耦合整体保持增长趋势，尤其在后期增长迅猛，变动幅度也很大。由于主导企业A和合作企业B之间信任度越来越高，合作意愿日趋强烈，不断加强知识共享，知识域耦合不断增长。

第二，创新知识增量在仿真时间内以较快速度平稳增长，随着知识创造的不断增加，创新知识增量也不断增加。

第三，主导企业A和合作企业B知识存量均在不断增长。在仿真初期，主导企业A主要向合作企业B转移知识，协调创新网络。由于知识共享、知识域耦合以及知识创造需要时间调整，因而初期主导企业A知识存量变化不大。当协同网络日益完善时，由于A知识创新率高于B知识创新率，中后期主导企业A知识存量开始迅速增长，其增长速度远高于合作企业B的增长速度。

第四，A知识共享量大于B知识共享量。知识共享量取决于知识存量、创新动机以及合作意愿。随着合作不断深化，双方知识共享量均稳步提高。

仿真结果符合协同网络中企业的实际运行情况，表明我们所构建的模型具有较大程度的一致性。因此，可以利用该系统动力学模型进一步研究知识域耦合对知识创新能力的影响。

5.2.5 模型灵敏度分析

灵敏度分析是系统动力学模型中一个极具应用价值的分析方法，它是指通过改变模型结构或参数来考察模型输出结果的变化，以确定其对整个系统的影响程度。我们主要分析网络惯例、互补性知识、替代性知识、知识吸收水平、合作意愿以及耦合率等因素对知识域耦合和创新知识增量的影响。

（1）网络惯例的敏感性仿真及分析。在原模型中，网络惯例的值为 0.5，参考既有仿真研究分析成果，我们每隔 5 个百分位对网络惯例进行取值（Rycroft 和 Kash，2004）。剔除影响变化幅度较小的取值后，得到 3 个不同网络惯例程度的灵敏度分析图，见图 5.6 Current-2，Current2，Current7 依次代表网络惯例取值为 0.2，0.6，1.0 的变量变化曲线。从图 5.6 可以判断，当网络惯例程度较低时，协同网络处于萌芽期，主导企业 A 和合作企业 B 之间信任度尚低，知识转移和共享活动较少，因而知识域耦合和创新知识增量相对较少；随着网络惯例程度的提高，协同网络日趋成熟，促进了组织学习，降低了知识耦合成本，并且强化了合作持久度，知识域耦合和创新知识增量也随之相应提升；当网络惯例程度达到 0.6 左右时，知识域耦合和创新知识增量的增长达到最大值；之后再提高网络惯例程度，知识域耦合和创新知识增量开始呈现大幅下降趋势，这是由于网络惯例程度过高导致协同网络较高的进入壁垒，造成知识活动路径依赖性和创新惰性，从而不利于知识域耦合和知识创新。总体而言，网络惯例与知识域耦合以及创新知识增量之间具有阈值效应，存在倒 U 形关系。

（2）互补性和替代性知识的敏感性仿真及分析。保持网络惯例及其他因素不变，在互补性知识原有初值的基础上依次将其调整为 100，300，1200 和 2400，以此考察互补性知识的变动对知识域耦合和创新知识增量的影响，见图

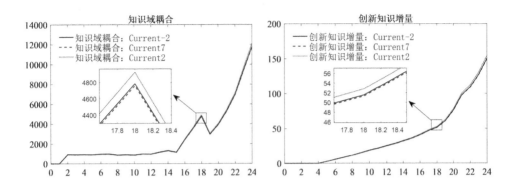

图5.6　网络惯例调整对比分析

5.7，Current2，Current1，Current-1 和 Current-2 表示调整后变量变化曲线，Current 表示调整前变量变化曲线（下同）。从图 5.7 可见，知识域耦合在仿真初期并没有随着互补性知识的逐步增加而发生大的变动，在第 18 个月后，知识域耦合才开始随互补性知识的增加而不断提升，对于创新知识增量的显著增长趋势则主要集中于第 20 个月之后。

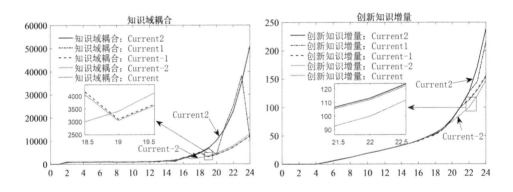

图5.7　互补性知识调整对比分析

　　与调整互补性知识类似，保持其他因素不变，在替代性知识原有初值的基础上依次将其调整为 100，300，1200 和 2400，以此考察替代性知识的变动对知识域耦合和创新知识增量的影响，见图 5.8。由图 5.8 可知，知识域耦合在仿真初期也无明显变动，第 18 个月后，知识域耦合开始随替代性知识的增加而不断下降，对创新知识增量的显著下降趋势则主要集中于第 21 个月之后，即知识域耦合和创新知识增量的整体变化趋势与图 5.7 基本相反。

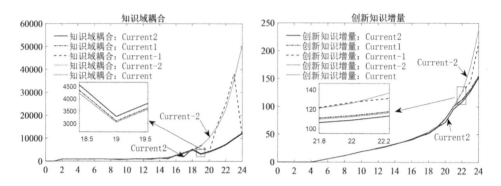

图 5.8　替代性知识调整对比分析

在企业 A 和 B 合作初期，双方彼此在技术、文化等方面存在差异，互补性知识的大量输入无益于促进双方协同发展的共同基础。若大量搜寻替代性知识，企业高管团队战略构想聚焦度较高，由于缺少异质互补性知识的碰撞，也就无法有效进行知识耦合。当协同网络越来越成熟，双方知识共享和内外部知识创造活动越来越活跃时，企业亟需较高的互补性知识，以实现双方知识要素相互嵌入，从而呈现高效耦合状态。此时企业才能不断快速提升知识创新能力，从而保持可持续竞争优势。

（3）知识吸收水平的敏感性仿真及分析。在保持系统其他变量不变的情况下，考虑知识创新主体自身因素，将知识吸收水平由线性提高 20% 调整为提高 60%，调整前后主导企业 A 知识存量、知识域耦合以及创新知识增量的变化情况见图 5.9。在知识吸收水平提高之后，主导企业 A 知识存量、知识域耦合以及创新知识增量都有所增加。创新主体的知识吸收水平越高，其知识存量越多，共享量越多，知识域耦合也随之增加，基于协同网络的知识创新量就会不断增多。可见知识域耦合、创新知识增量与创新主体的知识吸收水平正相关。因此在协同网络中，创新主体除了要注意外部异质性知识的搜寻，也应重视提高自身对知识的吸收能力，不断积累知识存量，以提升知识创新能力。

（4）合作意愿的敏感性仿真及分析。在原模型中，A 合作意愿的值为 0.9，B 合作意愿的值为 0.8，现将两者的合作意愿分别降低 0.1，观察调整前

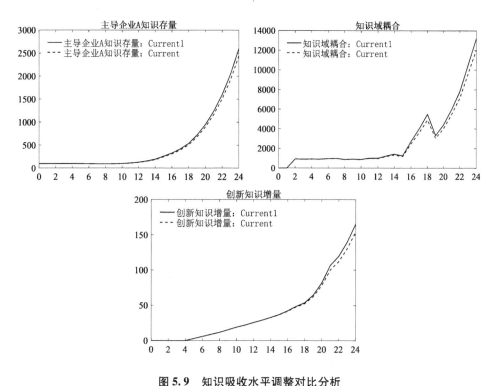

图 5.9 知识吸收水平调整对比分析

后知识域耦合与创新知识增量的变化，见图 5.10。由图 5.10 可知，知识域耦合与创新知识增量对合作意愿反应灵敏，在降低合作意愿程度后，知识域耦合表现下降趋势，尤其在仿真中后期最为突出。同时，创新知识增量也随着知识域耦合的降低而降低，说明创新知识增量与合作意愿正相关。在协同创新过程中，知识创新主体应建立完善的沟通协调机制，在合作中增进信任，尽量在事前合同中规避投机行为。

由图 5.5、图 5.6、图 5.9、图 5.10 可以看出，在仿真时间的前 14 个月（彼此认知期），知识域耦合虽然时而增加，时而减少，但是创新知识增量一直平稳增加；在第 15～18（规范发展期）和第 19～24 月（螺旋上升期），知识域耦合快速增长，创新知识增量也以前所未有的速度实现螺旋增长；因外界互补性和替代性知识引发的环境动荡，使得第 15 和 19 月成为阶段性衰减间断点。可以发现，从整体层次来说，创新知识增量随着知识域耦合的增长而增长。

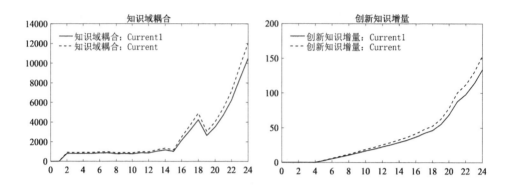

图 5.10　合作意愿调整对比分析

基于"知识域耦合动力→知识域耦合→知识基础形成→知识创新能力→创新产出"的知识创新脉络，并在分析知识域耦合影响因素及因果关系的基础上，采用系统动力学模型研究协同网络中知识域耦合的实现机理。通过建模和仿真分析，得出以下结论：

第一，在协同创新过程中，知识域耦合正向影响知识创新能力，同时伴随有阶段性结构突变的非均质性特征。在协同合作初期，双方需要磨合协调，因此知识域耦合尚在认知期。随着彼此信任度的提升，合作不断深入，知识域耦合不断进入规范发展期和螺旋上升期，知识域耦合开始对知识创新能力产生正向影响。此外，随着外部互补性知识的嵌入和替代性知识的吸收，企业的知识挖掘和融合能力通过影响知识域耦合度，使知识域耦合对知识创新能力的影响发生阶段性突变。该结果为进一步探索知识搜寻与知识创新关系提供了新的视角。

第二，网络惯例与知识域耦合以及创新知识增量之间存在阈值效应，呈现倒 U 形关系。具体表现为：网络惯例在一定程度上代表网络成熟度，形成稳定高效的网络惯例无疑可以促进组织学习，节约知识耦合成本，减少机会主义和投机行为，从而强化合作持久度。但是过于固化的网络惯例可能发展为创新惰性和过度的路径依赖，造成知识域耦合和创新知识增量的降低。该结论拓展了网络惯例在知识管理领域的研究成果。

第三，在协同合作后期，互补性知识分别与知识域耦合、创新知识增量正相关，而替代性知识分别与知识域耦合、创新知识增量负相关。该研究结果深化了资源基础理论在知识资源管理研究中的应用。近几年实证研究聚焦于知识域耦合对企业绩效产出的直接影响，但是互补性和替代性知识在知识域耦合中的作用尚未得到验证。我们的研究结论为企业在不同知识协同阶段调整外部互补性知识的搜寻和内部替代性知识的整合，增强知识域耦合效应提供了新的见解。

第四，创新主体的知识吸收水平、合作意愿与知识域耦合、创新知识增量分别呈正相关关系。我们从企业内部因素如知识吸收水平和企业间关系如合作意愿两个层面，研究知识创新的影响因素，深化了知识创新的情境研究。

5.3　协同创新网络中知识域耦合的效应分析

随着技术的进步和消费者需求的不断变化，企业需要增强应对商业环境动荡的能力。知识经济对企业的管理与研发活动提出新的挑战，知识成为推动企业创新并获得竞争优势的关键性资源（Shapira 等，2006），但随着知识更新速度加快和创新活动的日益复杂，单个企业掌握前沿知识开发新技术变得越来越困难，因此，与外部主体构建资源共享的协同网络，通过知识和技术资源的优势互补来增强自身的创新能力，已成为大多数企业的选择。

协同网络是由企业和客户、供应商、中介机构等通过形成垂直或水平的关联节点所构成的创新型网络。知识基础观指出，企业创造、积累并运用知识的能力成为其获取竞争优势的关键因素（Shapira 等，2006）。协同网络中各资源要素间的耦合互动，促进企业整合不同领域的知识元素，以更新或拓展其知识库，并创造新的知识和技术，来满足市场和客户的需求。如苹果公司构建了多方主体知识交互与协同耦合的移动创新网络，通过不断提升用户体验来赢取竞争优势；又如百度将自己的人工智能技术与威伯科的自动驾驶生态系统相连接，共同研发出自动驾驶解决方案，并打造一个为商用车提供差异化解决方案的平台。可见，企业如何搜寻并组合协同伙伴的不同知识，对其知识创造和创新活动至关重要。企业想要推动创新以获得持续竞争优势，需获取各方优势资源并加以优化配置（Patel 和 Fiet，2011）。因而耦合不同领域或相似领域的知识，对企业的知识创造和技术创新至关重要。

Danneels（2002）最早将"双元"的概念引入创新领域，并根据创新程度和知识基础差异将企业创新活动分为探索式创新和利用式创新两种类型。其中，探索式创新被定义为企业不断探索新知识、研发新技术、开拓新业务以满足新的顾客和市场需求。现有知识域耦合的文献较关注其形成机理、组织内部知识域耦合对创新的影响（Yayavaram 和 Chen，2015），或关注组织内部与外部知识间的耦合形式和关系（李永周等，2014），但较少研究组织内外部不同关系属性的知识域耦合对企业二元创新的影响。基于此，本节以知识基础观为理论基础，分析协同创新网络中不同类型知识域耦合的效应。

5.3.1 知识域耦合对企业二元创新的作用机理

（1）知识域耦合及其维度划分。根据知识型员工创办的新企业业务类型与原在位企业的业务关系，陈艳莹和杨文璐（2012）研究了知识型员工创业对原在位企业创新积极性的影响，将知识型员工创业划分为互补性创业进入和替代性创业进入两种类型。替代性创业进入意味着知识型员工所创办的新企业的技术、思想、组织结构等元素基本上来自于原在位企业，这也是现阶段我国知识型员工创业的主要类型，然而这样的创业进入本质上是对原有知识的复制与窃取，会降低原在位企业的研发积极性，不利于国家宏观层面的创新。与替代性创业进入相对的是互补性创业进入，这样的进入类型可以突破原在位企业政策、结构上的缺陷对技术人员创新的制约，与原在位企业的技术形成优势互补的作用，形成双赢的效果，应成为政府主要引导的创业方向。

与他人合作可获得知识，根据所获知识的结构类型与自身原有知识的重叠程度，Knudsen（2007）利用联合国在2000年对欧洲7个国家5个行业的632家企业所进行的调查数据，分析了在新产品研发过程中企业间关系和知识转移的相对重要性。Knudsen（2007）根据从最重要的合作伙伴处所获知识的结构类型与自身的重叠相似程度，区别并研究了互补性知识和补充性知识两类知识：补充性知识程度高的含义是新产品开发知识和技能的高度相似、冗余，在新产品研发过程中与外部合作伙伴共享补充性知识，会对创新绩效产生积极的影响；类似地，互补性知识被定义为与现有知识相比重叠度较低，互补性知识主要集中在那些缺乏专业且深入研究的领域。

企业的兼并往往会产生知识的融合，Makri和Lane（2010）认为科学知识与技术知识虽然都能对兼并企业的创新过程产生有利影响，但这两种因素却是有差异的。对两类知识加以区别的基础上进行维度划分，根据兼并企业与被兼并企业的知识结构差异，认为双方间的科学知识可以分为互补性知识和关联性知识两种，技术知识也可以分为互补性技术知识和关联性技术知识两类，关于企业吸收外部知识能力的研究，应对企业的这种知识结构的差异加以关注。运用三个行业的专利数据进行实证分析后发现，公司被兼并后，互补的科学知识和互补的技术知识能够激励企业研发出更高质量和更新颖的发明。兼并企业与被兼并企业之间的知识的相似性有利于兼并后渐进式地更新知识，而兼并企业与被兼并企业之间互补性知识则更有利于促进被兼并前后不连续的战略转型、升级。

Dibiaggio等（2014）以1968—2002年美国半导体行业的专利申请情况为样本，研究了企业内部知识库基础结构与创造力的关系，知识元素的互补性和替代性是两类相关而又不同的关系属性，这样分类可以清晰描述知识库基础的组成结构，该研究从新的视角，重新审视并拓展了对内部知识结构关系属性的认识。Dibiaggio等（2014）的研究结果认为，总体而言，知识元素的互补性组合对企业的创新能力有正向影响，而知识元素之间的替代性组合却不具备这样的效果，但高水平的替代性知识元素却能促进企业的探索式实验，企业创新能力在很大程度上取决于它是否能及时调整内部知识库基础结构与其创新战略相适应。然而Dibiaggio等（2014）的研究侧重于知识元素对于总体创新行为和探索式创新效用研究，且局限于单一行业，仅考虑了内部知识库元素的构成情况，未升华到协同创新网络。曾德明和周涛（2015）在 Dibiaggio 等的基础上，从企业内部知识元素关系的角度，以中国汽车制造业专利申请数据为样本，同样把知识基础结构分为两个维度——知识互补性和知识替代性，这印证 Dibiaggio 等（2014）所提出的互补性和替代性的分类法在中国情景下的合理性。

如前文所述，Yayavaram 和 Ahuja（2008）第一次提出了知识域耦合的理论，Yayavaram 和 Chen（2015）在其基础上进一步升华，从动态知识域耦合的视角，研究了知识域耦合状况的改变对于企业创新的影响。如知识域耦合的测量部分所述，知识域耦合测量模型还可以测量两类技术的关联程度，形成实证研究时的控制变量之一。在创新理论的研究中，知识类别与技术类别的分类一致，均采用国家专利分类号 IPC 代码加以区别，因此知识可等同于技术；知识关联性又可以叫作知识替代性，两种知识是关联或替代的则意味着它们是相匹配的同质性技术或知识（Dibiaggio 等，2014；Tanriverdi 和 Venkatraman，2005；Rindfleisch 和 Moorman，2001）。因此可认为从计算公式上看，知识域耦合与知识的关联性或替代性具有异曲同工之处，只是从不同角度切入，才有了不同的侧重点和理论定义。但遗憾的是，Yayavaram 和 Chen（2015）提出的不同技术之间关联性的测量公式尚未在中国情境下得到过实证数据的验证，在不同文化情境中的效度尚未有专门的研究，因此从科学角度出发，本研究借鉴了 Yaya-varam 和 Chen（2015）的理论，但后文测量替代性知识域耦合时的公式拟借鉴使用更普遍且已在中国情境下得到验证过的公式开展研究（曾德明，孙佳和戴海闻，2015）。

另一方面，从公式定义上看，Yayavaram 和 Chen（2015）关于知识域耦合的测量公式与 Jaccard 指数的定义一致，等于两个知识元素共同分配到的专利数量，即交集，除以两种知识元素所被分配到专利数量的总数，即并集。从理论上看，由 Yayavaram 和 Ahuja（2008）提出的知识域形成耦合的机理可知，知识元素 X 可能与元素 Y 密切相关，元素 X 上的一些变化能够影响 Y 的状态或性能，知识搜寻的主体，将两个要素的搜索结合在一起的程度大小就是知识域耦合。合理的知识域耦合可以形成一种协同效应，形成单独知识元素无法产生的效用，有利于提高知识对创新成果的贡献度，增强企业应对复杂多变的外部环境的能力。而 Makri 和 Lane（2010）认为技术知识互补性是企业技术问题的解决在多大程度上得益于他们将合作伙伴与自身知识结合，是创新主体合理吸收借鉴那些合作伙伴拥有的而自身欠缺的知识，并不断相互反馈、互动，形成优势互补的程度，是一种差异基础之上的互通。从这两方面看，Yayavaram 和 Chen（2015）提出的知识域耦合又可以成为知识互补性的另一种映射。

因此，本研究借鉴了上文所述的陈艳莹和杨文璐（2012）根据知识型员工创业时创办的新企业的业务类型与原在位企业的业务关系，将知识型员工创业进入分为互补性创业进入和替代性创业进入两种类型的思想；Knudsen（2007）根据焦点企业在新产品研发过程中从最重要的合作伙伴处所获知识的结构类型与自身的重叠相似程度，分为互补性知识和补充性知识的思想；Makri 和 Lane（2010）根据兼并企业与被兼并企业的知识结构差异，在区分科学知识与技术知识差异的基础上，进一步地把两类知识细分为互补性科学知识和关联性科学知识，互补性技术知识和关联性技术知识的思想；以及 Dibiaggio等（2014）、曾德明和周涛（2015）根据企业内部知识元素之间的关系，将知识元素分为互补性元素和替代性元素的思想。同时，在 Yayavaram 和 Ahuja（2008）、Yayavaram 和 Chen（2015）所提出的知识域耦合的理论基础上进一步丰富和完善，根据知识域间元素的构成关系及其与原有知识的关系，将企业外部搜寻中知识元素的耦合决策类型分为互补性知识域耦合和替代性知识域耦合两类。

（2）知识域耦合对企业二元创新的直接影响分析。

①互补性知识域耦合与二元创新。互补性概念最早出现在经济学领域，之后逐步拓展到其他领域。Park 和 Ungson（1997）在研究合资企业解散问题时，将两个伙伴之间的互补性定义为组织间某些重要变量之间的相似程度及两者间经济动机的趋同性，这种趋同性也可叫作合作伙伴之间的兼容性。商业互补性是指两家公司某些异质性资源相互依存、相互支持的程度，技术互补性等同于两家公司的技能差异。Dyer 和 Singh（1998）首次将互补性的定义应用于知识

管理领域，阐明了知识互补性的属性特征：通过共同协作，产生比单独每个企业所拥有的知识总和还要多的知识资源。互补性知识的本质是对企业内部知识库元素的补充，有利于优化企业知识结构，实现知识价值的增值。Knudsen（2007）、Dibiaggio 等（2014）等借鉴该思路，将互补性知识定义为产品开发时所需知识和技能的低度冗余。徐小三和赵顺龙（2010）研究技术联盟的形成与选择时认为，技术联盟中各成员间知识基础的互补性是一种建立在各方知识具有关联基础之上的差异，基本业务领域只有存在相似性，才有必要相互借鉴对方具体化、个性化的业务技能，也才会有利用对方新技术、新想法的能力。因此，本研究认为互补性知识是指那些合作伙伴拥有而自身缺乏，却又能被自身利用以实现组织目标的知识，在知识搜寻过程中对这类知识的耦合称为互补性知识域耦合（Ryoo 和 Kim，2015）。

有研究表明互补性知识元素的获取有助于促进不同领域知识元素的融合，创造出更多的新知识和技术，从而提升创新水平（Yayavaram 和 Ahuja，2008）。结合已有研究和本研究对互补性知识域耦合的定义，我们认为互补性知识域的耦合过程就是两个不同领域知识元素间有效组合的过程，其对企业探索式创新有正向影响，具体表现为以下几方面。

首先，协同创新理论认为，如果合作伙伴能够吸取对方长处、相互补充对方的弱点，合作的各方就能够取得双赢的效果。有实证数据表明，合并伙伴资源可以促进成本的降低，实现产品开发过程风险的平摊，共同攻克未知领域的难题，加快新领域新产品的上市速度（Shin 等，2017）。世界上没有完美无缺的项目，也没有十全十美的企业，在创新过程中每个企业都会遇到新困难，自身的弱点和缺点也会在创新难题的攻关中不断凸显出来。小型企业由于规模局限，研发力度一般仅能满足有限的领域、发展特定的技术，这样专注而集中的研发往往能深入而顺利地解决特定领域的研发难题；大型企业一般都具有丰富的开发经验，视野也更为宽阔，往往投入大量研发费用惠及各类技术领域，但时常存在着广而不精的弱点。通过汇集不同规模企业的互补技能，并与内部知识元素进行组合，实现互补性的知识域耦合，合作伙伴能够相互借鉴对方优点、相互补充各方的弱点，具有特定技能的小型公司得以捕获异质性技术弥补知识短板；具有开发经验的大公司也可以利用小企业在利基市场上的优势，拓展自身视野，不断鞭策自己，进入曾被自身所忽视的新领域。经过各方的学习、消化和吸收，能创造出更多的新知识和技术，实现协同创新，让各类企业以更快的速度、更低的成本攻克难关，在自身技术薄弱的领域，依旧能生产出与竞争对手相匹敌的新产品。

其次，资源基础观认为，有效获取并利用不同的外部知识来源是企业维持竞争优势的重要保障，异质性是企业形成竞争优势的源泉，现有知识与外来知识应至少存在一部分是互补的，这样的知识组合才是有效的（Kim 等，2012）。长期采用同质的知识资源，保持固定知识组合类型，会妨碍组织创新的活跃度和组织绩效的提升。企业在耦合决策中选择组合外部伙伴的异质性知识，为打破现有制度和程序、相互弥补知识缺口提供了潜在机会，协同创造出任何企业无法单独实现的价值（Yao 等，2013）。也就是说，两个互补性的知识元素组合能创造出比单个企业知识总和更丰硕的知识资源，形成资源协同效应，即 1+1>2 的效果。互补性知识域耦合是一个搜寻并组合两个不同领域的知识元素，并在其交互作用后产生新的知识资源的过程，不同技能和资源的组合，为大规模深入的学习创造了条件，有利于优化知识的存量和质量，突破思维惯例，提升技术先进性；应用多元化的知识形成多样化的方案，降低产品创新风险，共同突破未知领域创新的重重困难，开发出有创意的新产品，增强企业探索式创新实力。

另外，从意愿上来说，知识搜寻的主体公司在其知识缺口较大的地方，更有可能与目标公司进行补充专业知识的合作，而互补性知识搜寻的方案满足了创新主体这方面的需求。单个企业内部的知识基础并不能满足其产品或创新需要，因而企业必须利用其关系网络从组织外界捕获、吸收异质性知识。互补性知识作为本公司的专业知识库中的一种补充性知识，它没有过分的与原有知识库相重叠，从提升空间来说，在原先没有进入的业务单元深入发展，留给企业创新的余地会更大，更容易形成新产品；互补能力有助于拓宽组织的知识基础并为新颖的创意组合提供机会，通过开放式的创新模式，实现对新兴核心领域中的重要知识、技术资源进行重新组合，提升企业创造性解决问题的能力，为进驻、开发新技术领域，奠定扎实的知识基础，让创新的目标变得可行、可分解。总之，对不同领域的知识元素进行组合或重组，能帮助企业找到新的技术和市场机会，有助于企业参与跨界的探索式活动，对企业的探索式创新活动产生持久的积极影响。综上所述，提出以下假设：

H1a：互补性知识域耦合对探索式创新有正向影响。

利用式创新被定义为企业对现有产品进行渐进式改变，拓展现有产品市场，稳步改善企业运营以满足现有顾客和市场需求的创新（Danneels，2002）。本研究认为互补性知识域耦合对利用式创新有正向影响，主要从以下几方面考虑。

首先，资源依赖理论认为，互补性知识资源的交流为创新网络中的各主体提供了各种创意交叉并滋养壮大的机会，协同创新网络中的所有创新主体创意的形成都离不开合作伙伴所提供的资源及其给予的帮助。基于这种帮助，原创企业得以实现现有领域的攻坚克难，依靠新技术实现原有知识的创新和专业知识的深入发展（Makri 和 Lane，2010）。互补性知识耦合是两个知识元素通过组合搜寻过程而产生有价值的创新或发明的结果，这说明互补性知识耦合揭示了知识元素的非随机获取过程，获取的知识自然包括自身领域的专业知识。互补性知识元素的组合能为企业现有的技术研发活动提供新的问题解决方案（Dibiaggio 等，2014），企业将搜寻到的新知识与旧知识重组，有助于淘汰旧的或落后的知识元素，不断对其产品或服务进行改进，提炼出有效的新知识，拓展现有的产品或服务市场。此外，在开放式创新的时代，技术创新速度持续加快，每个企业在其核心技术领域都存在着技术轨迹发展瓶颈或程序不足的弱点，有针对性地从外部企业获取知识、解决方案等，可以弥补现有技术轨迹或程序的不足，有利于避免合作企业在知识整合过程中由于盲目学习而导致的"学习近视"，让知识的流动更有针对性，将有限而稀缺的知识用于对企业创新发展更有意义的方面。

其次，企业动态能力理论认为，互补性的知识是一种有别于替代性知识的知识类型，但两种知识是互补的并不意味着其毫无关联，而是一种事前的或者说是一种暂时无关联的假象，其对同领域创新成果效用的形成是一种滞后的或者说是一种潜在的效用（Orsi 等，2015）。互补性知识域与自身现有知识库相结合后能产生高潜力的知识，这类知识同新业务领域相辅相成增进探索式创新的现实比较容易被感知；但与此同时，它还可以辅助提升原先核心领域的新技术实力，依赖新技能、新方法，增加原有领域创新产品产出，实现更高的生产力。与目标公司进行互补性的交流，拓宽了知识视野、深化了专业技术领域，扩大后的知识库成为企业知识搜索活动的结晶，形成各类技术问题解决方案的知识基础（Makri 和 Lane，2010），只不过相对于探索式创新而言这样的效用是随着时间的推移逐步显示出来的，起初的效果不易被感知到，所以说互补性知识域耦合对利用式创新的功效，是一种潜在的滞后效应。互补而异质性的知识交互为企业内部的知识整合及利用提供了新理念，以推动企业优化资源分配和产品设计等活动，改善内部运营流程，更好地满足现有市场和顾客需求。

再次，由互补性知识域耦合的定义可知，两种元素的互补应是建立在两种元素相关联上的互补。也就是说，互补性知识域耦合实现的前提是，根据内外部知识结构和战略目的有针对性地开展合作，两种相割裂的毫无关系的知识元素是不可能形成互补性知识域耦合的，形成了互补性知识域耦合的知识元素一定存在着某种隐性关联或潜在关联。不满足这样的前提的知识是无法实现互补性知识域的耦合，也更无从谈及其产生的效用。效仿、学习行业内的顶尖企业的创新模式、知识系统无可厚非，倘若过分片面地强调与外部合作伙伴进行深入的互补性交流，而不考虑自身内部知识结构的具体情况，会盲目搜寻到与内部知识无关的信息，无法共同发挥协同效用，产生不经济性和过犹不及的效果。这种知识的搜寻行为不具备互补性知识域耦合的属性特征，即不是关联基础上的差异、无法产生协同效应等，所以无法被定义为真正意义上的互补性知识域耦合。虽然互补产生的前提是创新元素之间的联系非显而易见，但也应抽象、隐性地存在着某些藕断丝连的关系。满足了互补性知识域耦合的实现的前提标准，两类貌似不相关的隐性知识会实现显性关联，企业吸收和利用外部知识的经验得到了锻炼，吸收消化异质性知识的能力也得到了进一步的提升，通过互补性的知识域耦合，深入挖掘现有技能的潜在作用形式，最终促进了利用式创新绩效的提升（Orsi 等，2015）。综上所述，提出以下假设：

H1b：互补性知识域耦合对利用式创新有正向影响。

②替代性知识域耦合与二元创新。关联性又可以叫作替代性，替代性物质是指为了改善、提升某种事物而往里添加的某种东西。Shin 等（2017）认为两家公司之间的技术关联性越强意味着其在整个技术网络之间的结点距离越近。Tanriverdi 和 Venkatraman（2005）认为知识资源的关联性是指公司应用来自不同企业知识资源的程度，是衡量企业间所存在的类似于知识资源协同管理或知识资源共享行为程度的一项指标。Rindfleisch 和 Moorman（2001）将替代性知识定义为相似产品开发所需知识和技能的高度冗余，即替代性知识是与企业专业领域或经验优势方面相匹配的同质性技术或知识。Dibiaggio 等（2014）认为在创新搜寻过程中，两个可替代的知识元素意味着它们之间具有相同的属性，且通常存在竞争关系。综合前人的研究，本研究认为，替代性知识是指企业在创新搜寻过程中所识别出的合作伙伴所拥有的那部分与自身储备相似的知识；企业在知识搜寻过程中吸收来自不同企业的知识资源，并将两个具有相似性质的技术或知识元素组合在一起、促进知识库更新的行为即为替代性知识域耦合。

替代性知识耦合对企业探索式创新的正向影响主要体现在以下几个方面：

第一，资源依赖理论认为，企业的发展离不开知识的积累和技术的创新，新知识的产生通常依赖于现有知识元素的组合或重组过程，两个相似领域知识元素的重组是实现创造性发明的重要来源。例如，爱迪生在电报机领域的大部分发明都来自电子和机械技术这两个相似的领域，由于在电子和机械领域积累的大量经验促进了其在电报领域创新成果的落地。进入新技术领域会有多方面的不确定性，若单纯地引进新技术，会增加企业错误决策的可能性，企业可能会因缺乏在新技术领域进行搜索的能力或必要经验，导致与其他企业相比不具备竞争优势（Yayavaram 和 Chen，2015）；即使企业在自身领域的专业知识较强又十分熟悉已掌握的知识，但不与其他企业对现存知识进行关联耦合，仍然可能会因缺乏吸收能力而阻碍创新。因此，在引入新技术的同时，在现存知识域与新知识域间进行替代性的知识耦合，可以使新技术与现有知识更好地结合；同时还可以在引入新思想的同时，激发企业现有知识的活力，使企业得以更进一步地利用其现有优势来探索新的技术和市场机会，提升企业新领域的创新能力。

第二，知识基础观认为，相似知识的交融对于降低新知识产生的难度、成本，提升研发效益具有显著优势。行业内的每个企业都只拥有有限的技术专长和能力，在自己欠缺的领域，每个企业都不会拒绝来自拥有类似专业知识的目标公司所抛出的橄榄枝，类似技能的交流弱化了抵触合作的心理屏障。同时，相关性知识的融合有利于企业知识的消化和吸收，通过知识重组产生协同效应，提升企业新技术或产品研发的效率。同质性技能的交流，能够保留合作各方的技术程序，知识型员工的创新生产力、经验优势被保留，在原始业务领域不过多受多元化业务干扰的前提下，灌输了同行业的优势技能，可依赖这种新技能，进驻先前所没有涉足的业务领域，通过规模经济和范围经济，实现更高的协同效应，促进新业务核心领域的创新成果产生。

第三，企业动态能力理论强调，企业应该不断开发、整合和再配置合作网络中的种种资源，以应付持续变化的竞争环境，与外部变化保持一致步伐，挖掘竞争优势的新来源。不增加新知识以替代陈旧的知识，即使自身的专业知识较强，也会因缺乏对新事物的了解而阻碍知识效用的实现。柯达不愿意学习合作伙伴的数码技术，固执地坚守原始业务导致最终的破产就是例证。因此，假如一个企业深入探寻自身业务领域的最新技术优势，这样的远见卓识能为创新项目和战略变革的开展奠定知识基础，能够在实现已有领域经验物尽其用的前提下，依赖外部先进的知识，更新和拓展现有知识基础，完成新旧知识的更迭与整合，及时获知、理解与把握外部市场的需求及其动态，应用最新技术手段完成产品更新换代，以更好地满足市场和顾客的需求实现突破性的创新，使企业始终立于创新发展的前沿。

探索式创新的前提是行业在该领域具有局限性和发展的空间，尚未有相关主体开展过相关研究或申请过相应专利。依据现有经验和知识基础选择相近的知识元素进行组合，可加快知识融合速度，降低创新成本，通过知识重组的协同效应，提升企业新技术或产品研发的效率，快速进驻新业务领域，形成新产品或服务。因而提出以下假设：

H2a：替代性知识域耦合对探索式创新有正向影响。

替代性知识耦合对企业利用式创新的正向影响主要体现在以下几个方面：

第一，从替代性知识的特征来看，由于替代性知识域耦合是一种相似性的搜寻，其本质上是知识的重叠、冗余，任何一个企业都不会愿意轻易放弃苦心经营已久的现有业务领域，理念认知上对这类知识的重视程度、积极性和价值感知必然很高，更愿意制定创新导向的知识域耦合战略，探索外部本领域的最先进知识（Orsi 等，2015）。当新获得的知识与现有知识相关时，由于了解自身知识结构，悉知自身业务领域中当前运用最广泛、对创新促进作用最显著的知识类型，在具备先验知识的前提下，替代性知识更易于在企业间转移。对同质性知识的组合能提升企业所在领域知识的专业化程度，共同的技能，共享的语言和类似的认知结构的耦合，有利于增强捕捉新信息的能力和深入学习的能力（Miozzo 等，2016）。当两家企业知识库实现彼此交融时，能够有目的地完成知识探索，能容易地理解、同化相似领域的先进技术、新鲜知识，不仅知道知识"是什么"，而且能知道"怎么用"（Orsi 等，2015），通过交流—组合—运用的路径，实现专利申请与授权数量的逐步递增。

第二，从吸收能力的角度来看，由于对自身领域已经有足够深入的了解，对相似性知识的搜寻能精确识别外部知识的潜在价值，有效地积淀、萃取有用的信息和资源，加深本领域学习的深度，降低将外部知识转化为内部可利用知识的成本。Puranam 等（2006）在研究公司兼并问题时指出，并购公司和被收购公司之间技术知识"共同点"的存在有利于收购整合过程和兼并后的知识再利用。协同创新网络中的合作也是一样的原理，如果公司创新时所运用的知识惯例、范式不同，那么知识的整合是一种破坏性的颠覆，可能会导致组织研究方式发生根本性的变化，双方都需要付出更大的努力、耗费更多的精力去适应和调整，以实现新知识的运用。而替代性知识可在短期内帮助企业改进现有产品或技术，满足现有顾客的需求（Orsi 等，2015）。大量专业化知识元素的相互作用，为企业快速解决产品开发或生产中的问题提供了新的想法和思路，有助于改进产品或服务的性能。

第三，技术创新理论认为，利用式创新能力的典型表现之一是，企业可以持续动态地结合能够使其在现有业务领域中继续深入挖掘的外部知识，依靠其丰富的经验来开发、拓展其现有知识库，不断产生新发明、新应用和新产出。知识搜索具有本地化和集中化的特征，虽然同行业中各企业的知识类型基本上属于同种类型，但知识往往具有黏性的特质，例如一些高精尖的知识通常只存在于特定企业之中，被特定的企业所占有，不同企业往往有其最擅长的业务，但他们市场化的路径、产生联系的对象往往是默认和固定的。由知识库变化所产生的新知识基础，颠覆了公司既定的惯例、规则（Puranam 等，2006），有利于识别尚未充分发展的技术，促进创新战略定位的重点性、目标性，打破这种本地化和集中化的限制，通过参与本领域的知识创造或搜索活动，借助知识域耦合实现新旧知识的更替和知识的动态积累，强化企业的核心能力，提炼出有效的知识，缩短产品生产周期，改善企业的运营效率。

总之，顺利吸收相关知识和创造性的重组增强了识别新信息的价值并在商业上开发它的能力。企业对同类型知识的选择与重视程度较高，且这类知识的碰撞更易形成火花，替代性知识域耦合对利用式创新的影响是通过融合相同知识领域的同质性知识，更新企业的知识基础，不断改进企业的产品或技术而实现的。因此提出以下假设：

H2b：替代性知识域耦合对利用式创新有正向影响。

③政府创新支持的调节作用分析。政府对企业的创新支持是指企业在多大程度上获得诸如政府及其行政机构的有利政策、激励措施和方案等援助企业提升创新活动积极性和有效性的措施。在中国特色社会主义市场经济体制的背景下，我国政府可以对市场经济的发展进行强有力的宏观调控，政府可以采取包括减税、补贴和旨在促进企业创新行为及活动的具体方案政策，为企业提供珍贵的资源和优惠的待遇，基于此本研究把政府创新支持划分为政府税收支持和政府补贴支持两个维度。政府税收支持是政府调控税收优惠力度的强弱以支持企业创新的程度，而政府补贴支持则是从给予企业直接补贴方面所提供的支持。

从资源基础观的角度具体来看，政府对企业研发活动的直接补贴支持，缓解了企业资金紧张状况，为企业研发活动提供了充足的资金支持（江静，

2011），通过影响对企业的资源获取能力和资源利用情况，培养企业创新的良好习惯，帮助企业强化自身不断创新的动态能力。熊彼特是技术创新与知识管理理论奠基人之一，他的理论指出创新是一种高风险高投入活动的产出，若企业缺乏资金和资源，则会因担心商业化效果而瞻前顾后，这抑制了成果转化的积极性，对中小企业而言则更为严峻。有效的补贴支持可以解决企业后顾之忧，缓解高科技创新产品市场导入期的窘境，加快新生产品推入市场的速率，夯实原创企业的经济基础（曾萍等，2016）。政府对企业创新的直接补贴，最直接地降低了企业的融资成本，通过对企业创新活动的外部性进行有效地补偿，对企业融资过程中的各类风险起到了缓冲作用，有利于消除企业部门间为争夺有限资金而导致的不必要内耗，正向激励企业创新绩效的提升。另外，政府补贴支持还加深了企业间的资源共享程度，通过调节补贴的范围和条件，合理引导企业的创新方向，从宏观层面着眼更多地将内部知识合理配置到对国家具有重要战略性意义的领域内进行探索、实验和新产品开发，促进企业间创新资源的整合互动和各类创新活动的落地；通过提升企业创新活跃度和积极性，帮助企业识别并充分发挥自身比较优势，有利于将理论层面的知识转化为可被企业商业化应用的新产品，实现有限而稀缺的知识资源向创新成果转化（Tellis 等，2009；Shu 等，2016），让企业的创新活动如虎添翼。

此外，在知识搜寻的过程中，由于知识溢出效应的存在，创新积极性较低的企业可以通过窃取原创企业知识资源，搭便车式地模仿原创企业的技术，以低成本的投入促进创新绩效提升（曾萍和邬绮虹，2014；曾萍等，2014）。然而溢出效应降低了原创企业的创新绩效，以及创新活动的投资回报率，挫伤了企业创新的积极性，可能会使企业不愿意进一步加大投入，最终又会损害社会的创新利益。防范知识溢出效应，企业自身重视并防范是一方面，同时还要发挥政府在此过程中的重要作用。政府需要通过财政补贴支持补偿企业创新活动的外部性，弥补溢出效应所带来的原创企业收益损失，保证企业创新投入不降低，抑制创新收益的损失程度，防止企业创新积极性降低（曾萍等，2016）。据此提出以下假设：

H3a：政府补贴支持正向调节知识域耦合与企业创新间的关系。

如果说政府的直接补贴对企业创新的支持是一种开源，政府的税收优惠则是从节流的角度，对企业创新进行的支持。由于获得减税的支持，企业的收益得以增加，企业得以积累更多的剩余价值为创新的投资奠定基础。更重要的是，政府税收支持还起到了一种指示信号的作用，即政府在哪些方面给予的支持越大，则意味着该业务领域是现阶段被经济社会发展所认可的，是最迫切需要的。凯恩斯主义认为，市场不是万能的，更不是完美无缺的，单纯依赖市场这只"看不见的手"进行资源配置会产生信息不对称性、外部不经济性，导致创新激励机制失灵，无法有效地激发网络中企业进行知识域耦合以促进创新活动的积极性。企业内部沉淀下来的新知识，若缺乏市场化动力，那么这些宝贵的知识只是一堆物料而已，这会导致原本就已稀缺的知识资源的浪费，只有应用到了产品开发、生产、营销或服务等渠道，为企业创造了经济价值，才能视为创新绩效，必须要借助政府政策这只"看得见的手"来实现资源分配与创新绩效间的最佳组合或平衡，实现知识资源的优化配置。供应链领域的研究也从实证的角度验证了政府创新支持引导会加速供应链上下游企业的一体化进程并促进客户关系的整合（曾敏刚和朱佳，2014）。总之，政府税收支持的引导不仅可以打破企业面临的资金束缚，更主要的是能够合理引导企业创新朝着最有利于市场化的方向发展，提升企业创新的效率与效益，让企业有更多的机会选择与优化创新模式，并进行相应的调整，平衡各类创新活动的实施频率。因此提出以下假设：

H3b：政府税收支持正向调节知识域耦合与企业创新间的关系。

5.3.2 知识域耦合对企业二元创新影响的实证研究

（1）数据与样本来源。本书从国家重点产业专利信息服务平台选取了来自电气机械和器材制造业，计算机、通信和其他电子设备制造业，信息传输、软件和信息技术服务业，医药制造业以及仪器仪表制造业等 5 个行业 2000—2016 年专利申请与合作专利申请信息。选取上述 5 个行业作为研究对象主要是基于以下考虑：首先，各行业特征不同，选取多行业可避免单一行业样本的数据局限性。其次，上述行业属于知识密集型企业，更注重新技术的开拓与新产品的研发。第三，上述行业竞争激烈，企业重视自身知识产权保护，专利申请积极性较高，能够获取更多的专利数据。第四，这些行业属技术性高的行业，合作已成为企业日常运作的惯用模式。专利数据外的其他数据，采集自Wind 数据库、CCER 经济金融数据库、中国工业数据库以及同花顺数据库等数据，搜集并计算处理后，筛选出信息完备、合作申请专利较频繁的企业和年份，最终获得 5 个行业 171 家企业 2000—2016 年间共 729 条非平衡面板数据作为本研究的样本。

（2）变量测量。对自变量、因变量、调节变量和控制变量的测量分别如下所述。

①因变量：探索式、利用式创新和企业创新。目前学者关于探索式创新与利用式创新的测量主要有两种：其一是通过专利引用数据测量，其二是通过IPC 国际专利分类号测量。由于我国专利局尚未公布专利引用数据，因此本研究采用第二种方法测量。参考已有的研究，为避免企业技术组合大幅变动带来的影响，建立 5 年时间窗口来衡量企业创新成果，以减少由于各年度专利申请数量波动而导致的判断误差。参考 Gilsing 等（2008）的研究，IPC 前 4 位代表知识类别，若 i 企业在 t 年申请的某专利的 IPC 前 4 位在 $t-4$ 到 $t-1$ 年未曾出现过，则该专利定义为探索式创新，计数 $T_i=1$；若 i 企业在 t 年申请的某专利的 IPC 前 4 位在 $t-4$ 到 $t-1$ 年曾出现过，则该专利定义为利用式创新，计数 $M_i=1$。由于利用式创新数较大，为更好地使数据可视化，遂对其取对数值作为测量值。企业创新采用探索式创新与利用式创新之和测量。即：

$$探索式创新 = T_i \text{ 计数和} = \sum T_i \tag{5.1}$$

$$利用式创新 = M_i \text{ 计数和} = \sum M_i \tag{5.2}$$

$$企业创新 = 探索式创新 + 利用式创新 \tag{5.3}$$

②自变量：互补性知识域耦合。Yayavaram 和 Ahuja（2008）认为专利可以用来度量知识基础，本研究的互补性知识耦合借鉴了 Lin 等（2009）计算企业资源互补性的方法，采用企业具有的知识类别来测度企业间互补性知识域耦

合，与因变量一致，IPC 前 4 位代表知识类别，建立 5 年时间窗口，比较焦点企业独立申请专利的前 4 位 IPC 代码及其与合作伙伴共同申请专利的前 4 位 IPC 代码的关系。计算某项合作专利的互补性知识域耦合度方法为，首先统计时间窗口内焦点企业以及所有合作伙伴不重复知识类别的数量，以此减去各方共同拥有的知识类别数量，最后除以各方不重复知识类别的数量。例如，焦点企业甲与合作伙伴乙在 t 年合作申请了一项专利，在 $t-4$ 到 t 年间，甲有 9 个知识类别，在与甲有合作的专利中乙有 7 个知识类别，其中 3 个与甲相同，4 个与甲不同，那么该专利的互补性知识域耦合度为（9+4-3）／（9+4）=10/13。

若有多家企业共同申请某些专利，两两计算互补性知识域耦合度后取均值，则为该专利的互补性知识域耦合度。某年度所有合作专利互补性知识域耦合度的均值即为该年度该企业的互补性知识域耦合度。

替代性知识域耦合。Jaffe 于 1986 年提出了技术距离的概念，表示两者技术相似程度。之后学者在 Jaffe 的基础上，构造企业 i 的多维向量来衡量企业间的技术关联度（Frankort，2016）。该方法的有效性在中国情景下得到了较好的验证（曾德明等，2015）。基于此，本研究借鉴相关学者测量技术关联性的方法，计算替代性知识域耦合度。与因变量一致，IPC 前 4 位代表知识类别，建立 5 年时间窗口，令 $F_i = (F_{i1}, F_{i2}, F_{i3}, \cdots, F_{ik})$，$F_{ik}$ 表示 5 年时间窗口内 i 企业所申请的发明专利属于第 k 类知识的总数；$F_j = (F_{j1}, F_{j2}, F_{j3} \cdots, F_{jk})$，$j$ 代表与其合作申请专利的合作伙伴企业 j（$i \neq j$），F_{jk} 表示 5 年时间窗口内 j 企业所申请的发明专利属于第 k 类知识的总数。公式如下：

$$替代性知识域耦合 = \frac{F_i \cdot F_j^{\mathrm{T}}}{\sqrt{F_i \cdot F_i^{\mathrm{T}}} \cdot \sqrt{F_j \cdot F_j^{\mathrm{T}}}} \tag{5.4}$$

由于本研究涉及大样本计算，逐一计算各样本公司与其合作伙伴的替代性知识域耦合值工作量大。借鉴夏丽娟等（2017）等做法简化测量：统计各专利 IPC 前 4 位所代表的知识类别在所采集到的专利原始数据中的个数，然后分别除以该企业的专利总数，得到某项专利的替代性知识域耦合值。例如，焦点 A 企业和合作伙伴 B 企业合作申请了一项专利，该专利 IPC 前 4 位为 H01L，在所采集到的专利原始数据中搜索 A 企业 IPC 前 4 位为 H01L 的专利数为 5，所有专利的总数为 29，即得到该专利的替代性知识耦合值为 5/29。同样以 5 年为时间窗口，$t-4$ 到 t 年间所有合作申请专利的替代性知识域耦合值即为该企业 t 年的替代性知识域耦合值。替代性知识域耦合度的结果区间为 0 到 1，若焦点企业的替代性知识域耦合程度越高，则其值越大；若焦点企业的替代性知识域耦合程度越低，则其值越小。为方便计算，互补性和替代性知识域耦合的权重一致。即：

$$知识域耦合 = 互补性知识域耦合 + 替代性知识域耦合 \tag{5.5}$$

③调节变量：政府补贴支持、政府税收支持。借鉴杨洋等（2015）、赵袁军等（2017）的研究，政府创新支持的两个维度，即政府补贴支持和政府税收支持的数据均采集自 Wind 数据库，分别使用政府补贴和收到的税收返还两个指标测量；同时，为了更好地使数据可视化，消除量纲的影响，减少多重共线性，削弱模型中数据的异方差性，两个指标均取对数作为最终的测量指标。

④控制变量：研发年限。研发年限越长的企业，对于如何充分合理利用内外部知识来促进研发活动的经验则越丰富，因此，研发年限的差异会导致各研发主体在运用知识的熟悉程度方面存在显著差异。本研究的企业研发年限通过考察当年与企业第一次申请专利年份的专利活动的年期差来测量。

企业年龄。年龄较大的企业知识基础的类别和存量通常也会较为丰富，能制定较为完备的企业创新发展战略，也有充分的时间在创新的过程中不断优化一套属于自身的发展路径，因此企业的年龄会对其创新绩效产业一定作用的影响。从 Wind 数据库中找到各研究样本的成立年份，以当年减去成立年份的差作为企业年龄的测量值。

企业规模。熊彼特提出的创新理论认为，一个企业的规模对其创新行为会产生重大影响。有学者认为企业规模大有利于改善研发结构，为企业创新提供资源支持（Andries 和 Thorwarth，2014）；也有学者认为企业规模太大易产生大企业病，中小企业由于不具备较强竞争优势，更愿意通过技术更新来获取市场（于长宏和原毅军，2017）。虽然学者们在规模对企业创新的影响效用上尚未达成一致结论，但规模的确是一种影响创新活动的重要因素。本研究从

Wind 数据库中找到各研究样本各年份的员工数，Wind 数据库有缺失的年份，则采用同花顺数据库的数据进行补充，并把员工数取对数后作为企业规模的测量值。最终数据虽然仍存在部分公司的部分年份数据缺失，但缺失数据较少，为防止因个别年份数据缺失而放弃部分年份或公司导致样本自由度下降，本研究对缺失数据使用线性插补法进行了预测。

研发投入。一方面，企业研发投入的增加有利于激发技术人员的研发积极性，为企业创造更多接触新技术新知识的机会并实现技术外溢；另一方面，研发投入并不一定能促进企业技术创新，反而某些时候甚至可能是负相关（曹勇等，2010）。由此可见，虽然研发投入与创新绩效的关系在当前学界并未达成一致看法，但该变量的确是一项影响企业创新成果的重要因素，有必要将其控制。本研究的研发投入以 CCER 经济金融数据库为主数据库，存在缺失时结合 Wind、中国工业数据库的数据进行填充，并将原始数据取对数后作为测量值。

行业。由于行业特质的不同，不同行业中的企业创新难度、周期以及竞争力均有差异，本研究的样本来自 5 个不同行业，因此设计了 4 个行业虚拟变量作为行业控制变量。

（3）描述性统计及稳健性检验。本研究使用 Stata 统计分析软件进行分析，所有变量的均值、标准差以及 Pearson 相关性分析的结果见表 5.4。从表 5.4 可知，除企业创新与探索式创新外，其余不同维度的不同变量间相关系数均小于 0.7，不存在严重的多种共线性。企业创新与探索式创新间相关系数大于 0.7 是由于企业创新的测量等于探索式创新与利用式创新之和，属于其下属维度之一，且两个变量间没有同时进行回归分析，因此二者之间相关系数的大小对本研究结论没有影响。另外，对除因变量和虚拟变量外的所有变量进行了方差膨胀因子（VIF）测算，选取其在各路径中的最大值报告见表 5.4，各变量的 VIF 值均在 1.03~1.4 之间，小于临界值 10，亦可排除严重的多重共线性，且不存在高度自相关性。本研究因变量为探索式创新、利用式创新及其之和，均为非负整数，且统计方法论认为若描述性统计显示方差远大于均值则选用负二项回归。Hausman 检验结果显示 $p > 0.05$，因此选用随机效应模型。ADF 检验和 LLC 检验适用于强平衡面板数据，而本研究采用的为非平衡面板数据，因此选用 Fisher PP 方法在 Stata 中完成稳健性检验，结果显示各主变量稳健性均较好，研究可信度较高。

表 5.4　描述性统计及相关系数

变量	1-1	1-2	1	2-1	2-2	2	3	4
1-1 互补性知识域耦合	1.000							
1-2 替代性知识域耦合	-0.177	1.000						
1 知识域耦合	0.778	0.480	1.000					
2-1 探索式创新	0.111	-0.038	0.075	1.000				
2-2 利用式创新	0.276	-0.028	0.228	0.420	1.000			
2 企业创新	0.133	-0.039	0.094	0.996	0.500	1.000		
3 政府税收支持	-0.034	-0.071	-0.075	0.112	0.120	0.119	1.000	
4 政府补贴支持	0.048	-0.062	0.004	0.046	0.077	0.051	0.110	1.000
MEAN	0.602	0.232	0.417	5.213	2.464	7.676	15.176	14.820
SD	0.272	0.191	0.150	13.815	1.632	14.637	2.637	2.623
VIF	1.030	1.180	1.130	-	-	-	1.120	1.160

（4）主效应及适配效应检验。为了验证本书的假设，选用 Stata 统计分析软件对本研究的变量进行回归分析，见表 5.5。如表 5.5 所示，首先进行主效应检验，以探索式创新为因变量，把所有控制变量放入模型中形成 M1，在此基础上加入互补性知识域耦合和替代性知识域耦合两个自变量，形成 M2 和 M3，互补性知识域耦合对探索式创新有显著正向的影响（$\beta = 1.084$，$p = 0.000 < 0.001$），H1a 得验；替代性知识域耦合对探索式创新没有显著正向的影响（$\beta = 0.492$，$p = 0.135 > 0.05$），H2a 未得到验证。以利用式创新为因变量，把所有控制变量放入模型中形成 M4，然后再加入互补性知识域耦合和替代性知识域耦合两个自变量形成 M5 和 M6，互补性知识域耦合对利用式创新有显著正向的影响（$\beta = 0.876$，$p = 0.001 < 0.01$），H1b 得到检验；替代性知识域耦合对利用式创新有显著正向的影响（$\beta = 1.682$，$p = 0.000 < 0.001$），H2b 得验。

其次对比回归系数，进行适配效应检验。由 M2 和 M5 可知，互补性知识域耦合对探索式创新和利用式创新均有显著正向影响，且对探索式创新的影响大于利用式创新（$\beta = 1.084 > \beta = 0.876$）。由 M3 和 M6 可知，替代性知识域耦合对利用式创新的影响正向且显著，对探索式创新的影响正向但不显著，因此替代性知识域耦合对利用式创新的影响比探索式创新大（$\beta = 1.682 > \beta = 0.492$）。

另外，通过对比 M2 和 M3 还发现，对于探索式创新而言，替代性知识域耦合对其正向促进作用不显著，所以对探索式创新而言，互补性知识耦合域对其促进作用比替代性知识域耦合大（$\beta = 1.084 > \beta = 0.492$）。由 M5 和 M6 可知，对于利用式创新而言，虽然互补性知识域耦合和替代性知识域耦合对利用式创新的影响均正向显著，但替代性知识域耦合对其的促进作用比互补性知识域耦合大（$\beta = 1.682 > \beta = 0.876$）。

表 5.5　主效应及匹配效应检验

变量	探索式创新			利用式创新		
	M1	M2	M3	M4	M5	M6
研发年限	0.030	0.027	0.035*	0.024	0.022	0.043
企业年龄	-0.029*	-0.024	-0.031*	-0.044*	-0.044*	-0.054**
企业规模	0.028*	0.256*	0.315*	1.467***	1.457***	1.581***
研发投入	0.014	0.017	0.017	-0.032*	-0.032*	-0.028*
行业	Yes	Yes	Yes	Yes	Yes	Yes
互补性知识域耦合		1.084***			0.876**	
替代性知识域耦合			0.492			1.682***
Wald chi^2	31.35	58.76	33.74	79.55	97.43	100.00

注：* 表示 $p < 0.05$；表示 $p < 0.01$；表示 $p < 0.001$，下同。

（5）调节效应检验。在检验调节效应前，先对自变量、调节变量进行标准化处理以降低多重共线性，再把自变量与调节变量相乘，形成交互项。见表 5.6，M7 是以企业创新为因变量，纳入所有控制变量的模型，M8 在 M7 的基础上加入了自变量知识域耦合，可见知识域耦合对二元创新有显著的正向影响（$\beta = 0.263$，$p = 0.000 < 0.001$）。M9 在 M8 的基础上加入了调节变量政府税收支持，M10 则在 M9 的基础上加了知识域耦合与政府税收支持的交互项，由数

据可知交互项系数显著正相关（$\beta = 0.173$，$p = 0.000 < 0.001$），因此 H3b 得验。政府税收支持正向调节知识域耦合与企业创新之间的关系，见图 5.11。M11 为在 M8 的基础上加入政府补贴支持而形成的模型，M12 在 M11 的基础上加入知识域耦合与政府补贴支持的交互项，由回归系数可知政府补贴支持正向调节知识域耦合与企业创新之间的正向关系（$\beta = 0.123$，$p = 0.001 < 0.01$），H3a 得验。政府补贴支持正向调节知识域耦合与企业创新之间的关系，见图 5.12。由此 H3 得验。同时还发现，知识域耦合与政府税收支持交互项的回归系数，比知识域耦合与政府补贴支持交互项的回归系数大（$\beta = 0.173 > \beta = 0.123$），因此政府税收支持正向调节知识域耦合与企业创新间关系的作用比直接补贴支持大。

表 5.6　调节效应检验

变量	企业创新					
	M7	M8	M9	M10	M11	M12
研发年限	0.016	0.024	0.027*	0.022	0.035**	0.034**
企业年龄	−0.016	−0.019	−0.018	−0.019	−0.018	−0.018
企业规模	0.319**	0.395***	0.354**	0.385***	0.426***	0.450***
研发投入	0.005	0.009	0.006	0.002	0.004	0.003
行业	Yes	Yes	Yes	Yes	Yes	Yes
知识域耦合		0.263***	0.281***	0.233***	0.278***	0.279***
政府税收			0.079	0.038		
知识域耦合×政府税收				0.173***		
政府补贴					0.047	0.018
知识域耦合×政府补贴						0.123**
Wald chi^2	23.80	55.50	61.96	80.70	80.41	95.95

　　见图 5.11，在政府税收支持为低的切面（图右边），由知识域耦合、企业创新构建的二维坐标系中的函数斜率为正，但斜率较小；在政府税收支持为高的切面（图左边），由知识域耦合、企业创新构建的二维坐标系中的函

数斜率为正且斜率较大。说明政府税收支持正向调节知识域耦合与企业创新间的关系，随着税收支持的增大，知识域耦合与企业创新间的正向作用愈趋明显。

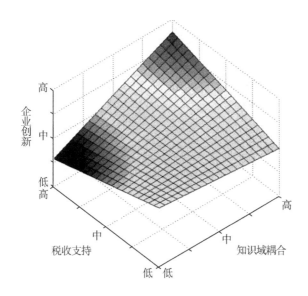

图 5.11　政府税收支持的调节作用

图 5.12 中，在政府补贴支持为低的切面（图右边），由知识域耦合、企业创新构建的二维坐标系中的函数斜率为正，但斜率较小；在政府补贴支持为高的切面（图左边），由知识域耦合、企业创新构建的二维坐标系中的函数斜率为正且斜率较大；图 5.12 中的最高点小于图 5.11 中的最高点。说明政府补贴支持正向调节知识域耦合与企业创新间的关系，随着政府补贴的增大，知识域耦合与企业创新间的正向作用愈趋明显，税收支持的作用比补贴支持明显。

（6）假设结果汇总。通过描述性统计分析、相关分析以及回归分析，已对本书 5.3.1 节中提出的假设进行了检验，部分假设得到了实证数据的支持。

5.3.3　知识域耦合对企业二元创新影响的实证结果分析

本研究在创新日益受到重视而迫切需要相应的理论来有效指导实践的背景

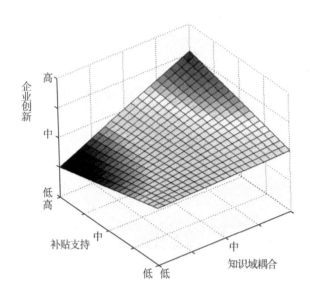

图 5.12　政府补贴支持的调节作用

下，研究了协同创新网络中的知识域耦合对二元式创新的影响及适配性，并引入知识惯性、政府创新支持的两个调节变量，试图揭示其在知识域耦合与二元式创新之间的效用，在实证研究的基础上得到如下结论。

第一，创新网络中企业知识域耦合对二元创新有正向影响，其中互补性知识域耦合对探索式、利用式创新均产生积极影响；替代性知识域耦合能正向影响企业利用式创新，但并不显著影响企业探索式创新。知识域耦合对二元创新有正向影响的结论支持多数外部知识与创新关系的研究（Han 和 Li，2015）。互补性知识域耦合、替代性知识域耦合对二元式创新均产生积极影响的结论支持了融合、重组外部异质性知识元素是知识创新的基础的观点（Makri 和 Lane，2010），同时也印证了 Knudsen（2007）的预测，当创新的范围扩大时，目前看似不相关的互补性知识在组合后能为根本性的革新带来可能。替代性知识域耦合正向影响利用式创新的结果支持了 Orsi 等（2015）相似性质的技术与知识可在短期内帮助企业更好地满足现有市场和顾客需求的观点。这表明通过外部搜寻，可获得知识的互补与兼容，促进陈旧知识的更替，实现知识的创造与价值的增值，进而驱动创新绩效的提升。本研究与 Choi 等（2016）内部知识导向对创新绩效的积极影响比外部知识导向更显著的观点存在差异。原因可能是由于其未充分考虑外部机制的影响，外部机制不完善使创新主体易产生"搭便车"和机会主义行为（Dibiaggio 等，2014），打击原创企业研发积极性，导致开放式创新反而限制了创新绩效的提升。替代性知识域耦合正向影响探索式创新的假设未得到验证，这与 Dibiaggio 等（2014）提出的替代性知识的连接与组合促进企业探索式创新的观点存在差异。这可能是需考虑情境因素，Dibiaggio 等（2014）研究的对象是企业内部知识元素的功能，在研发过程中高替代性知识元素可以为研发失败时提供更多的备选项，在处理和解决更复杂问题的能力时，可以不断转换方案，在积累经验的同时找到最优方法，这叫作解决问题的替代策略的能力（Levinthal，2002）。当在嵌入协同创新网络的背景下讨论时则会产生偏差，路径依赖理论提出，某种路径被采用后如果不断自我强化，组织将可能被这种路径"锁定"（Vergne 和 Durand，2010）。从技术范式的选择来说，产品研发时采用相似的知识与技能，容易形成"舒适圈"陷阱，企业倾向于沿用既有的技术轨迹和路径，由此产生的研发冗余使企业无法满足新兴的市场需求，并不会有效促进探索式创新活动。研究揭示了耦合知识对创新的影响机制，丰富了知识管理对创新活动影响的理论，深化了知识与创新关系的研究，揭示了外部知识关系和内部知识基础对创新成果的影响机理。

第二，知识域耦合与二元创新之间存在适配关系。互补性知识域耦合对探索式创新的影响大于利用式创新，替代性知识域耦合对利用式创新的影响大于探索式创新；对于探索式创新而言，互补性知识域耦合对其的促进作用显著而替代性知识域耦合则不显著，对于利用式创新而言，替代性知识域耦合对其的促进作用比互补性知识域耦合大。产生这样的差异及适配性，是由两类知识自身的效用及二元创新的关系属性差异所决定的。Sung 和 Kyung（2015）认为自身知识与创新网络中其他企业是互补的则意味着这类知识是独特性和可利用性两种特性的有机统一体，独特性意味着焦点企业与其合作伙伴所共享的知识对自身知识而言是有显著差异的；与相似知识的交流相比，互补知识的交流创造出新兴知识和产品的可能性更大，这即为可利用性。两种特性驱使下会形成"知识协同效应"，通过创新搜寻组合两个不同领域的知识元素，打破长期不变的知识组合，创造全新的知识；同时也会产生连带效应对暂时无力完全攻克的技术难题，进行小幅度的调整、优化，实现知识数量和质量的同步增值，为超越现有知识领域的探索式学习和创新奠定基础的同时，连带对现有知识基础而进行小幅度的强化和改进，完成利用式的学习（Rothaermel，2001）。替代性知识域耦合本质上是对原有技术领域成果的延续和深化，或者说是为保持与外部最先进的技术、市场需求的变动一致而对原有知识进行的补充、修正和重组，在一定程度上存在知识的重叠或冗余，更有可能引发创新主体对现有知识的挑战、修订（Knudsen，2007）。当企业接触到其他伙伴相似技术领域的知识并与对方的知识基础实现耦合时，由于双方对如何运用新技术有相似的见解，这会强化他们使用相似的步骤和类似的科学理论来理解创新问题的行为（Makri 和 Lane，2010）。而利用式创新是依托于现有知识基础而进行的强化和改进，因此替代性知识域耦合加强了实现利用式创新的可能性；同时也排除了以超越现有知识基础为目标的探索式学习和创新的机会。该结论验证了知识域耦合与二元创新之间存在的差异和适配关系，从知识域耦合的角度解释了探索式与利用式创新绩效形成差异的知识因素，深化了知识域耦合与企业二元创新的理论研究，为企业根据创新目标制定差异化的知识管理策略，进而提升知识管理效率提供了理论借鉴。

第三，知识惯性负向调节知识域耦合与企业二元创新间的正向关系。该结论呼应了 Liao（2002）认为个人层面的学习惯性通过影响组织学习进而对管理和技术创新产生负向作用的观点；与党兴华等（2016）认为的组织惯性对创新有积极影响的观点存在差异，这可能是由于情境因素所致，不考虑外部因素，从公司内部经验积累角度来认知惯性的确可以认为是一个组织的学习过程，有利于积累成功的经验，而不顾外部环境变化单纯而过度的经验积累，才会演变为知识惯性（Argote 和 Mironspektor，2011）；也有可能是由于组织惯性与知识惯性的关注差异所致，组织惯性主要讨论组织结构变革难易程度，制度壁垒制约下的决策认知或执行偏差等，而知识惯性主要关注于企业的知识的运用方式，捕获外部信息的能力及敏感性等。知识惯性是企业开展创新的阻力，研究结果从知识角度，解释了实践中大型组织在变革中可能遇到的阻力来源，解决问题的常规流程、停滞不变的知识来源、既有知识的沿用都是知识惯性的直接体现。竞争的不断加剧与技术环境的不断变化意味着当下有效的生产方法与经验终有一天将失效，新观点与技术的吸收能帮助组织适应不断变化的环境，组织需要搜寻新知识来源、尝试新技术、寻找形成创新思维的方法，通过耦合不同类型的知识打破原有的知识结构来实现创新。然而知识惯性给组织带来的学习惯性与沉没成本，抑制了组织内的知识迁移与重组。根据资源基础观，公司需根据外部环境变化重新配置资源，尤其是知识资源（Wernerfelt，1984），而知识惯性使企业吸收与耦合外部知识的难度增大，不利于企业创新。本研究从新视角更进一步地研究了协同创新中的知识关系，深化了内外知识的联系及其与创新关系的认识，弥补了知识惯性在组织层面的研究不足。

　　第四，政府创新支持正向调节知识域耦合与企业二元创新间的正向关系。政府对企业创新的作用有"促进论"和"抑制论"两种（曾萍和邬绮虹，2014），实际效果依赖于政策介入时机及企业实际情况。直接补贴和税收支持作为政府创新支持的两个维度均正向调节知识域耦合与企业二元创新间的关系，这一结论与Tellis等（2009）的观点一致。由于经济的顾虑和资源的局限，企业常常无法实现已有技术知识的效用最大化，在知识转化为创新成果的过程中需要政府给予企业，尤其是技术知识丰硕的企业以支持和引导。此外，本研究还发现政府税收支持对于知识域耦合与企业创新之间的调节作用比政府直接补贴大，该结论与郑绪涛和柳剑平（2008）提出进行事后补贴可更好弥补R&D活动中的市场失灵的观点类似。政府税收补贴释放的信号更能有效引导企业科技成果转化，将内部沉淀的新知识应用到产品开发、生产、营销或服务，创造经济价值。产生这种差异的原因可用挤出效应和资源配置扭曲效应来解释：挤出效应认为直接补贴会挤出企业的研发支出，这降低了企业自身筹集资金提高研发支出的可能性，同时由于获取政府直接补贴的机会成本很小，企业会功利性地局限于能顺利获得补贴的研发项目，终止其他领域的研发活动，不利于研发的健康发展。例如比亚迪过分依赖政府研发补贴，获得的补贴甚至远超其净利润，2018 年政府补贴的退潮，让比亚迪陷入研发困局。资源配置扭曲效应认为直接补贴容易产生选择偏差，能获得补贴的对象要么是曾从事相关研究的，要么是政府对其预期较高的，无法在评估研发项目的效果后决策，导致恰恰最需要支持的中小企业研发活动受限（Vicente 和 Isabel，2004）。这一结论拓展了政府创新支持推动企业创新的理论研究，验证了政府支持对企业创新产出的意义，有利于提高政府创新支持有效性，为改善政府创新支持模式和政府创新政策的制定提供参考。

5.4   协同创新网络中知识域耦合的管理策略

根据研究结果，我们为创新企业知识管理和提升创新绩效提供了新视角和新思路，对企业知识搜寻和协同创新管理有以下启示，以期为企业和政府提供参考。

5.4.1   以开放的心态融入创新协同大环境

创新网络中企业知识域耦合对二元创新有积极的正向影响的结论，为管理者在开放式创新的背景下制定并实施知识管理决策实践提供了理论支撑。企业应意识到知识元素间的交互效应对知识重组和创新能力提升的重要作用，在创新搜寻中，不仅致力于拓展或丰富其知识存储，还需注重不同类型知识元素的重组，以提升其技术创新能力。通过互补性的知识域耦合可以让企业更好地认清合作伙伴的优势与自身的缺陷，防止因长期保持固定模式的知识组合而局限了自身战略格局和视野的提升，促进与网络中其他企业知识的优势互补，以探索新的技术和市场机会，在攻坚克难提升探索式创新绩效的同时，也能优化、改进现有的知识基础，进而在当前技术领域实现更为深入的发展，提升利用式创新绩效；将新知识与现有知识资源进行深入的关联实现替代性的知识域耦合，可防止单纯引入新知识而产生的不确定性，规避机会主义行为风险对知识交流行为产生不利影响，端正各方心态，消除心理障碍，以目标为导向稳步提升合作的精确度，在良好的创新生态系统中充分发挥鲶鱼效应，鞭策企业合理更新自身的知识资源，激发创新的活力，促进利用式创新绩效的提升。

5.4.2 合理制定知识搜寻策略

不同类型的知识域耦合与二元创新之间的适配关系告诉企业管理者，要注重不同关系属性的知识域耦合对创新影响的差异，并依据创新战略制定匹配的知识管理策略，搜寻相应的外部知识元素进行组合，保持外部学习方式与自身创新战略的一致性与匹配性。不同类型的知识域耦合对二元创新的影响有所差异，创新产出的效果在很大程度上取决于企业能否调整其创新战略与知识域耦合结构的匹配程度。知识域耦合的结构会对企业内部知识的再积累过程产生特定约束，进而影响每种类型创新战略成果落地的概率分布，因此企业应根据二元创新的战略侧重，在充分了解自身内部的知识结构情况后，针对性地搜索与组合内外部知识：当以超越现有知识领域为创新目标时，企业可充分利用协同网络中的垂直联结关系，探索并耦合互补性知识，以创造出全新的产品或服务，提升探索式创新绩效；当企业以更好地改进现有产品或服务为创新目标时，企业需密切关注所处关系网络中合作伙伴的产品或市场动态，尽可能获取并组合不同来源的互补性和替代性知识，但对这两类应有所侧重，即将替代性知识域耦合放在首要位置，同时也不应忽视互补性知识域耦合的作用。此外，创新不是一个完全随机的过程，企业在选择协作伙伴前，应充分评估其实现替代性与互补性知识域耦合的可能性，并事前对产生的创新绩效进行预测。在知识冗余和大量无用信息爆发式增长的今天，由于企业的认识能力有限，全盘接纳式的知识导入模式势必会造成资源的浪费，真正有意义的创新应该是建立在已有知识基础之上的甄选，要避免盲目的知识"拿来主义"，提高创新资源搜寻的针对性，降低搜寻成本，合理、正确地选择与自身需求相匹配的创新伙伴，减轻合作的风险与不确定性。

5.4.3　适度保持协同网络中的惯例

网络惯例是协同创新网络存续的内在力量，探析网络惯例的运作机制有利于企业协同合作的稳定与高效。网络惯例在一定程度上象征网络成熟度，形成稳定高效的网络惯例无疑有利于建立组织学习机制，节约知识耦合成本，减少企业的机会主义和投机行为，从而强化合作持久度。因此，企业在协同创新过程中，不能因企业的主导地位而忽视与合作伙伴的密切配合，应遵守相应网络惯例。但是过于固化的网络惯例会造成路径依赖，引发创新惰性，减少建设性冲突的产生，而使合作处于低效状态。随着对现有领域探索的不断深化，企业很容易陷入所谓的"核心刚性"，抵触外部的新思想、新概念和新方法。所以，企业同时要注意网络惯例水平，不要将网络惯例设置得过于繁杂，避免墨守成规，故步自封，而应根据合作对象与内容维持适当的惯例，保障核心技术知识在协同网络中的顺畅流动与共享，并在合作进程中分阶段评估惯例水平和利弊影响，及时调整网络惯例，通过知识域耦合效应提升企业的知识创新能力。具体而言，管理者可设定各种指标来测量网络惯例，例如根据专利号记录特定知识的应用频率及在全部知识中的占比，设立相应的警戒线，警惕掉入能力陷阱，以瓦解组织的顽固性，推动创新活动的顺利开展，实现企业家创新能动性和研发团队知识创新力的有机统一。

5.4.4　及时跟进和追踪市场需求的变化

当前中国企业正处于加快技术追赶的关键时期，但是很多企业仍然在闭门造车，企业的知识创新能力结构现状与环境需求不匹配，究其原因，企业高管团队认知层面的问题往往是首要原因。逐渐衰败的朗讯就是例证，在企业发展过程中由于缺乏复杂的战略构想，无法在潮变的知识经济时代敏锐捕捉机会，最终导致知识创新能力重构升级的动力缺失。企业进行协同创新，不仅要深入开展内部知识开发活动，还要对环境、战略和自身知识储备有着全面、复杂和准确的认识，特别注意高管团队的知识结构，在认知层面采取措施加强战略柔性。另外，要积极展开外部知识搜寻，即使是处在行业领先水平的企业，依旧需要持续关注核心技术领域的近况。尤其在合作后期，协同网络日益成熟，双方都积累了丰富的知识交互经验，协同创新活动渐入佳境，企业亟需大量外部互补性知识的碰撞，提高战略构想复杂度，扩大感知到的知识缺口。因此，高管团队应格外重视市场需求的动态变化，及时关注技术发展前沿，洞察下一个"风口"。

5.4.5　构建系统的知识产权保护制度和信任机制

协同创新是以合作双方的有效需求为前提，需要知识的流动与共享，这就要求企业间建立良好的沟通渠道，增进彼此信任。资源的稀缺性是双方利益的基础，因此需要建立一套完善的利益分配机制来保障双方利益。一方面，政府和监管部门要出台相应的优惠政策和奖惩制度，鼓励和引导企业开放边界，充分利用各方优势资源协同创新，为协同网络更好地发挥作用提供有利的环境和条件。另一方面，采取契约谈判的方式，使合作过程中的潜藏问题浮出水面，企业可在协同创新之前签订合作协议，明确双方的义务和责任，并以利益共享、风险共担为原则，将投入与利益分配挂钩。同时，企业要预防知识溢出效应，尤其在市场化程度不高、行业规范尚不完善的中国经济环境中，尽量避免因知识资产过度暴露造成的风险和损失以及"搭便车"行为，从而营造彼此信任、互利共赢的合作氛围。

5.4.6　培养动态和持续的组织学习能力

借助外部知识资源虽然有利于强化企业的知识创新，但由于知识具有抽象性、模糊性及黏滞性，因而这种效果也会受到企业知识吸收能力的制约。企业应充分重视自身吸收水平的驱动作用，着重培育学习型企业文化，完善相匹配的人才培养和组织学习机制，持续对外部知识进行获取、消化、吸收、转化和利用。尤其对主导企业而言，可搭建协同创新交流平台，经常组织一些正式的"用中学"活动，以及非正式的学习、交流会议等，灵活结合多种形式对员工进行培训。研发人员应树立企业的危机意识，以长远目光为导向保持持续学习的激情，打破僵化的知识结构；领导者应该重视并推动各类学习、交流活动，完善组织学习制度，营造鼓励更新、分享与应用知识的组织氛围，打造开放的文化与激励系统。此外，招募知识水平和经验均较为丰富的高技术人才也是快速提升企业知识吸收水平的有效途径。通过促进企业间的知识吸收，使得耦合作用最大化，以提升知识创新能力并加快创新成果的转化。

5.4.7　重视政府在创新中的作用

政府创新支持正向调节知识域耦合与二元创新间关系的结论告诉我们，政府创新支持有利于将知识转化为企业创新成果。在知识域耦合的过程中，由于知识溢出效应的存在，创新积极性较低的企业可以通过窃取原创企业知识资源，"搭便车"式地模仿原创企业的技术，以低成本投入实现创新绩效的提升（曾萍和邬绮虹，2014；曾萍等，2014）。然而溢出效应降低了原创企业创新活动的投资回报率，打击了原创企业创新的积极性，最终又会损害社会的创新利益。政府创新支持能有效弥补企业创新活动的外部性，补偿溢出效应带来的原创企业收益损失，合理抑制创新收益的损失程度，维持企业创新积极性（曾萍等，2016）。各级政府应根据企业创新潜力和行业特征，确定个性化的财税支持方案，从政府补贴和税收优惠等方面实现财税政策对创新的支持，缓解企业研发资金压力，合理引导企业创新聚焦于国家重点开发领域。此外，研究还发现，政府税收支持对于知识域耦合与企业创新之间的推动作用比政府直接补贴大，因此政府应该注意支持模式的合理搭配，应更多地使用税收手段引导创新。税收支持作为一种事后评估政策，是建立在企业创新产出的基础上的。这种事后的补贴不仅能弥补市场创新机制失灵，而且能引导和鼓励企业将沉默的研发成果转化为具有经济价值的创新产品与服务，是一种相对长期而稳定的政策。虽然事前的直接补贴可能对企业研发投入产生挤出效应，但依旧不容忽略其在实践中的作用，关键是对企业获取的研发补贴进行合理约束和有效管理，应建立规范有序的制度，营造公平合理的竞争环境，建立专款专用制度，保障有限的资金用于真正能实现创新的"刀刃"企业上。总之，直接补贴与税收支持是相辅相成缺一不可的有机统一体，政府要对其进行合理的组合，帮助企业实现知识资源效用最大化。

6　知识情境与创新战略

　　本章主要研究知识情境与组织创新战略的适配关系，以及知识情境对创新绩效的影响，提示企业在制定战略时，要对自身的知识结构、知识特征等知识情境有准确的认识，以选择适合企业发展的创新战略，才能够提升创新绩效。

6.1　知识情境与创新战略的适配性

6.1.1　知识结构与二元创新战略

　　实施创新驱动发展战略，已成为国家发展的战略重点。创新不仅是国家兴旺发达的不竭动力，也是企业永葆生机的源泉。知识作为企业最重要的资源，如何灵活整合已有知识和有效吸收新知识是企业创新活动的关键。以知识为基础的经济表现出加速变化性、复杂性及不确定性，使得企业必须不断创新，才能在激烈的市场竞争中保持优势。创新战略的有效实践，则需要企业充分利用知识资源，不断升级更新知识库，从而改进产品和知识结构。

　　创新战略是企业发展的方向和方式选择，现有研究通常将其分为探索式创

新 (exploratory innovation) 和利用式创新 (exploitative innovation) 两种模式。不同的创新战略模式对企业竞争力和创新绩效的影响不同，虽然两种创新战略的结合能增强企业的创新能力，提高创新绩效，但不同的创新模式对企业结构和流程有不同的要求，同时选择两种创新战略的企业需付出高昂的协调成本，反而会抑制创新活动的有效开展。实际上，无论是探索式创新还是利用式创新，知识结构都是内外诸因素的作用枢纽，企业知识结构对创新绩效的影响不容小觑。作为企业核心技术和竞争优势的基础，知识结构也是知识管理的基础，只有深刻了解企业知识结构，才能有效进行知识管理。创新活动的复杂和高风险特性表明较多的知识资源并不能保证高创新绩效，只有深刻认识企业知识结构类型，将企业内外知识资源有效调动到创新战略的实践中去，才能提升创新绩效。因此，探讨不同知识结构下的企业创新战略问题对我国创新领域研究意义重大。

学术界对创新战略或知识结构的相关研究虽然较为丰富，但关于二者的研究大多数情况下是分离的。聚焦于知识结构的文献多探讨元素知识和架构知识对企业竞争优势的不同影响，而创新战略的研究多集中于战略的内容和方式。尽管创新理论研究中已经涉及了知识资源等问题，但是鲜有研究以创新战略与知识结构的相互影响为基础，探讨二者的适配性问题。我们将知识管理与创新活动联系起来，通过探讨高创新绩效目标下，不同知识结构类型与创新战略的匹配问题，以期为企业辨识其知识结构特征，合理调整创新战略，提升创新绩效的实践提供理论参考。

6.1.1.1　理论背景和研究假设

(1) 文献回顾。知识结构是信息元素被组织的方式 (Anderson，1984)。学者们分别从个人层面和组织层面发展了知识结构的概念。在组织领域，知识结构包含元素知识 (component knowledge) 和架构知识 (architectural knowledge)，元素知识代表企业的元件核心设计原理等知识，而架构知识是指元件间整合方式和系统性知识 (Henderson 和 Clark，1990)。资源基础理论认为，知识资源在很大程度上决定了创新战略的制定和实施。在企业知识的相关研究中发现，水平知识流动通过增加横向知识存量从而促进探索式创新，而通过权力下放增加的纵向知识存量能同时促进利用式创新和探索式创新。知识结构是企业知识流动的关键，知识结构的特征会直接影响企业技术核心能力的形成与发展。因此，探索不同类型知识结构是部署和管理知识的关键，也是创新战略实施的基础问题。

实行不同创新战略（如探索式和利用式）的企业，对创新的关注点及各领域知识的价值认知不同，对知识的获取、消化吸收和应用也不同，进而形成不同类型的知识结构。探索式创新强调获取新知识或超越现有知识，是寻求引入全新技术和销售渠道以满足新兴市场需求的激进战略，需要以良好的架构知识为基础。利用式创新则需要基于企业现有的知识、技术、流程和系统结构，是对现有的产品、服务和分销渠道等进行改进以满足现有市场需求的一种渐进战略，需要以良好的元素知识水平为基础。现有研究成果虽然涉及了知识结构与创新战略的问题，但着重于讨论单向的影响作用关系，而忽视了知识资源与创新战略的相互作用。我们借鉴已有研究成果，结合我国企业的实际情况，探索不同创新战略情境下，不同知识结构对创新绩效的影响，试图揭示知识结构与创新战略之间的适配关系，为企业知识管理和创新管理提供理论支持。

（2）研究假设。知识结构是各种不同类型的知识在企业内部的构成状况，它反映企业知识存量中各种类型的知识分别所占的比例、层次结构及知识之间的相互关系。知识结构中的元素知识就是知识本身，代表企业的元件核心设计原理等知识，是由与组织特征相关的特定的知识资源、技术和技能组成；而架构知识就是知识之间的相互关系，即信息元素被整合和组织的方式，涉及企业的整体结构和流程，具体表现为组织的沟通渠道、文化氛围和问题解决策略等。以元素知识水平和架构知识水平为基准，我们将知识结构分为四种类型：高元素高架构型知识结构、高元素低架构型知识结构、低元素高架构型知识结构、低元素低架构型知识结构，如图 6.1 所示。

高元素高架构型知识结构中，元素知识和架构知识均处于较高水平，这类企业不仅专利、技术诀窍等较丰富，沟通渠道、运作流程也较通畅。企业知识结构的高元素高架构特征，不仅可以充分使用其高技术水平的元素知识开展利

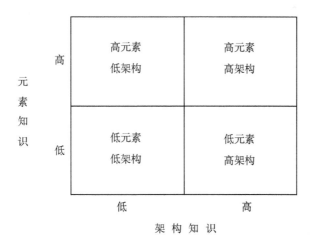

图 6.1　知识结构类型矩阵图

用式创新活动，而且可以利用其通畅的架构知识系统，从外部引进先进技术，通过探索式创新活动获得更丰富的创新绩效。此类知识结构为两种创新战略的实施均提供了良好的支撑，但由于技术开发的难度和技术投入的高成本，采用两种创新战略的企业运营成本较高。因此，高元素高架构型知识结构的企业需要均衡两种战略的实施成本，选择创新战略重点，将资源投入到能够保持长期竞争优势的创新活动中，从而带来稳定持久的高创新绩效。基于此，我们提出如下假设：

假设 1：在高元素高架构型知识结构情境下，利用式创新和探索性式新战略与企业创新绩效均正相关。

低元素高架构型知识结构，拥有较低水平的专业技术技能和知识投入，但其沟通渠道畅通、系统流程成熟稳定，市场上大部分现代制造型企业属于该种类型。低水平元素知识的企业由于其专业知识水平较为薄弱，拥有的简单技术诀窍不多，以及复杂性科学知识如蓝图、产品专利、工艺专利等水平也较低，利用其自身知识创新的效果有限。企业的高水平架构知识能协调企业内外的元素知识并将它们用于生产流程，这就为探索式创新提供了可能性。由于利用式创新强调整合优化升级企业现有知识，低元素知识情境下选择该战略将耗费时间、精力和资金，也难以得到有竞争力的产品或服务。而此时通过探索式创新，能有效利用企业的沟通渠道和组织流程来引入先进的专业技术知识，消化吸收外来知识进行创新，能获得高水平的创新成果。基于此，我们提出如下假设：

假设2：低元素高架构型知识结构情境下，探索式创新战略与企业创新绩效正相关（a），利用式创新战略与企业创新绩效不存在相关关系（b）。

高元素低架构型知识结构，通常拥有高技术研发知识却缺乏较好的运作系统流程知识，较多出现在高校、科研院所和新成立的高科技企业中。由于知识沟通渠道与企业运作流程等方面的欠缺，企业内部的知识沟通交流不够畅通，企业外部高技术专业知识的引入及学习能力较弱，强调新知识的推动作用的探索式创新战略难以实施。然而其独特的元素知识资源，较多的相关专利和丰富的工艺技巧等，能够让该类型企业高效率使用已有知识资源进行利用式创新活动，实现较高创新绩效。因此，高元素低架构型知识结构的企业，采用利用式创新战略较为有效。基于此，我们提出如下假设：

假设3：高元素低架构型知识结构情境下，利用式创新战略与企业创新绩效正相关（a），探索式创新战略与企业创新绩效不存在相关关系（b）。

低元素低架构型知识结构，意味着企业既没有高水平的专业技能又没有通畅的沟通渠道和组织运行流程，这类企业多为低技术含量的传统制造业。由于市场滞后性，这类企业仍然可以生存，但前景堪忧。若要提高创新绩效，则需要对其进行大量的知识投入。一方面购买引入专业技术知识，对员工进行创新思维培训，在对外来知识吸收消化的基础上进行探索式创新，从而提升创新绩效，使低元素低架构型知识结构往高元素低架构型知识结构转化；另一方面引入信息系统，疏通沟通渠道，健全管理流程，使得企业与内外部的信息知识能够迅速沟通共享，让低元素低架构型知识结构向低元素高架构型知识结构转化。因而，在低元素低架构知识情境下，需要同时考虑两种战略的共同实施，才能尽可能产生较高的创新绩效。基于此，我们提出如下假设：

假设4：低元素低架构型知识结构情境下，探索式和利用式创新战略与企业创新绩效均正相关。

6.1.1.2　测量和数据

（1）研究样本。我们采用方便抽样方法，首先在湖南省搜集 100 份数据进行问卷预调查，对问卷进行修改和完善后，再展开正式问卷调研。正式调查问卷主要通过委托企业人力资源部发放，部分请 EMBA 和 EDP 学员现场作答。调查数据主要来自北京、上海、广东、湖南、湖北、山西、山东等地区，涉及具有知识密集型特征的制造、通信服务和计算机软件等行业。考虑到对企业战略、创新绩效和知识结构等特征的了解程度，调查对象主要为企业基层管理者和中高层管理人员。我们共发放 560 份问卷，最终获得 400 份完整的有效问卷，问卷有效回收率为 71.4%。其中，性别方面，女性占 36.25%，男性占 63.75%；年龄方面，25 岁及以下占 19%，25 岁至 35 岁占 39.5%，35 岁至 45 岁占 24.25%，45 岁及以上占 17.25%；学历方面，大专及以下 20.75%，大学学历占 58%，硕士及以上占 21.25%；工作年限，一年及以下占 12.25%，1～3 年占 23.5%，4～6 年占 27.75%，7～10 年占 19%，10 年及以上占 17.5%；样本中员工占 11%，基层管理者占 31.5%，中层管理者占 38%，高层管理者占 19.5%。国有企业占 36.5%，民营企业占 50.75%，外资和中外合资企业占 12.75%。大型企业（1200 人以上）占 40.5%，中型企业（300—1200 人）占 40.75%，小型企业（300 人以下）占 18.75%。制造业占 51%，通信服务业占 21.5%，计算机软件业占 20%，其他行业占 7.5%。在研究模型中，企业性质、企业规模、所处行业以及被调查者的性别、年龄、学历、职位等因素可能会影响问卷结果，因此将它们作为控制变量。

（2）研究工具。除控制变量外，其他变量的测量均采用里克特五点量表，问卷调查所用测量指标除了知识结构外，均在国外成熟量表的基础上，由三名熟练掌握中英文语言的研究人员通过翻译、回译和调整的方式进行编制。

创新战略的量表采用 Jansen 等（2006）开发的创新战略问卷，该量表包含探索式创新和利用式创新两个维度，分别包含 7 个题项。

创新绩效的测量采用 Rundquist（2012）根据 Song 等人的问卷改编的创新绩效问卷，单维度共 5 个题项。

知识结构量表根据 Henderson，Tallman 对知识结构的定义及曹兴等（2009）的相关问卷改编形成。运用文献法和开放式问卷收集知识结构的测量条目，编制过程参考 Churchill 等（2009）的量表开发程序，按照五个步骤进行：①定义概念；②生成条目；③将条目按照同质性进行归类；④条目的适合性评定；⑤问卷内容效度的评价。通过预测试对问卷进行项目分析，删除了同质性和共同性低的题项，形成知识结构量表的初始问卷，具有较好的信度和效度。验证性因素分析结果显示，知识结构具有一阶二因子结构，与实际数据有良好的拟合效果。经过探索性因素分析和验证性因素分析，知识结构量表的初始问卷得到有效验证（总体效度 KMO 值为 0.882，总体信度为 0.912，元素知识维度的信度为 0.899，架构知识维度的信度为 0.845），共包含 13 个题项。重新排序后，形成知识结构的正式问卷。

（3）问卷信效度分析。使用 SPSS18.0 数据分析软件对问卷进行信度分析和探索性因子分析，结果如表 6.1 所示。各量表的 Cronbach's α 值在 0.867 ~ 0.937 之间，均在 0.8 以上，说明各量表具有良好的内部一致性，可靠性均较高。各量表 KMO 值均大于 0.8，累计解释方差均大于 0.6，通过效度检验。此外，各测量题项的因子载荷均大于 0.5，能通过探索性因子分析的检验，问卷的效度良好。

表 6.1　各量表信度、效度分析结果

变量	KMO 值	Cronbach's α	变量	Cronbach's α
知识结构	0.948	0.937	元素知识	0.924
			架构知识	0.882
创新战略	0.949	0.937	探索式创新	0.907
			利用式创新	0.867
创新绩效	0.875	0.878	—	

使用 AMOS18.0 数据分析软件对变量进行验证性因子分析，检验变量的结构效度。参照模型的判断标准，$\chi^2/df < 3$，RMSEA < 0.08，CFI > 0.90，IFI > 0.90，TLI > 0.90，从表 6.2 中可以看出，修正后各量表验证性因子分析得到的

各项拟合指标均较为理想，所用问卷具有良好的结构效度。

表 6.2　各量表验证性因子分析结果

模型	χ^2/df	RMSEA	CFI	IFI	TLI
知识结构	2.059	0.063	0.943	0.943	0.935
创新战略	1.945	0.049	0.968	0.958	0.965
创新绩效	1.927	0.048	0.978	0.979	0.973

6.1.1.3　结果分析

（1）不同类型知识结构与创新战略的相关性分析。根据图 6.1 的知识结构类型矩阵，以元素知识和构架知识两维度的高低特征作为依据，对企业的知识结构类型进行划分。从问卷中分别选取知识结构量表中元素知识、架构知识的相关条目得分计算均值，获得元素知识水平和架构知识水平的测量值。由于我们使用里克特量表来测量知识结构水平，因此选取元素知识和架构知识测量值大于和小于或等于 3，作为知识结构特征的划分标准。据此，将企业知识结构类型区分如下：①高元素高架构型：元素知识和架构知识测量值均大于 3；②高元素低架构型：元素知识测量值大于 3，架构知识测量值小于或等于 3；③低元素高架构型：元素知识测量值小于或等于 3，架构知识测量值大于 3；④低元素低架构型：元素知识和架构知识测量值均小于或等于 3。

利用多元回归模型对知识结构与创新战略的相关性进行检验。依据知识结构类型将样本数据分为四类：高元素高架构型、高元素低架构型、低元素高架构型、低元素低架构型，这四种知识结构的企业样本数分别为：142，60，62，136。四类知识结构企业在样本数据中均有分布，分别对四组数据进行计算，见表 6.3 模型 A~H，共 8 个多元线性回归模型。

表 6.3　知识结构与创新战略的回归模型

变量	模型 A	模型 B	模型 C	模型 D	模型 E	模型 F	模型 G	模型 H
	高元素高架构		高元素低架构		低元素高架构		低元素低架构	
	创新绩效							
	控制变量							
企业性质	0.007 (0.038)	−0.002 (0.962)	−0.029 (0.468)	−0.017 (0.667)	−0.002 (0.960)	−0.006 (0.900)	0.121 (0.014)	0.073 (0.083)
企业规模	0.010 (0.029)	0.001 (0.983)	0.037 (0.127)	0.023 (0.330)	−8.326 E−5 (0.997)	−0.005 (0.832)	0.026 (0.283)	0.004 (0.825)
行业	0.016 (0.008)	0.008 (0.249)	−0.007 (0.435)	−0.006 (0.457)	−0.009 (0.235)	−0.010 (0.203)	−0.008 (0.434)	−0.009 (0.262)
性别	−0.102 (0.063)	−0.090 (0.102)	0.003 (0.966)	−0.017 (0.796)	0.075 (0.239)	0.054 (0.391)	−0.009 (0.898)	−0.021 (0.734)
年龄	−0.092 (0.068)	−0.074 (0.214)	−0.063 (0.148)	−0.074 (0.218)	−0.049 (0.270)	−0.052 (0.232)	0.060 (0.176)	−0.014 (0.722)
职位	−0.049 (0.270)	−0.031 (0.326)	−0.044 (0.278)	−0.023 (0.330)	−0.026 (0.283)	−0.037 (0.127)	−0.047 (0.229)	−0.019 (0.627)
	解释变量							
探索式创新		0.005 (0.949)		−0.031 (0.703)		0.080 (0.294)		0.097 (0.122)
利用式创新		0.365*** (0.000)		0.177* (0.049)		0.057 (0.468)		0.267*** (0.000)
F	1.755 (0.083)	5.823 (0.000)	1.570 (0.185)	2.217 (0.048)	0.657 (0.658)	1.050 (0.408)	2.184 (0.054)	10.693 (0.000)
R^2	0.107	0.330	0.129	0.233	0.055	0.120	0.084	0.369
调整 R^2	0.046	0.273	0.047	0.128	−0.029	0.006	0.049	0.334

注：* 表示 $p<0.05$；** 表示 $p<0.01$；*** 表示 $p<0.001$。

　　模型 A，C，E，G 中分别以知识结构为被解释变量，加入控制变量企业性质、企业规模、行业以及被测者性别、年龄和职位得到。模型 B，D，F，H 加入了探索式和利用式创新战略为解释变量。从表 6.3 来看，模型 A 的 F 值为 1.755（$p<0.083$），模型 C 的 F 值为 1.570（$p<0.185$），模型 E 的 F 值为 0.657（$p<0.658$），模型 G 的 F 值为 2.148（$p<0.054$），模型 F 的 F 值为 1.050（$p<0.408$），它们的 R^2 也都非常小，分别为 0.107，0.129，0.055，0.084，0.120，这五个回归模型均不显著。此外，模型 B，D，H 中，探索式创新对知识结构的作用均不显著（$p>0.05$），而利用式创新对知识结构均显著（$p<0.05$），即在四种不同知识结构下，探索式创新与知识结构均不相关，而利用式创新战略与低元素高架构型知识结构不相关，与其他三种知识结构均相关。这表明，大部分企业在元素知识水平不低于架构知识的基础上，都倾向于采用风险较低投入较少的利用式创新，以产生稳定的创新绩效。

（2）知识结构情境下创新战略与创新绩效的回归分析。为了验证假设 1~4，我们使用 SPSS18.0 进行多层线性回归分析，探索知识结构与创新战略的匹配问题对创新绩效的影响（见表 6.4）。以高元素高架构型知识结构的企业作为对象，以企业创新绩效为被解释变量，首先将探索式创新和利用式创新战略作为解释变量和控制变量一起放入回归模型，研究高元素高架构型知识结构的企业采用不同创新战略的效果，得到模型 I。结果显示，模型 I 比较显著，F 值为 24.199（$p<0.001$），R^2 为 0.558。由于 CI 值在 0~10 之间为没有多重共线性问题，在 10~30 之间，则认为存在中等程度的共线性问题。在模型 I 中，CI 值达到 26.788，说明模型存在多重共线性问题。为了避免创新战略与控制变量之间的相关，去掉控制变量，对创新战略单独回归，形成模型 J。模型 J 中 CI 值为 9.280，不存在多重共线性问题，其 F 值为 79.487（$p<0.001$），R^2 为 0.534，即两种创新战略与企业创新绩效的关系均显著，回归系数分别为 0.378（$p<0.001$），0.463（$p<0.001$），假设 1 得到验证。同理，构建另外六个模型。结果显示，模型 L 较显著，F 值为 13.699（$p<0.001$），R^2 为 0.329，高元素低架构模型中利用式创新与创新绩效正相关（$\beta=0.401$，$p<0.05$）、探索式创新与创新绩效不相关（$p>0.05$），假设 3（a）（b）均得到验证。模型 M，N 均显著，F 值为 11.484，9.169（$p<0.001$），R^2 为 0.402，0.237，低元素高架构模型中利用式创新战略与创新绩效不相关（$p>0.05$）、探索式创新战略与创新绩效相关（$\beta=0.475$，$p<0.01$），假设 2（a）（b）得到验证。模型 O，P 均显著，F 值为 22.330，79.425（$p<0.001$），R^2 为 0.550，0.542，低元素低架构模型中利用式、探索式创新战略与创新绩效均相关（$p<0.001$），假设 4 得到验证。

表 6.4　不同知识结构下创新战略与创新绩效的回归分析

变量	模型 I	模型 J	模型 K	模型 L	模型 M	模型 N	模型 O	模型 P
	高元素高架构		高元素低架构		低元素高架构		低元素低架构	
	创新绩效							
	控制变量							
企业性质	0.025 (0.529)		−0.149 (0.062)		0.003 (0.965)		0.026 (0.626)	
企业规模	0.022 (0.373)		0.060 (0.211)		0.040 (0.311)		0.022 (0.396)	
行业	−0.002 (0.835)		0.006 (0.707)		0.000 (0.971)		0.004 (0.697)	
性别	−0.128 (0.050)		−0.088 (0.500)		−0.322 (0.005)		−0.029 (0.720)	
年龄	0.038 (0.429)		−0.028 (0.640)		0.050 (0.520)		0.042 (0.390)	
职位	−0.039 (0.421)		−0.024 (0.654)		−0.037 (0.327)		−0.021 (0.679)	
	解释变量							
探索式创新	0.385*** (0.000)	0.378*** (0.000)	0.259 (0.121)	0.217 (0.199)	0.503*** (0.000)	0.475** (0.001)	0.369*** (0.000)	0.376*** (0.000)
利用式创新	0.448*** (0.000)	0.463*** (0.000)	0.292 (0.105)	0.401* (0.024)	0.028 (0.839)	0.015 (0.920)	0.300** (0.002)	0.325*** (0.000)
F	24.199*** (0.000)	79.487*** (0.000)	2.385* (0.050)	13.699*** (0.000)	11.484*** (0.000)	9.169*** (0.000)	22.330*** (0.000)	79.425*** (0.000)

续表

变量	模型 I	模型 J	模型 K	模型 L	模型 M	模型 N	模型 O	模型 P
	高元素高架构		高元素低架构		低元素高架构		低元素低架构	
	创新绩效							
R^2	0.558	0.534	0.418	0.329	0.402	0.237	0.550	0.542
调整 R^2	0.535	0.527	0.339	0.305	-0.324	0.211	0.525	0.3536
DW	2.042	1.952	1.806	1.856	2.059	2.033	1.784	1.723
VIF	2.262	2.146	1.718	1.490	1.672	1.311	2.222	2.183
CI	26.788	9.280	20.816	8.390	31.437	8.642	19.524	8.512

注：∗表示 $p<0.05$；∗∗表示 $p<0.01$；∗∗∗表示 $p<0.001$。

（3）知识结构与创新战略的适配性分析。通过比较表 6.4 中不同知识结构情境的模型中创新战略对创新绩效的不同影响，可以得出：在高元素高架构型知识结构情境下，探索式创新和利用式创新共同作用才能获得更高的绩效；在低元素高架构型知识结构下，探索式创新战略会导致更高的创新绩效，利用式创新战略对绩效的影响不显著；在高元素低架构式知识结构下，利用式创新战略能正向影响创新绩效，而探索式创新战略对绩效的影响不显著；在低元素低架构型知识结构下，两种创新战略与创新绩效均正相关，说明当两种战略共同实施时，能有更高的创新绩效。由于低元素低架构式知识结构的企业创新绩效均较低，故不考虑该类型知识结构与创新战略的匹配。由此判定以高创新绩效为目标，创新战略与知识结构之间存在适配关系，如图 6.2 所示。

从适配模型可以看出：低元素高架构型知识结构与探索式创新战略相匹配，高元素高架构型知识结构与两种创新战略均相匹配，高元素低架构型知识结构与利用式创新战略相匹配。

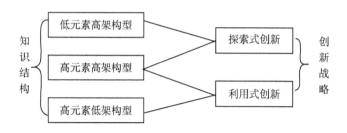

图 6.2   知识结构与创新战略的适配模型

6.1.1.4   研究结论

尽管已有研究运用比较优势理论，从宏观层面对创新战略的选择提出不同建议，但在微观层面上，企业如何利用其知识结构形成比较优势，并据此选择合理的创新战略，从而提升创新绩效却少有研究涉及。一方面，构建知识结构分类模型，基于元素知识和架构知识将知识结构分为高元素高架构、高元素低架构、低元素高架构和低元素低架构四种类型，从全新的角度分析不同类型知识结构对企业创新战略和创新绩效的影响，为知识资源理论的研究提供新的研究视野。另一方面，深入分析不同类型的知识结构与创新战略存在的匹配关系，验证了二者的匹配关系对企业创新绩效的影响，丰富了企业知识管理和创新管理的相关研究。

我们的研究得出以下结论：第一，企业创新战略与四种知识结构存在不同的相关性。其中，探索式创新与四种知识结构均不相关，而利用式创新战略与低元素高架构型知识结构不相关，但与其他三种知识结构均相关。这表明，企业在其元素知识水平不低于架构知识时，若采用风险较低、投入较少的利用式创新则会取得较好的创新绩效。第二，不同知识结构情境下，不同创新战略对创新绩效的影响不同。其中，高元素低架构型知识结构情境下，选择利用式创新战略，而低元素高架构型知识结构情境下，选择探索式创新战略，将会有更高的创新绩效。高元素高架构型知识结构的企业，采用两种创新战略均能获得较高的创新绩效，而低元素低架构型知识结构的企业，若要实现高绩效，则需要改善和优化其知识结构。第三，企业创新战略选择应与企业的知识结构相匹配，才能有效发挥知识对创新绩效提升的作用。

6.1.2　知识结构与开放式创新

随着经济全球化进程的快速发展，如何整合及利用企业内外部资源的开放式创新模式已成为学术界和商业界热切关注的问题。企业更是意识到开放式创新的优势，并花费大量精力获取外界资源，以整合到企业创新网络中。如Linux 将程序发布到互联网上，与全球感兴趣的程序员共同开发和创新，从而形成了 Linux 技术开发的全球化网络。开放式创新是企业为获得内部无法实现的专业知识和技术能力，以降低创新成本同时共享风险的方式。现有文献主要强调焦点企业跨越组织边界获取外部知识和技术的需求，以及开放活动对提升创新产出和绩效指标的积极效应。在企业创新实践中，知识资源是驱动企业获取竞争优势的关键因素，知识结构会影响企业的创新结果。如华为完善的知识管理体系，为其技术的持续创新提供了强大的支撑平台。然而，现有研究更关注企业获取外部知识资源的经济优势以及外部环境对开放式创新活动的潜在影响，较少注意到企业现有知识结构等内部因素对外部知识整合和吸收的互补性作用。此外，关于知识结构的文献大都强调元素知识和架构知识对企业竞争优势的不同影响，而开放式创新的研究多集中于创新活动的内容和结果层面。然而，知识结构是否影响企业开放式创新方式的选择？又是否强化开放式创新与企业竞争力的关系？知识结构与开放式创新之间是否存在有效的适配关系？这些问题鲜有研究但非常吸引人。

我们试图联结开放式创新活动与知识结构，来探讨二者的有效组合对企业竞优势形成的积极作用。以企业竞争力为目标，研究开放式创新活动与知识结构的适配性问题。以元素知识和架构知识为基本维度，将知识划分为两两组合的四种类型，验证开放式创新活动与知识结构的有效适配性关系，从新的视角诠释开放式创新的有效性。本研究强调知识结构特征对开放式创新方式选择的积极意义，为管理者辨识组织知识结构，选择不同类型的开放式创新活动来提升企业竞争力提供了理论依据。

6.1.2.1　理论与假设

（1）开放式创新的研究进展。开放式创新模式在管理领域颇受关注（Chesbrough，2003）。对开放式创新的关注源于其在创新产出和企业绩效上的积极效应。大量文献使用新产品成功、创新绩效和财务绩效等验证开放式创新对企业绩效结果的正向影响。部分研究也关注开放式创新的某一特定方面与绩效的关系，如外部技术商业化、与顾客共同创造价值。

开放式创新活动通常划分为内向型创新和外向型创新两个维度，且两者并不相互排斥。内向型创新是指企业整合外部知识资源进行创新和商业化的过程，包括合作、聚合等多种方式。大量研究强调内向型开放式创新对企业获取外部知识和技术、提升绩效产出的积极作用。如正式和非正式的外部资源获取均有助于改进企业的产品创新和流程创新。企业关注内向型活动能提升其激进式创新绩效和财务绩效。

与此相反，外向型创新是企业将内部有价值的知识产权输给外部组织，由其他组织进行商业化的过程，包括外向许可、剥离和出售互补资源等多种形式。外向型活动已视为企业从创新中受益而无须投资互补性资产的战略活动。技术商业化活动除了获取经济效应外，非货币性收益也刺激企业开放其组织边界。如建立行业标准的优势。已有研究表明外向型活动对企业财务绩效和创新绩效等绩效产出产生积极影响。然而，也有学者指出外向型创新在一定程度上存在缺陷，如开放过程使得企业的知识资产及其收益难以有效保护。

（2）知识结构的类型。知识结构是信息元素被组织的方式，知识结构包含元素知识和架构知识。元素知识由与组织特征相关的特定知识资源、技术和技能组成；架构知识涉及企业的整体结构和流程，具体表现为组织的沟通渠道和信息系统等内容。大多数研究表明知识结构的改变不仅会影响企业创新的绩效后果，而且还会对企业的组织结构，尤其是创新的战略后果产生深刻的影响。我们借鉴知识结构的定义，以元素知识和架构知识水平为基准，将知识结构分为四种类型：高元素高架构型、高元素低架构型、低元素高架构型和低元素低架构型，如图 6.1 所示。通过对企业知识结构进行划分，研究知识结构与开放式创新间是否存在有效匹配关系，这是一个有趣的探索。

（3）开放式创新活动与知识结构的适配关系。资源基础理论认为，知识资源在很大程度上决定了创新战略的制定和实施（Urgal 等，2013）。高元素高架构型知识结构中，元素知识和架构知识均处于较高水平。这类企业不仅拥有丰富的核心技术原理和技能诀窍，也具有良好的技术知识整合方式和运作框架。因此，企业不仅可借助丰富的知识资源推动知识外部应用，还可以利用其良好的层级架构和系统整合能力进行外部资源搜寻，通过内向型创新实现外部知识的探索和整合（Grant，1996），以获得更具竞争力的战略优势。毋庸置疑，此类知识结构为两类创新活动的实施提供了良好的资源基础，但由于知识探索和开发的高成本投入（Laursen 和 Salter，2006），企业需均衡两类开放活动的运营成本，以最优资源分配为企业带来更持久的竞争优势。基于此，我们提出如下假设：

H1：在高元素高架构型知识结构情境下，内向型和外向型开放式创新活动与企业竞争力均正相关。

知识结构反应企业知识资产的不同构成（Henderson 和 Clark，1990）。高元素低架构型知识结构，通常拥有高度专业的知识基础和丰富的知识存储，却缺乏比较系统的内部资源整合框架。由于知识流转和运营等内部管理能力的欠缺，会影响企业从外部环境中提取和整合新知识（Zahra 等，2006），强调新知识搜寻的内向型活动难以有效实施。然而，其丰富的专业技能促进该类企业进行外向型活动，将非核心的知识资产通过技术转让等形式出售给外部企业，转化成经济和战略上的商业优势。因此，高元素低架构型知识结构的企业，更适合采用外向型创新活动。对此，可提出以下假设：

H2：在高元素低架构型知识结构中，相较于内向型创新活动，外向型开放式创新对企业竞争力有显著的正向影响。

知识结构的差异影响企业的组织结构和创新结果。具有低元素高架构型知识结构的企业，由于其知识专业水平较为薄弱，利用其自身知识创新的效果有限，在此情境下选择外向型创新活动即使耗费大量的研发投入也难以实现技术知识的外部商业化。然而，高架构型知识结构具有通畅的沟通渠道和系统的知识整合框架，这有利于企业通过内向型创新活动进行外部知识搜寻，将现有知识和新获取的外部知识进行有效整合，利用知识资产的协同效应为企业提供竞争力来源（Afuah，2002）。因而，低元素高架构型知识结构的企业，更适合采用内向型开放式创新活动。基于此，我们提出以下假设：

H3：在低元素高架构型知识结构情境下，相较于外向型创新活动，内向型开放式创新对企业竞争力有显著的正向影响。

低元素低架构型知识结构，意味着企业既没有丰富的技术知识存量，也缺乏系统的知识运作框架。若要提升其市场竞争地位，需要进行大量知识投入。一方面，企业可通过技术许可等方式购买外部知识，通过内向型活动实现外部知识内部化，从而提升其元素知识的存储量。另一方面，企业可通过联盟或合作等方式构建开放式创新网络，依托外部合作组织疏通信息渠道，健全知识存储架构，将有价值的创新成果快速商业化（Chesbrough 和 Crowther，2006）。因此，在低元素低架构型知识情境下，需要同时考虑两类开放活动，才能接触到外部新知识来源，拓展企业内部知识整合渠道，促进元素知识水平和整体知识架构的有效组合，以形成获取竞争优势的价值基础。对此，可提出以下合理假设：

H4：在低元素低架构型知识结构中，内向型和外向型开放式创新活动与企业竞争力均正相关。

6.1.2.2　研究方法

（1）样本与数据搜集。我们采用方便抽样方法，对湖南、广东、辽宁等多个省份的企业进行数据采集，样本企业信息来自 MBA 和 EMBA 学员、校友等渠道，涉及具有开放式创新和知识密集特征的制造、汽车和生物医药等行业。考虑到被试对企业开放式创新、知识结构和竞争力的了解程度，调查对象主要为在企业工作年限较长，熟知企业产品流程和市场状况的基层和中高层管理者，以及部分核心员工（如技术和市场骨干）。数据收集以网络问卷在线调查和现场问卷发放相结合的方式。由于研究主题立足于组织层面，为充分保证样本数据来源的有效性，每家企业参与调查的被采访者控制在 3 人左右。我们的数据搜集分为两个阶段：第一阶段是预测试，主要用于对问卷题项及因子进行分析，通过 MBA 和 EMBA 课堂现场发放问卷 100 份，得到有效问卷 90 份；第二阶段是正式测试，用于理论假设的检验。研究共发放问卷 400 份，剔除不完整和无效问卷 135 份，得到有效问卷 265 份，回收率为 66.25%。样本特征分布如表 6.5 所示。

表 6.5 样本特征分布

变量	条目	比例	条目	比例
性别	男	71.3%	女	28.7%
职位	高层管理者	25.65%	中层管理者	13.91%
	直线经理	26.09%	核心员工	34.35%
企业类型	国有企业	44.35%	私有企业	30%
	外国企业	14.35%	合资企业	11.3%
企业年龄	< 3 年	5%	3~5 年	9.13%
	5~10 年	10.87%	≥10 年	75%
企业规模	<100 人	12.17%	100~499 人	17.83%
	500~1000 人	7.39%	≥1000 人	62.61%

（2）研究变量。除控制变量外，其他变量的测量均采用里克特量表。问卷调查所用测量指标除知识结构外，均在国外成熟量表的基础上，由两名熟练掌握中英文语言的研究人员通过翻译、回译和调整的方式进行编制。

开放式创新量表采用 Hung 和 Chou（2013）开发的问卷，该量表在参考 Chesbrough（2003）、Chesbrough 和 Crowther（2006）以及 Lichtenthaler 等（2010）等人相关研究的基础上编制，包括内向型和外向型开放式创新两个维度，分别包含 5 个题项。

企业竞争力量表借鉴 Yang 等（2015）开发的量表，包括 5 个题项。

知识结构量表采用笔者先前开发的知识结构调查问卷（姚艳虹和李扬帆，2014）。量表包括元素知识和架构知识两个维度，分别包含 7 个和 6 个题项。

该量表元素知识和架构知识的 Cronbach's α 分别为 0.885 和 0.820。验证性因素分析显示该量表适配度指标如下：$\chi^2/df = 1.932$，RMSEA = 0.072，GFI = 0.929，CFI = 0.967，TLI = 0.948，AGFI = 0.901，IFI = 0.967，NFI = 0.936。因此，知识结构量表具有良好信度与效度。

为排除对研究结果的潜在干扰性因素，我们引入了 5 个控制变量。引入企业年龄作为控制变量是由于成立年限较长的企业可能缺乏采取开放式创新所需的灵活性。企业规模在先前研究中被证实对开放式创新活动产生正向影响。选取市场波动、技术波动和竞争程度作为控制变量是因为这些变量被证实影响开放式创新的绩效结果（Cheng 和 Huizingh，2014）。

6.1.2.3　数据分析与结果

（1）描述性统计与信效度分析。数据搜集后，对每个构念进行了效度分析。首先，进行验证性因子分析，检验变量的结构效度。模型的拟合指数如下：$\chi^2 = 436.528$，$df = 226$，$\chi^2/df = 1.932$，RMSEA = 0.059，CFI = 0.936，IFI = 0.937，TLI = 0.920。参照 Hu 和 Bentler（1999）的判断标准，所有拟合指数都处于理想的范围内，表明该模型有较好的拟合度。此外，探索性因子分析显示，所有构念的 Cronbach's α 和综合信度系数都大于 0.8（如表 6.6 所示），表明模型有较好的内部一致性。其次，大部分题项的因子载荷都大于 0.7，每个潜变量的平均提炼方差都大于 0.5，表明测量模型具有较理想的内聚效度。再次，如果各变量 AVE 的平方根都大于该变量与其他变量的相关系数，则表明判别效度较好。各变量 AVE 的平方根均大于该变量与其他变量的相关系数，如表 6.6 所示，测量模型表现出理想的判别效度。

表 6.6　探索性因子分析

构念		条目	因子载荷	KMO	Cronbach's α	CR	AVE
开放式创新	内向型	IOI1	0.701	0.805	0.821	0.876	0.587
		IOI2	0.796				
		IOI3	0.806				
		IOI4	0.805				
		IOI5	0.716				
	外向型	OOI1	0.667	0.828	0.818	0.873	0.579
		OOI2	0.811				
		OOI3	0.810				
		OOI4	0.778				
		OOI5	0.730				
企业竞争力		C1	0.739	0.821	0.829	0.881	0.597
		C2	0.827				
		C3	0.809				
		C4	0.786				
		C5	0.694				
知识结构	元素知识	CK1	0.772	0.897	0.904	0.926	0.640
		CK2	0.754				
		CK3	0.803				
		CK4	0.825				
		CK5	0.851				
		CK6	0.807				
		CK7	0.785				
	架构知识	AK1	0.776	0.870	0.885	0.912	0.635
		AK2	0.796				
		AK3	0.816				
		AK4	0.780				
		AK5	0.822				
		AK6	0.789				

　　由于研究的数据都来自同一被试，数据结果可能存在共同方法偏差。对此，我们使用 Harman 单因素分析方法进行事后统计分析，对涉及的所有关键

变量进行探索性因子（无旋转）分析。研究发现变量没有加载到一个单一的系数，也没有一个总系数占据数据集的大部分协方差（六个变量中的最高解释方差占总方差解释的 19.143%）。因此，分析结果表明共同方法偏差问题在此并不严重。

（2）模型检验。表 6.7 展示了相关分析结果。相关分析结果表明，各变量显著正相关，且均处于中等相关水平，适合进行回归分析。

表 6.7　描述性统计分析

变量	均值	标准差	1	2	3	4	5	6
内向型开放式创新	3.427	0.761	*0.766*					
外向型开放式创新	3.013	0.857	0.583***	*0.761*				
组织记忆	3.456	0.612	0.361***	0.437***	*0.736*			
元素知识	3.302	0.787	0.383***	0.447***	0.721***	*0.800*		
架构知识	3.465	0.700	0.407***	0.519***	0.678***	0.688***	*0.797*	
企业竞争力	3.400	0.688	0.351***	0.427***	0.603***	0.566***	0.606***	*0.773*

注：$N=265$；对角线上的斜体数字是 AVE 的平方根；＊＊＊表示 $p<0.001$。

根据图 6.1 的知识结构类型矩阵，对企业的知识结构类型进行划分（Kong 和 Zhao，2011）。从问卷中分别选取知识结构量表中元素知识和架构知识的相关条目得分计算均值，获得两者的均值分别为 3.302，3.465，接近 3.5，因此选取元素知识和架构知识测量值大于和小于或等于 3.5，作为知识结构特征的划分标准（Kong 和 Zhao，2011）。据此，将企业知识结构类型区分如下：①高元素高架构型：元素知识和架构知识测量值均大于 3.5。②高元素低架构型：元素知识测量值大于 3.5，架构知识测量值小于或等于 3.5。③低元素高架构型：元素知识测量值小于或等于 3.5，架构知识测量值大于 3.5。④低元素低架构型：元素知识和架构知识测量值均小于或等于 3.5。

利用多层线性回归模型，探索知识结构与开放式创新的匹配对企业竞争力的影响（见表 6.8）。高元素高架构型、高元素低架构型、低元素高架构型和低元素低架构型四种知识结构的企业样本数分别为：74，52，58，81。四类知识结构企业在样本数据中均有分布，分别对四组数据进行计算，见表 6.8 模型 M1~M8，共 8 个回归模型。以高元素高架构型知识结构的企业为对象，以企业竞争力作为被解释变量，首先将内向型和外向型开放式创新与控制变量一起放入回归模型，研究高元素高架构型知识结构的企业采用不同开放式创新活动

表 6.8　匹配的模型结构

变量		高元素高架构		高元素低架构		低元素高架构		低元素低架构	
		M1	M2	M3	M4	M5	M6	M7	M8
控制变量	企业年龄	0.121		-0.001		0.081		-0.024	
	企业规模	0.163		0.144		-0.043		-0.045	
	市场波动	0.077		-0.211		-0.268*		0.080	
	技术波动	0.156*		0.314***		.309***		0.155*	
	竞争程度	0.144		-0.066		-.214		0.159	
自变量	外向型开放式创新	0.108**	0.149**	0.355**	0.307**	0.083	0.044	0.060	0.091
	内向型开放式创新	0.145**	0.207**	0.085	0.041	0.215**	0.118**	0.228**	0.325***
	F	2.288**	3.702***	4.674**	9.706***	4.403***	1.167**	7.195***	18.438***
	R^2	0.196	0.068	0.359	0.247	0.512	0.045	0.356	0.211
	调整 R^2	0.110	0.049	0.152	0.208	0.396	0.006	0.307	0.199

注：* 表示 $p<0.05$；* * 表示 $p<0.01$；* * * 表示 $p<0.001$。

的效果，得到模型 M1。结果显示，模型 M1 比较显著，F 值为 2.288（$p<0.01$），R^2 为 0.196。为了避免自变量与控制变量之间可能存在的相关性，去掉控制变量，对两种开放式创新活动和竞争力单独回归，形成模型 M2。其 F 值为 3.702（$p<0.001$），R^2 为 0.068，即两种开放式创新活动与企业竞争力的关系均显著，回归系数分别为 $\beta_1 = 0.149$（$p<0.01$），$\beta_2 = 0.207$（$p<0.01$），假设 E 得到验证。同理，构建另外 6 个模型。结果显示，模型 M3 和模型 M4 均显著，F 值为 4.674（$p<0.01$），9.706（$p<0.001$），R^2 为 0.359，0.247，高元素低架构模型中，外向型开放式创新与企业竞争力正相关（$\beta=0.307$，$p<0.01$）、内向型开放式创新与创新绩效不相关（$p>0.05$），假设 H2 得到验证。

模型 5 和模型 6 均显著，F 值为 4. 403（$p<0.001$），1. 167（$p<0.01$），R^2 为 0. 512，0. 045，低元素高架构模型中，内向型开放式创新与企业竞争力相关（$\beta=0.215$，$p<0.01$），外向型开放式创新与企业竞争力不相关（$p>0.05$），假设 H3 得到验证。模型 7 和模型 8 均显著，F 值为 7. 195（$p<0.001$），18. 438（$p<0.001$），R^2 为 0. 356，0. 211，低元素低架构模型中，内向型开放式创新与企业竞争力相关（$\beta=0.325$，$p<0.001$），外向型开放式创新与企业竞争力不相关（$p>0.05$），假设 H4 未得到验证。

通过比较表 6.8 中不同知识结构情境下开放式创新对企业竞争力的不同影响，可以得出：在高元素高架构型知识结构中，内向型和外向型活动共同作用才会获得更高的竞争力；在高元素低架构型知识结构中，外向型创新活动对企业竞争力产生正向影响，内向型活动对企业竞争力的影响不显著；在低元素高架构型知识结构下，内向型创新活动产生更高的竞争力，外向型活动对竞争力的影响不显著；在低元素低架构型知识结构下，内向型创新活动与企业竞争力正相关，外向型活动与企业竞争力不相关，这说明在知识储存量和知识框架均较弱的企业，更倾向于采用以外部知识获取为目标的内向型创新活动，这或许是由于技术市场的不完善，以及缺乏系统的内部流程，企业推行外向型创新活动将面临更高的管理挑战。

基于以上分析，知识结构与开放式创新活动之间的适配关系可用图 6.3 表示。

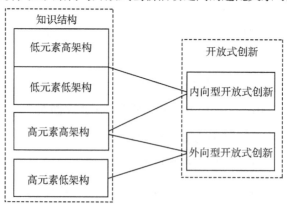

图 6.3 知识结构与开放式创新的适配模型

（3）研究结论。现有关于知识结构的文献大都强调元素知识和架构知识对企业竞争优势的不同影响，而开放式创新的研究多集中于创新活动的内容和结果层面（Chesbrough，2003；Hung 和 Chou，2013）。尽管开放式创新研究中已经涉及知识资源等问题，但鲜有研究讨论开放式创新活动与知识结构之间的关系。一方面，我们从全新的视角分析不同类型的知识结构对企业开放式创新活动选择和竞争优势形成的作用，拓展了知识资源理论的研究结果（Urgal 等，2013）。另一方面，通过深入分析不同知识结构类型与开放式创新活动的适配关系及其对企业竞争力的积极影响，得出开放式创新与企业知识结构存在适配性的新结论，丰富了开放式创新的情境研究。

本研究得出以下结论：在高元素高架构型知识结构中，内向型和外向型创新活动与企业竞争力均正相关；高元素低架构型知识结构下，采用外向型创新活动更有助于形成企业竞争力；低元素高架构型知识结构下，内向型活动比外向型活动更有益于企业竞争力；低元素低架构型知识结构下，企业更倾向于采用内向型创新活动来提升企业竞争力。研究结果为企业依据自身的知识结构特点，采取不同类型的开放式创新活动，最大限度地发挥知识资源在竞争优势形成中的积极作用提供了依据。

6.1.3　知识特征与创新战略的适配性

自主创新、实施创新驱动发展战略，成为我国经济社会发展的重大决策。企业是科技创新的主体，而知识是企业创新活动的关键要素和资源。如何最大化知识资源在创新活动中的推动作用，成为企业创新战略选择的出发点和落脚点。然而在我国产业结构调整和优化升级的大背景下，无视知识资源的基础决定作用，盲目选择创新战略的情况普遍存在。如一些企业在选择创新战略时"拍脑袋"决策，或单纯效仿行业标杆和竞争对手，致使创新战略无法落地实施或流于形式，至今仍贴着"代工厂"或"山寨"的标签，处于全球价值链最底端。事实上，企业正面临困惑——企业创新战略选择的依据是什么？企业知识特征对创新战略选择和创新绩效提升是否存在影响？这些问题的探讨在理论上和实践中意义重大。

　　创新战略是企业进行技术创新活动的具有全局性、长远性和方向性的规划。创新战略从不同的角度有多种分类方法。我们基于创新过程中知识获取和转化方式的不同将创新战略分为探索式创新和利用式创新。已有研究表明，创新战略的制定和实施受创新环境、创新资源和创新路径等因素的影响。但国内学者多从技术能力的角度探讨创新战略选择问题，如从技术能力水平和结构的角度探讨其对创新战略选择和创新绩效的影响（何建洪和贺昌政，2012），从技术能力与领先市场两个维度区分企业创新战略选择的 4 种情景（邢小强等，2010），从企业技术能力和市场需求多样性两个角度分析企业创新战略选择以及对国家自主创新战略的影响（王敏和银路，2007），或实证研究创新战略和知识结构的匹配性对创新绩效的影响（姚艳虹和李杨帆，2014）。企业技术能力本质上是一种知识能力，即企业整合和运用现有内外部知识的能力。知识资源除了其存量水平和结构外，知识特征本身也制约和影响着创新战略的选择和创新绩效水平的高低。换言之，只有识别自身的知识特征，选择与企业知识特征相契合的创新战略，发挥知识的比较优势，才能有效提高创新绩效。尽管国内外学者已分别对知识特征、创新战略和创新绩效开展了大量研究，而且针对知识特征、创新战略、创新绩效两两关系的研究已取得不少理论与实证研究成果（朱亚萍，2014），但迄今为止专门研究知识特征、创新战略和创新绩效三者关系的文献寥若晨星，此外，以往对知识特征的研究多从显性和隐性的角度展开。我们提出全新的知识特征分类方法，从知识嵌入和知识距离两个维度，将知识特征划分为四种类型，更加深入细致地分析知识特征与创新战略的内在适配性及其对创新绩效的影响。

　　我们从知识特征、创新战略与创新绩效三者之间的相互关系入手，提出知识特征与企业创新战略存在适配关系的观点，深入探讨创新战略和知识特征适配度对创新绩效的影响，在理论上丰富创新与知识管理相关研究，实践中为企业合理选择创新战略、提升创新绩效提供理论参考。

6.1.3.1　理论背景和研究假设

　　（1）文献回顾。知识特征是对知识所具有特点的概括总结。以往关于知识特征的研究主要有隐性和显性、嵌入性、模糊性、知识距离等，其中关于显性和隐性的研究最多（Kogut 和 Zander，1992；Nonaka，1994）。知识特征包括嵌入性、模糊性和知识距离三个维度（Cummings 和 Teng，2003）。在此基础上，我们以知识嵌入和知识距离作为知识的特征变量。知识嵌入度定义为知识与其载体不可分割、不可分离的程度（Argote 和 Ingram，2000）。知识距离定义为知识传递各方拥有相似知识的多少，知识距离越大，各方拥有的重叠知识越少（Cummings 和 Teng，2003）。资源基础理论的观点指出创新战略的制定和实施在很大程度上受到知识资源的制约和影响（Urgal 等，2013）。企业已有知识资源的特征决定了其在创新活动中识别新知识以及整合和运用新旧知识的有效程度（Zahra 和 George，2002）。知识的水平流动会增加横向知识存量，进而促进探索式创新；而纵向知识存量对探索式创新和利用式创新均具有促进作用。知识特征通过影响企业知识转移和共享的效率对企业核心技术能力的形成与发展发挥重要作用。因此，探讨企业知识特征对创新战略制定和实施的影响，是提高创新绩效首要和最基础的问题。

实施探索式创新战略或利用式创新战略的企业，创新的侧重点有所不同，从而决定了两类企业获取、消化吸收和应用知识的方式不尽相同。探索式创新更加注重从外部获取新知识，引入先进技术，拓展销售渠道，满足新兴市场的需求，因此需要以多元化的知识为基础。利用式创新通常基于企业已有知识、组织结构和运营流程，对现有的产品、服务和渠道等予以改进，满足现有市场的需求，因此需要以深入扎实的专业知识为基础。

已有关于知识特征与创新战略的研究，通常仅限于讨论单向的作用关系。我们借鉴相关研究成果，基于中国本土企业的知识特征，对不同创新战略选择情境下的企业创新绩效进行对比分析，试图揭示蕴含在创新战略与知识特征之间的内在适配关系，为企业提升创新绩效提供理论依据和实践指导。

（2）研究假设。知识特征是指组织内部知识的特点和属性，代表组织特有的知识状态。知识特征中的知识嵌入是知识流动过程中的情境依赖，代表知识与其载体不可分离的程度；知识可以嵌入工具、人员、流程及相关子网络中，载体的特点在一定程度上限制了知识共享和转移的效率。而内部知识共享是组织创新的前提，如果组织成员不能很好地利用组织技术设备，无法与知识丰富的员工充分接触交流，对于组织任务及流程不能较好地理解，则会造成组织知识流动不畅，组织创新难以顺利开展。然而知识嵌入度高的企业通常具有高度专业化的知识，深厚的专业知识一方面让企业在本领域具有独特的技术优势，有助于利用性创新的开展；另一方面却不利于企业对其他技术领域知识的吸收与整合。当企业知识主要集中于某一技术领域，有可能面临一系列技术创新风险，如能力陷阱、路径依赖、核心刚性、非本处发明的态度等，该类企业通常倾向于利用内部知识开展创新，忽视对外部知识的整合，进而抑制探索式创新的产生。知识特征中的知识距离代表各知识主体在知识类型、结构和层次方面的差异。知识距离较大时，组织成员间思维方式和沟通方式存在差异，对知识如何应用缺乏共识，进而造成组织知识共享和转移困难，不利于利用式创新活动的开展。然而，知识距离较大，表明组织成员间重叠知识较少，组织成员的知识领域和知识位势不尽相同，企业内部存在多元化的知识资源，有助于整合不同领域和层面的知识提出创新性的解决方案，推动探索式创新的开展。基于知识嵌入和知识距离水平的高低，我们认为知识特征可以划分为四种类型：低嵌入低距离、低嵌入高距离、高嵌入低距离和高嵌入高距离。

　　高嵌入高距离知识特征，常见于大学、科研机构和新近成立的高新技术企业。组织不仅在本领域具有深入扎实的专业知识，而且很难被其他组织模仿和复制，同时成员间存在多元化的知识体系，知识资源较为丰富。但组织知识对情境的高度依赖降低了知识转移的效率，员工间知识基础和知识结构的巨大差异使沟通交流变得困难，知识流动速率和利用效率受到限制。提高创新绩效的关键主要在于优化组织的知识状态和知识分布。一方面通过构建知识共享的组织情境，拓展知识的组织范围，将外部知识内部化，结合组织内部多元化知识进行探索式创新，从而提升创新绩效；另一方面可通过组织学习，建立知识共享通道，缩小组织成员间的知识差距，提高企业共享和利用已有知识资源的效率，实施利用式创新战略以提升创新绩效。因此，在高嵌入高距离知识特征下，综合实施双元式创新战略有助于提高企业创新绩效。基于以上分析，提出研究假设如下：

假设1：高嵌入高距离知识特征下，探索式和利用式创新战略与企业创新绩效均正相关。

低嵌入高距离知识特征下，企业缺乏专业化的知识基础，但知识活性较高，易于转移和共享，同时员工间沟通交流虽存在一定障碍，却为企业提供了多元化的知识资源。低知识嵌入的企业由于知识黏性和情境嵌入性较低，知识转移的路径依赖不强，知识在部门之间转移和共享较为顺畅，同时多元化的知识体系有利于员工进行思想碰撞，激发创意的产生，为企业开展探索式创新提供有利条件。而利用式创新强调整合和优化升级企业现有知识，由于员工间缺乏共同的知识基础，在改进产品和服务的沟通交流上难以达成共识，同时受知识深度的限制，企业实施利用式创新战略缺乏相应的资源支撑，难以取得有竞争力的产品或服务。基于此，我们提出假设如下：

假设2：低嵌入高距离知识特征下，相较于利用式创新，探索式创新战略对企业创新绩效有显著的正向影响。

高嵌入低距离知识特征下，企业知识情境依赖性较强，转移和共享难度较大，员工间知识差距较小，同质化程度较高。由于企业知识高度嵌入企业生产流程和运营网络中，其应用途径和范围受到较大限制，但能带来"专用性"效率。由于存在共同的知识基础，员工间沟通交流较为顺畅，容易就相关问题进行深入探讨并达成共识，这为企业集中一点改进产品和服务创造了条件，因此，在该知识特征下，实施利用式创新战略有助于提高企业创新绩效。而探索式创新强调知识的高速自由流动、多元化的知识基础以及对外部先进知识的甄选、消化吸收和利用的能力。显然，高嵌入低距离知识特征下实施探索式创新战略收效甚微。基于以上分析，我们提出研究假设如下：

假设3：高嵌入低距离知识特征下，相较于探索式创新，利用式创新战略对企业创新绩效有显著的正向影响。

低嵌入低距离知识特征下，企业知识既可以在内部自由流动，同时能被全体员工学习和利用，知识转移和共享效率较高。但低嵌入低距离，意味着企业既缺乏先进的专业化知识，同时员工个体知识同质化现象严重，企业知识存量和知识层次处于较低水平。这类企业虽然可以生存，但前景堪忧。通过加大知识投入，大力引进外部先进的专业技术知识，利用内部沟通渠道和知识交流平台进行知识共享，有助于提升企业整体知识水平，在此基础上实施利用式创新，对已有产品和服务进行优化升级，可以有效提高企业创新绩效。此外，通过鼓励探索性学习，增加企业知识的多样性，开展创新思维培训，组建跨部门研发团队，实施探索式创新，将有助于创新绩效的提升。基于此，我们提出假设如下：

假设4：低嵌入低距离知识特征下，探索式和利用式创新战略与企业创新绩效均呈正相关关系。

6.1.3.2 测量和数据

（1）研究样本及数据收集。我们采用方便抽样的方式开展问卷调查，调查对象来自湖南、广东、北京等地40多家企业不同层级的员工，在企业人力资源部的协助下完成发放，部分问卷的发放对象为某高校的 EDP 和 EMBA 学员。为了让受访者如实客观作答，所有问卷采用无记名方式进行，同时向受访者承诺对问卷结果严格保密。我们共发放问卷 560 份，其中有效问卷 400 份，问卷有效回收率为 71.4%。

（2）变量测量。问卷调查主要包括知识特征、创新战略和创新绩效三个变量，除控制变量外，所有变量的测量均采用 Likert 5 级量表，"1"表示非常不符合，"5"非常符合。所用量表均为国外成熟量表，通过翻译、回译和调整的方式得到相应的中文量表。

知识特征的测量借鉴 Cummingsa 和 Teng（2003）编制的知识特征问卷，选取知识嵌入和知识距离两个维度，共 8 个题项。

创新战略的测量采用 Jansen 等（2006）编制的创新战略问卷，探索式创新和利用式创新各 7 个题项。

创新绩效的测量采用 Rundquist（2012）的创新绩效问卷，共 6 个题项。

（3）信效度检验。运用 SPSS18.0 对 28 个题项进行信度检验，各变量的 Cronbach's α 系数和 KMO 值均超过 0.8，累计解释方差均大于 0.5，表明具有较好的内部一致性信度，通过效度检验。同时，通过探索性因子分析得知，所有题项在其相应构念上的因子载荷值均大于 0.5，表明研究问卷的聚合效度较好（见表 6.9）。

表 6.9　各量表信度、效度分析结果

变量	KMO 值	Cronbach's α	变量	Cronbach's α
知识特征	0.943	0.929	知识嵌入	0.869
			知识距离	0.811
创新战略	0.935	0.928	探索式创新	0.893
			利用式创新	0.857
创新绩效	0.874	0.877		

借助 AMOS18.0 进行验证性因子分析来检验量表的判别效度和收敛效度。对照模型的评判标准，表 6.10 的结果表明，各项拟合指标均较为理想，我们所用问卷具有良好的结构效度。

表 6.10　各量表验证性因子分析结果

模型	χ^2/df	RMSEA	CFI	IFI	TLI
知识特征	2.072	0.063	0.943	0.943	0.935
创新战略	1.942	0.049	0.980	0.980	0.972
创新绩效	1.661	0.041	0.996	0.996	0.991

6.1.3.3　研究结果

（1）知识特征与创新战略的相关性分析。按照知识特征类型矩阵，企业知识特征可以分为四种类型，参照已有研究关于高低特征的划分依据（朱青松，2007），对问卷中知识嵌入和知识距离的相关题项得分计算均值，两个子维度的平均得分水平分别为 3.52 和 3.48，由此可知市场上企业知识特征的总体平均水平在 3.5 左右，由此，我们得到企业知识特征高低的临界值。据此，我们对已调查企业的知识特征作出如下区分：①低嵌入低距离：知识嵌入和知识距离测量值均小于或等于 3.5；②低嵌入高距离：知识嵌入测量值小于或等

于3.5，知识距离测量值大于3.5；③高嵌入低距离：知识嵌入测量值大于
3.5，知识距离测量值小于或等于3.5；④高嵌入高距离：知识嵌入和知识距
离测量值均大于3.5。上述四种知识特征类型的企业在样本中的分布为：168，
51，58，123。四种知识特征类型的企业在样本中均有体现，比较符合市场上
的实际情况。

各变量的均值、标准差和相关系数（见表6.11）显示：背景变量、自变
量和因变量之间都存在显著的相关关系（$p < 0.001$）。具体而言，知识特征与
探索式创新呈现显著正相关关系（$r = 0.616$，$p < 0.001$）；知识特征与利用式创
新呈现显著正相关关系（$r = 0.635$，$p < 0.001$）；探索式创新与创新绩效呈现显
著正相关关系（$r = 0.733$，$p < 0.001$）；利用式创新与创新绩效呈现显著正相关
关系（$r = 0.724$，$p < 0.001$）。这些结果为相关变量之间的关系分析和模型检验
提供了必要的前提。

表6.11　变量描述性统计及相关性分析

变量	均值	标准差	1	2	3	4	5	6
1. 知识嵌入	3.52	0.737	1					
2. 知识距离	3.48	0.719	0.652***	1				
3. 知识特征	3.50	0.661	0.911***	0.907***	1			
4. 探索式创新	3.73	0.694	0.582***	0.537***	0.616***	1		
5. 利用式创新	3.65	0.637	0.603***	0.551***	0.635***	0.802***	1	
6. 创新绩效	3.49	6.94	0.579***	0.536***	0.614***	0.733***	0.724***	1

注：＊表示$p < 0.05$；＊＊表示$p < 0.01$；＊＊＊表示$p < 0.001$。

（2）不同知识特征下创新战略与创新绩效的回归分析。我们采用多层线
性回归模型对假设1～4逐条进行验证（见表6.12）。在模型A～H中，方差膨
胀因子VIF的取值范围为1.610～2.832，容忍度取值范围为0.353～0.905，均
在允许的范围内，表明相关变量间不存在较强的多重共线性问题。针对高嵌入
高距离知识特征的企业，首先构建模型A，研究该类型企业采用探索式创新和
利用式创新对创新绩效的影响。结果表明，模型A较为显著，F值为18.410
（$p < 0.001$），R^2为0.564。为避免自变量与控制变量之间可能存在的相关性，

排除控制变量，对创新战略和创新绩效单独回归，得到模型 B。其 F 值为 66.844（$p<0.001$），R^2 为 0.527，探索式创新战略和利用式创新战略与企业创新绩效存在显著的正相关关系，回归系数分别为 0.459（$p<0.001$），0.422（$p<0.001$），假设 1 得到支持。依次建构模型 C~H。其中，模型 D 的 F 值为 9.919（$p<0.001$），R^2 为 0.265，利用式创新战略与企业创新绩效的关系较为显著，回归系数为 0.421（$p<0.05$），而探索式创新战略与创新绩效的关系不显著（$p>0.05$），假设 3 得到验证。模型 E，F 均显著，F 值为 2.376（$p<0.05$），8.501（$p<0.01$），R^2 为 0.312，0.262，低嵌入高距离模型中探索式创新战略与企业创新绩效的关系较为显著，回归系数为 0.333（$p<0.05$），而利用式创新战略与创新绩效的关系不显著（$p>0.05$），假设 2 得到验证。模型 G，H 均显著，F 值为 25.095（$p<0.001$），95.622（$p<0.001$），R^2 为 0.558，0.537，低嵌入低距离模型中探索式、利用式创新战略与创新绩效均相关（$p<0.001$），假设 4 得到验证。

表 6.12　不同知识特征下创新战略与创新绩效的回归分析

变量	模型 A	模型 B	模型 C	模型 D	模型 E	模型 F	模型 G	模型 H
	高嵌入高距离		高嵌入低距离		低嵌入高距离		低嵌入低距离	
	创新绩效							
性别	−0.177* (0.017)		−0.112 (0.449)		0.111 (0.394)		−0.140 (0.068)	
年龄	0.077 (0.252)		−0.003 (0.975)		0.117 (0.170)		−0.012 (0.797)	
职位	−0.018 (0.742)		0.064 (0.551)		−0.005 (0.957)		−0.044 (0.364)	
企业年龄	−0.006 (0.913)		−0.007 (0.933)		−0.041 (0.600)		0.004 (0.927)	
企业规模	0.012 (0.727)		0.071 (0.205)		0.002 (0.962)		0.038 (0.190)	

续表

变量	模型 A	模型 B	模型 C	模型 D	模型 E	模型 F	模型 G	模型 H
	高嵌入高距离		高嵌入低距离		低嵌入高距离		低嵌入低距离	
	创新绩效							
行业	0.001 (0.878)		-0.016 (0.390)		0.009 (0.589)		0.005 (0.566)	
	解释变量							
探索式 创新	0.463*** (0.000)	0.459*** (0.000)	0.252 (0.193)	0.281 (0.127)	0.292 (0.080)	0.333* (0.028)	0.388*** (0.000)	0.370*** (0.000)
利用式 创新	0.402*** (0.000)	0.422*** (0.000)	0.471* (0.019)	0.421* (0.029)	0.267 (0.151)	0.222 (0.193)	0.329*** (0.000)	0.364*** (0.000)
F	18.410*** (0.000)	66.844*** (0.000)	3.477** (0.003)	9.919*** (0.000)	2.376* (0.033)	8.501** (0.001)	25.095*** (0.000)	95.622*** (0.000)
R^2	0.564	0.527	0.367	0.265	0.312	0.262	0.558	0.537
调整 R^2	0.533	0.519	0.261	0.238	0.180	0.231	0.536	0.531
DW	1.912	1.927	1.775	1.801	1.900	1.850	2.102	2.130
VIF	2.397	2.350	1.785	1.675	1.787	1.610	2.832	2.539

注：*表示 $p<0.05$；**表示 $p<0.01$；***表示 $p<0.001$。

（3）知识特征与创新战略的适配性分析。基于表 6.12 的实证检验结果，可以发现在不同的知识特征类型下，探索式和利用式创新战略对创新绩效的影响存在显著差异：在高嵌入高距离知识特征下，探索式和利用式创新均能获得较高的创新绩效；在高嵌入低距离知识特征下，相较于探索式创新战略，利用式创新战略能带来更高的创新绩效；在低嵌入高距离知识特征下，相较于利用式创新战略，探索式创新战略能带来更高的创新绩效；低嵌入低距离知识特征下，探索式和利用式创新战略与创新绩效均正相关，说明双元式创新能为该类型企业带来较好的创新绩效。基于以上分析，可以用图 6.4 来表示创新战略与知识特征之间存在的适配关系。

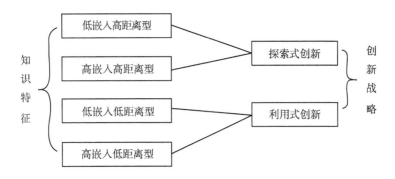

图 6.4　知识特征与创新战略的适配模型

从适配模型可以看出：以高创新绩效为目标，低嵌入高距离知识特征与探索式创新战略适配，高嵌入低距离知识特征与利用式创新战略适配，高嵌入高距离知识特征及低嵌入低距离知识特征与两种创新战略均适配。

6.1.3.4　研究结论

从知识管理的角度研究组织创新问题，在管理研究中方兴未艾。我们以方便抽样法对企业不同层次员工进行问卷调查，探索知识特征与创新战略之间的适配关系，以及基于适配关系的创新战略选择对创新绩效的影响。通过理论分析和实证研究，得出以下结论。

（1）知识特征与探索式创新和利用式创新均存在显著的正相关关系，探索式创新和利用式创新与创新绩效显著正相关。该结果补充和扩展了以往学者关于知识特征与创新战略关系的研究。除隐性和显性、知识专门化、知识储备之外，知识嵌入和知识距离也是影响创新战略制定与实施的知识特征变量。

（2）企业创新战略与知识特征的适配能有效提高创新绩效。其中，高嵌入低距离知识特征下，选择利用式创新战略，低嵌入高距离知识特征下，选择探索式创新战略，将会有更高的创新绩效。高嵌入高距离和低嵌入低距离知识特征的企业，实施二元式创新能获得较高的创新绩效。该结论从知识自身特征的角度，佐证了国内外关于知识资源与创新战略的研究，是对资源基础理论的支持和发展。

研究结论对中国企业创新管理有重要意义。改革开放以来，以"三来一补"为代表的外向型代工企业带动沿海经济飞速发展。然而随着国内外经济环境的变化，这些代工企业面临着要么战略转型要么被淘汰的命运。增强自主创新能力、实现创新驱动发展不仅成为国家战略方针，也是企业在全球化背景下谋求生存和发展的必由之路。如何制定和实施适合企业实际情况的创新战略成为企业管理者的棘手问题。基于结论，知识特征在企业攀登全球价值链高端的过程中发挥着基础导向作用。低嵌入高距离知识特征的企业，因其知识转移和共享的高效率和多元化，更适合采用探索式创新战略；高嵌入低距离知识特征的企业在专业知识深度和沟通交流学习方面具有优势，因此更适合采用利用式创新战略；高嵌入高距离知识特征的企业专业知识深度和广度方面均具有比较优势，但在知识转移、共享和利用效率上存在劣势，而低嵌入低距离知识特征的企业则刚好相反，因此这两种类型的企业需要综合实施二元式创新能够获得较好的创新绩效。

本研究提出了新的知识特征分类模型，综合考虑知识嵌入和知识距离水平的高低，将知识特征分为低嵌入低距离、低嵌入高距离、高嵌入低距离和高嵌入高距离四种类型，为解读企业的知识特征和状态提供了一个全新的思路，丰富了知识资源理论的研究视角。另外，通过理论分析，提出企业知识特征与创新战略存在内在适配关系的假设，运用实证数据验证了两者的适配性对创新绩效的影响，丰富和拓展了企业知识管理和战略管理、创新管理领域的交叉性研究。

6.2　知识情境与创新绩效

6.2.1　知识结构与突破式创新绩效

突破式创新是企业前所未有的一种创新行为，能够大幅度提升创新绩效。突破式创新通过打破企业原有价值网络，构筑新的核心能力，对产业竞争进行技术和市场的双重颠覆，是企业获取可持续竞争优势的一种方式。突破式创新不仅可以更好地满足现有顾客和潜在市场的需求，在市场中保持主导地位；而且能够创造新的市场，为企业提供占领市场份额的机会，甚至影响产业的重新洗牌与社会经济发展。由于对已有的创新要素依赖性较小，突破式创新被视为实现跨越式追赶的绝佳机会窗口。企业开展突破式创新需要对科学知识进行探索，因而企业内部知识结构对突破式创新有重要影响。

知识是企业最重要的生产要素资源，对创新成功起关键的推动作用。知识结构决定了企业使用和配置不同资源的能力，合理的知识结构是提升企业创新能力、保持竞争优势的关键前提。宝洁前总裁德克·雅格在接受中央电视台的采访中表示，知识和思想的更新是宝洁的优势所在，在市场竞争的全球化背景下，必须把公司在全球的创新与知识结合起来。同样，以矢志创新为企业价值的西门子公司也十分注重知识管理，西门子研究中心通过对具有潜力的突破性创新技术进行系统地探寻、辨别、评估、验证和孵化，与西门子的业务相结合实现商业化，足以表明知识对突破式创新的重要意义。

现有关于知识结构的研究多侧重在定义、内涵及其对企业成长和竞争力的影响，有文献从知识的显性和隐性角度，探讨知识结构对企业技术创新的影响（郭东强等，2015），但尚少研究知识结构与企业突破式创新的关系。有学者提出从知识创造的视角动态审视企业创新活动（Nonaka，1994），动态能力有利于培养企业的竞争优势，但尚少见到动态能力对突破式创新影响的实证研究。然而以突破式创新为目标，系统研究知识结构、知识动态能力对突破式创新的作用机理尚少见到。知识结构是否对突破式创新产生直接影响？知识动态能力在二者关系中分别扮演什么角色？对这些问题的探索，有助于我们找寻突破式创新的成功路径。

我们分析组织的知识结构和知识动态能力对企业突破式创新的交互作用机制，试图找寻企业突破式创新能力形成的关键因素。提出"知识结构—知识动态能力—突破式创新"关系模型并实证检验，发现企业知识结构中的知识整合能力比核心知识本身更能促进突破式创新。我们的研究成果为解释知识与创新的关系提供了新思路，试图揭示突破式创新的情境影响要素，发现突破式创新的实现机制。同时为企业优化知识结构、促进突破式创新提供理论依据。

6.2.1.1　理论回顾与研究假设

（1）知识结构对突破式创新的影响。知识可分为可表达、用于沟通、外显的显性知识和非具体、主观经验性、无法传授的隐性知识（Nonaka 和 Takeuchi，1995）。知识结构包括元素知识和架构知识（Henderson 和 Clark，1990），认为企业无论是哪种知识结构的改变都会对已有能力产生影响，其中元素知识代表企业的元件核心设计原理等知识，架构知识是指元件间整合方式和系统性知识。随后还有其他学者均采用元素知识和架构知识概念研究知识搜寻和技术创新等问题（郭东强等，2015）。我们借鉴 Herderson 和 Clark（1990）的对知识结构的定义，从元素知识和架构知识两个维度研究其对突破式创新的影响。而突破式创新是以新知识为基础，对现有技术产生破坏甚至替代的作用，主要表现为新产品的开发、技术的根本性变革以及吸引新消费者进入新市场。突破式创新通过在现有产品中不断注入新技术，使其更好地满足顾客需求，能够快速帮助企业占领市场份额并获取主导地位，从而提升竞争力和企业绩效。

根据资源基础理论，资源的异质性是企业形成竞争优势的源泉，知识结构的差异使企业资源使用和配置能力产生差异，从而对企业的创新活动产生不同影响。元素知识是针对个体、团体和企业中解决特定问题所需的有关元件概念、核心设计原理及任务实现方式的知识，是知识结构的基础。为满足市场不断变化的需求，强调获取新知识的突破式创新要在稳定的核心元素知识基础之上开展。知识元素是知识本身，是企业创新的基础。架构知识是元件之间整合为有机系统的知识，是元素知识间连接性的知识，主要包括可以被识别的问题和解决模式，表现为企业的沟通方式、信息过滤机制及问题解决方法等。高架构知识水平的企业可以有效协调内外部元素知识，充分利用沟通渠道和流程，有效整合企业内外部知识改良现有产品，快速满足市场中消费者的新需求，实现创新。在整合过程中超越现有知识，获取新技能和新渠道，开发新产品或服务，满足新兴市场的需要，进行突破式创新。突破式创新是一种突破乃至颠覆核心理念或模块与元件的创新，旨在创造运用全新架构知识、系统元件的新产品，具有强风险性和不确定性。这要求企业能够将元素知识高效整合，所以架构知识是突破式创新的基础和动力。另外，在知识获取方面，架构知识对企业创新能力的提升有显著影响，但元素知识不具有显著影响。

因此，提出以下假设：

H1：知识结构与突破式创新正相关。

H1a：元素知识与突破式创新正相关。

H1b：架构知识与突破式创新正相关。

H1c：架构知识比元素知识更有利于突破式创新的产生。

（2）知识动态能力的中介作用。动态能力理论是在传统资源观理论的基础上提出的。动态能力是企业"对内外部竞争能力进行整合、构建或重置以适应快速变化的外部环境的能力"（Teece，2007）。从学习和知识演化的角度来看，动态能力是通过学习获得的使企业能系统产生调整运营惯例提高效率的能力（Zollo和Winter，2002）。动态能力是企业运用资源以适应或创造市场变革的一种可识别的常规过程和惯例，由整合能力、重构能力、获取能力和释放能力四个过程构成。基于资源基础观，知识动态能力是企业动态应用和调整企业知识库来获取竞争优势的能力。知识动态能力也被定义为企业通过动态应用和调整知识库并系统解决问题的潜力（Han，2015）。我们借鉴此观点，将知识动态能力从知识感知、知识利用和知识再配置三个能力维度来进行分析。

知识结构决定了动态能力的形成。动态能力研究学者逐渐将知识作为最具战略价值的资源，各类型的知识活动是企业动态能力形成的来源，动态能力的演化依赖于企业的知识管理活动。动态能力随着知识变化而变化，其演化过程就是追求新知识的过程。具有异质性特征的知识结构是动态能力的基础，相关的知识管理和知识创新活动都能够促进企业动态能力的发展。

知识动态能力对突破式创新也有一定影响。企业通过知识开发、保留、利用等一系列动态活动感知应对变革，并使用内外部知识来实现创新绩效。从企业知识理论的角度来看，动态能力和创新都被赋予了知识的含义：创新活动是企业现有知识存量的重新组合，知识存量所形成的知识结构影响企业配置资源和发掘机会；动态理论作为管理领域中的重要理论，解释了在变幻多端的环境中知识结构如何推进突破式创新活动的实施。动态能力是企业创造性使用企业内外部知识资源以适应环境变化，决定了企业主动从外部网络中搜寻有价值信息的积极性和可能性，进而将企业内外部知识进行整合。知识感知能力使企业发现创新缺口、捕捉机会快速反应，知识利用能力使企业作出决策整合知识形成优势，知识再配置能力有助于企业有效重组和转化知识结构，最终导致创新行为的发生。现有研究发现，知识动态能力有助于企业克服惯性、学习新技能、开展创新项目进行战略变革，即促进企业创新。在突破式创新的过程中企业需要结合需求对资源基础进行调整，动态能力通过协调资源信息进而推动创新。因此，提出以下假设：

H2：知识动态能力在知识结构与突破式创新的关系中起中介作用。

6.2.1.2 研究设计

（1）研究样本及数据收集。我们采用方便抽样方法，首先在湖南省内搜集 100 份数据进行预调查以评估问卷有效性及遣词恰当性，修改完善后再展开正式问卷调查。为获得企业创新发展的准确信息，调查对象主要涉及企业中高层管理者和资深员工。问卷以委托企业人力资源部现场发放为主，电子版问卷发放为辅的方式进行。考虑到数据搜集的原始性和便捷性，样本企业主要来自湖南、广东、辽宁、北京、江苏、浙江、上海、四川等地，涉及制造、计算机软件、通信服务、汽车等行业。我们共发放 400 份问卷，为获得尽量真实的数据，保护被试的隐私及消除被试的疑虑，所有问卷均采用不记名方式进行。在剔除一致性过高及填写不完整的问卷后，最终共获得 283 份有效问卷，有效问卷回收率为 70.75%。其中，性别方面，男性比例为 68.9%，女性比例为 31.1%。学历方面，本科学历以上人员占 94.3%。职位方面，高层管理人员占 7.4%，中层管理人员占 19.8%，基层管理人员占 27.9%，资深员工占 44.9%。企业性质方面，国有企业占 45.2%，民营企业占 32.2%，外资企业占 12.4%，中外合资企业占 10.2%。公司年龄方面，5 年以上的企业占 83%。公司规模方面，500 人以上的企业占 68.5%。

（2）研究工具。除控制变量外，其他变量的测量均采用里克特量表。问卷调查所用测量指标均在国外成熟量表的基础上，由两名熟练掌握中英文语言的研究人员通过翻译、回译和调整的方式进行编制。

知识结构的量表采用笔者于 2014 年开发的量表（姚艳虹和李杨帆，2014），包含元素知识和架构知识两个维度，元素知识包括公司专利、员工专业技能等 7 个题项，架构知识包括知识传播速度、部门间沟通合作程度等 6 个题项。

突破式创新的量表在先前量表的基础上修订而成（Jansen 等，2006）。

知识动态能力量表在借鉴 Han（2015）、Zheng 等（2011）等人相关研究的基础上编制而成，该变量包含运用知识补救客户投诉、辨识机会与威胁等 7 个题项。

在研究模型中，企业性质、企业年龄、企业规模及其所属行业等可能会影响问卷的结果，因此将它们作为控制变量。

（3）问卷信效度分析。使用 SPSS23.0 统计分析软件对问卷进行信度分析和探索性因子分析，结果如表 6.13 所示。各量表的 Cronbach's α 值在 0.773 ~ 0.944 之间，均在 0.75 以上，表明量表具有较好的内部一致性。各量表 KMO 值均大于 0.8，累计解释方差均大于 0.5，通过效度检验。

使用 AMOS18.0 数据分析软件对各量表进行验证性因子分析，检验模型的效度，结果如表 6.14 所示。参考模型的判断标准，$\chi^2/df<3$，RMSEA<0.08，CFI>0.90，IFI>0.90，TLI>0.90，修正后各项拟合指标均较理想，因此所有问卷具有良好的结构效度。

表 6.13　各量表信度、效度分析结果

变量	KMO 值	Cronbach's α	变量	Cronbach's α
知识结构	0.940	0.944	元素知识	0.928
			架构知识	0.908
知识动态能力	0.917	0.922		
突破式创新	0.885	0.917		

表 6.14　各量表验证性因子分析结果

模型	χ^2/df	RMSEA	CFI	IFI	TLI
知识结构	2.640	0.076	0.963	0.963	0.953
知识动态能力	2.109	0.063	0.989	0.989	0.982
突破式创新	2.188	0.065	0.995	0.995	0.988

6.2.1.3　研究结果

（1）描述性统计及相关性分析。各变量的均值、方差和相关系数如表 6.15 所示，自变量、因变量、中介变量及调节变量均显著相关（$p<0.01$）。其中，元素知识与突破式创新呈现显著正相关关系（$p<0.01$），元素知识与知识动态能力呈现显著正相关关系（$p<0.01$），架构知识与突破式创新呈现显著正相关关系（$p<0.01$），架构知识与知识动态能力呈现显著正相关关系（$p<0.01$），知识动态能力与突破式创新呈现显著正相关关系（$p<0.01$）。这些结果为后续相关变量之间的关系分析及调节效应和中介效应的检验提供了必要的前提条件。

表 6.15　描述性统计分析

变量	均值	方差	1	2	3	4
1. 元素知识	3.377	0.814	1			
2. 架构知识	3.516	0.729	0.724**	1		
3. 知识动态能力	3.570	0.708	0.711**	0.795**	1	
4. 突破式创新	3.802	0.769	0.647**	0.697**	0.766**	1

注：*表示在 0.05 显著性水平下显著；**表示在 0.01 显著性水平下显著；***表示在 0.001 显著性水平下显著，下同。

（2）模型检验。第一，直接效应的假设检验。为了进一步检验假设 1，使用 SPSS23.0 统计分析软件、采用多层回归模型验证变量间的关系。如表 6.16 所示，首先将突破式创新作为因变量，将控制变量放入回归模型，得到模型 1。引入自变量元素知识得到模型 2。当模型 2 引入元素知识后，对突破式创新的解释力度增加（$\triangle R^2 = 0.375$，$p < 0.001$），元素知识与突破式创新的正向相关关系得到验证（$\beta = 0.658$，$p < 0.001$），该结果支持假设 H1a。同理，模型 3 引入架构知识后，对突破式创新的解释力度增加（$\triangle R^2 = 0.448$，$p < 0.001$），架构知识与突破式创新的正向相关关系得到验证（$\beta = 0.683$，$p < 0.001$），该结果支持假设 H1b。由此知识结构与突破式创新正相关，假设 H1 部分得到验证。

表 6.16　多元线性回归分析结果

变量	突破式创新		
	模型 1	模型 2	模型 3
控制变量			
企业性质	0.119** (0.046)	0.013 (0.037)	0.019 (0.034)
企业年龄	−0.003 (0.052)	−0.034 (0.041)	−0.024 (0.038)
企业规模	0.075 (0.045)	−0.059 (0.036)	0.015 (0.033)

续表

变量	突破式创新		
	模型 1	模型 2	模型 3
所属行业	-0.160^{**} （0.014）	-0.021 （0.011）	-0.107^{**} （0.010）
解释变量			
元素知识		0.658^{***} （0.038）	
架构知识			0.683^{***} （0.034）
环境波动			
F	3.722^{**}	41.112^{***}	55.116^{***}
R^2	0.051	0.426	0.499
调整 R^2	0.037	0.416	0.490
$\triangle R^2$	0.051	0.375	0.448
DW	1.763	1.881	1.857

第二，知识动态能力的中介作用检验。使用 AMOS18.0 统计分析软件进行潜变量路径分析，拟合方程的相关参数如表 6.17 所示。三个模型的各拟合指标均达到适配标准，但模型一的各拟合指标均更适配，为最佳匹配模型。其中 χ^2/df 为 2.192，RMSEA 为 0.065，CFI 为 0.943，IFI 为 0.944，TLI 为 0.937，拟合度最理想。

表 6.17　结构方程模型比较

模型	χ^2/df	RMSEA	CFI	IFI	TLI
模型一（完全中介）	2.192	0.065	0.943	0.944	0.937
模型二（部分中介）	2.287	0.068	0.939	0.939	0.932
模型三（直接作用）	2.684	0.077	0.943	0.944	0.934

根据完全中介模型分析得到该模型的路径系数结果（见表 6.18）。可知，

元素知识正向影响知识动态能力（$\beta = 0.185$，$p<0.01$），架构知识正向影响知识动态能力（$\beta = 0.724$，$p<0.001$），知识动态能力正向影响突破式创新（$\beta = 0.850$，$p<0.001$）。故知识动态能力在知识结构与突破式创新的关系中发挥完全中介的作用，假设 H2 得到验证。架构知识与知识动态能力的回归系数明显高于元素知识，架构知识更容易通过知识动态能力推动突破式创新，假设 H1c 得到支持。

表 6.18 最优拟合模型的路径系数及检验结果

路径	Estimate	S. E.	C. R.	P
元素知识→知识动态能力	0.185	0.063	2.958	0.185**
架构知识→知识动态能力	0.724	0.084	8.637	0.724***
知识动态能力→突破式创新	0.850	0.067	12.721	0.850***

综上所述，知识动态能力对知识结构与突破式创新间的关系具有完全中介作用；企业内部的知识整合能力比其拥有的核心知识本身更能促进突破式创新。

6.2.1.4 研究结论

我们旨在探讨企业内外部因素对突破式创新的影响，验证了知识结构、知识动态能力与突破式创新的关系，研究得出以下结论：

（1）知识结构对突破式创新有正向影响作用。这一结论与丁宝军（2008）等学者的观点一致。我们认为，知识结构对创新活动起着关键性的推动作用，元素知识和架构知识通过识别、获取、整合、转化，对突破式创新有积极影响。此外，经过比较发现，架构知识对突破式创新的促进作用比元素知识更强。元素知识是创新的基础，但系统性的架构知识能够更加高效处理从外部获取的信息，更有效地改变原有路径依赖和惯例，实现突破式创新。由此结论可知，知识结构的不同维度对突破式创新的作用效果存在差异。这一观点深化了知识结构与突破式创新的理论研究，为企业优化知识结构提供了新思路。

（2）知识动态能力在知识结构与突破式创新的关系中起完全中介作用。

该结论表明知识动态能力在知识转化过程中起着重要的承接作用，揭示了知识结构通过动态能力作用于突破式创新活动的机制和路径，是打开企业突破式创新能力黑箱的有益尝试。通过对"知识结构—知识动态能力—突破式创新"模型构建和实证检验，明晰了知识管理的路径，从能力的角度细化了知识感知、利用、再配置的过程，为解释知识与突破式创新的关系提供了新的思路，同时丰富了动态能力的研究。

6.2.2　知识特征与企业创新绩效

知识是企业的战略资源之一，知识的获取、储存、转移、集成、分享与应用是企业建立竞争优势的关键，如何通过有效的知识管理提升企业创新绩效，成为学术界与实践者普遍关注的问题。知识管理的有效性依赖于知识本身的特征，知识高嵌入特征与知识模糊性特征会增加知识转移难度，知识距离影响企业知识的吸收能力。此外，不同的组织创新模式对知识资源的需求也存在差异，如利用式创新模式强调对现有知识的强化、整合和改进，而探索式创新则侧重在现有知识基础上探索新知识。因此，深刻了解知识的特征是组织知识管理和创新活动开展的基础，也是避免盲目地知识管理或创新，提高知识利用效率，促进创新绩效形成的重要途径。

近年来，知识管理与组织创新的相关研究成为新兴的议题，但现有研究大多集中在知识开发、知识共享、知识吸收等知识利用行为对组织创新的影响，较少关注知识本身特征与组织创新的关系。知识特征对组织创新绩效是否产生影响及如何影响等问题，尚未得到清晰的解答。实际上，了解企业自身知识特征是组织知识管理活动的起点，从知识特征的角度探究组织创新管理问题，理清知识管理与组织创新的关系，有助于提升组织创新绩效。基于此，我们将深入分析知识转移等因素在知识特征与组织创新绩效关系中的作用，揭示知识特征对组织创新绩效的作用机理，以及不同创新模式下知识特征对组织创新绩效的影响差异，探索知识特征与组织创新模式的有效匹配关系，为有效管理知识、促进组织创新实践提供理论参考。

6.2.2.1 文献回顾与理论假设

（1）文献回顾。知识特征是对知识所具有特点的概括总结，包括隐性、不确定性、路径依赖性等（Teece，2007）。知识嵌入是指知识与其载体不可分离的程度；知识模糊是指对某一事物或情形存在多种互相冲突的解释，模糊性越高，人们的困惑越大；知识距离表示知识传递各方拥有相似知识的多少，知识距离越大，各方拥有的重叠知识越少。目前关于知识特征的研究集中探讨不同知识特征对知识传递的影响。当知识与载体分离程度较高时，知识容易在组织各部门间快速传递，而知识与载体联接密切时，知识则难以转移。非清晰知识因为难教和难学，增加了知识转移的困难性；相较而言，清晰知识更容易进行组织内转移。知识的重叠促进知识互动，知识差距增加学习步骤，不利于知识转移。可以看出知识特征影响知识传递，而知识传递为组织创新奠定基础，但是较少有学者将知识特征与组织创新直接联系起来。部分研究表明，知识缄默性和异质性对组织不同的学习策略产生不同影响。知识隐含性、分散性和知识价值影响组织创新能力。知识的路径依赖性、复杂程度、变动程度、隐性程度不同，组织创新管理模式存在相应差异。但是，知识特征如何影响组织的创新模式选择和创新绩效，有待深入研究。我们以知识特征为切入点探究组织创新问题，试图揭示知识资源转化为创新绩效的机理和规律，丰富组织创新相关研究。

组织创新模式按较常规的划分分为利用式创新和探索式创新（Vadim，2000）。现有关于创新模式的研究主要探讨了不同创新模式的特征及其对组织创新绩效的影响。利用式创新以提炼、复制、推广和实施为特点，注重对现有技术的改良，所涉及知识与组织已有知识相似；探索式创新通常包括搜寻、尝试、发现、创造（王凤彬和陈建勋，2011）。组织已形成的知识库为探索式创新提供平台，创新所产生知识与组织现有知识体系有较大差异。利用式创新为组织提供利用已有资源的机会，使组织以低风险的方式运营，提高创新绩效；探索式创新注重获取新知识，以此培育新产品或引入新技术，进而影响组织创新。可见，不同创新模式对知识的利用程度不同，对组织创新绩效的影响也存在差异，唯有组织创新模式与知识特征相适应，才能真正促进创新绩效的提升。

（2）研究假设。知识可以被嵌入工具、人员、流程及相关子网络中。就嵌入工具的知识而言，工具的自身特点影响知识传递，如设备的固定性增加了知识转移成本，设备的数量有限性造成知识传递的局限；对于嵌入人员的知识，知识转移需伴随人员的流动，而人员的流动涉及人力资源管理一系列问题，从而限制了知识传递；组织流程有特定的意义和价值，短时间内完成转移的难度较大。知识嵌入影响知识共享行为和知识转移效率，而知识的流动是组织创新的前提，如果组织成员不能很好地利用组织技术设备，无法与知识丰富的员工充分接触交流，对于新的组织任务及流程不能较好地理解，则会造成组织知识流动不畅，组织创新难以顺利展开。利用式创新模式强调对现有知识的优化整合升级，知识嵌入阻碍了这一过程，降低了知识的使用效率，不利于创新能力的提升。探索式创新模式强调创造性构想的激发，知识高嵌入无法为其提供良好的知识平台，但探索式创新模式下组织仍可通过引入新知识、开发新市场来获得更多创意。因此，相较于探索式创新，在利用式创新模式下，知识嵌入对组织创新绩效的负向影响更显著。

知识清晰度高的组织中，详尽清晰的工作流程标准及任务说明便于组织成员短时间内熟悉组织工作，为成员发现问题并提出创新性解决方案奠定了良好基础；组织成员对于组织中"谁拥有怎样的知识"有清晰的认识，面对工作内容涉及自身知识短板时，可以迅速找到能解决此类问题的员工，形成知识互补，促进团队协作。相反，在知识模糊度高的组织里，成员对组织知识元素及组织学习方式认识不清，知识复制难度大，造成知识流动性差，阻碍了创新观点的形成及完善。利用式创新模式中，组织主要通过将已形成的知识复制或应用于相关领域，来改善组织运行效率。知识模糊性加大了成员理解组织既有知识的难度，不利于将现有知识转用于其他途径，以实现新的价值。虽然知识模糊同样影响探索式创新的实施，但进行探索式创新时组织可以减少对当前知识的依赖，进行新机会的搜寻，形成新的知识基础。由此，利用式创新模式下，知识模糊对创新绩效的不利影响更为突出。

知识距离较大时，组织成员能相互间理解的知识少，可用于交换的知识不足，且成员间思维方式和沟通方式存在差异，对知识如何应用缺乏共识，这些都造成组织知识共享和转移困难。缺少知识的交叉融合，创新观点很难产生，影响创新绩效。此外，组织学习强调吸收能力，知识距离大造成知识吸收能力缺乏，限制了组织创新。相较于由全新知识和信息推动的探索式创新而言，利用式创新侧重从现有知识中获取所需信息，强调对现有资源的改进和提升，组织成员间知识距离过大不利于对现存专有知识和复杂知识的深化吸收，阻碍了组织创新的有效开展。因此，利用式创新中，知识距离对组织创新绩效造成的不利影响更大。

由此，我们提出以下假设：

H1a：知识嵌入与组织创新绩效存在显著负相关关系，相较于探索式创新，利用式创新模式下知识嵌入对组织创新绩效的负向影响更为显著。

H1b：知识模糊与组织创新绩效存在显著负相关关系，相较于探索式创新，利用式创新模式下知识模糊对组织创新绩效的负向影响更为显著。

H1c：知识距离与组织创新绩效存在显著负相关关系，相较于探索式创新，利用式创新模式下知识距离对组织创新绩效的负向影响更为显著。

就知识嵌入而言，内嵌于员工头脑中的管理诀窍、设备操作技巧和经验等隐含性高，通常难以清晰表述和有效传递；嵌入任务流程的知识涵盖组织文化及工作操作惯例，很难短时间被模仿和接收。对于知识模糊而言，知识含糊不清造成组织成员的困扰，组织成员很难通过日常交流、学习组织工作说明书等方式获取组织知识，阻碍了知识的输出和吸收。关于知识距离，知识距离较小时，知识输出者能清楚明白在知识传递过程中可能遇到的困难从而采取有效的解决方式，知识接收者能较好地理解新知识的内涵并加以利用，双方很容易完成知识的编码和吸收，随着知识距离的增大，转移双方付出的时间和精力增加，知识转移难度随之增大。可见，知识嵌入、知识模糊和知识距离增加了知识转移难度。知识转移受阻，不利于知识的融汇以及创新方案的形成，即便有创新观点产生，这些观点也较难得到其他成员的理解与认可，增加了组织创新的难度。知识自身特征影响组织知识成员间知识转移，而知识转移进一步影响组织创新。因此，我们假设：

H2：知识转移在知识特征与组织创新绩效关系中起中介作用。

6.2.2.2　研究方法

（1）样本选取与数据收集。我们采用方便抽样方式，通过委托企业人力资源部发放问卷和在读 MBA 学员现场填答两个途径完成问卷调查，获得数据。样本企业分布在湖南、山东、辽宁、江苏、浙江、上海、天津等地区，行业覆盖汽车及零配件、金融与保险业、家电等。共发放问卷 440 份，收回 422 份，回收率为 95.91%。对一致性过高和不完整的问卷进行剔除后，获得有效问卷 398 份，有效回收率为 94.31%。其中，国有企业占 36.9%，民营企业占 51.3%，外资企业占 5.3%，中外合资企业占 6.5%；成立 3 年及以下的企业占 7.5%，3 年以上未满 5 年的占 10.6%，5 年以上未满 10 年的占 14.1%，10 年及以上的占 67.8%；300 人及以下的企业占 19.6%，300 人以上未满 600 人的占 11.1%，600 人及以上未满 900 人的占 5.0%，900 人及以上未满 1200 的占 5.5%，1200 人及以上的占 58.8%。

（2）研究变量。我们采用 Cummingsa 和 Teng（2003）编制的知识特征量表，对其进行翻译和回译，并结合我国的文化背景和语言习惯进行调整。知识嵌入度量表含 4 个题项，知识模糊 5 题，知识距离 4 题。采用 Likert5 点计分，1 表示完全不符，2 表示基本不符，3 表示一般，4 表示比较符合，5 表示完全符合。知识转移量表采用 Wen（2007）编制的问卷，共 11 个题项。我们对该量表进行了中英文双向翻译，针对翻译出现的误差进行调整。采用 Likert5 点计分，1 表示完全不符，5 表示完全符合。组织创新模式采用 Jansen 等（2006）编制的量表，共 14 个题项，其中利用式创新 7 题，探索式创新 7 题，采用 Likert5 点计分。组织创新绩效选用 Rundquist（2012）编制的量表，结合 Oke 等（2012）的研究，进行了部分修改，并对修订后的问卷进行试测。试测对象为 110 名在职员工，结果显示，该量表的 Cronbach's α 值为 0.876，Barelett 球形检验值为 511.920，显著水平小于 0.001，KMO 值为 0.841，经过探索性因子分析，因子负荷均大于 0.4，说明量表的信效度较好。

6.2.2.3 数据分析与假设检验

（1）信效度检验及描述性分析。我们采用 SPSS16.0 对量表进行信度分析，如表 6.19 所示，各量表的 Cronbach's α 值均在 0.60 以上，说明研究所使用量表具有较好的可靠性。

表 6.19 信度检验结果

量表	α 值	量表	α 值
知识特征	0.933	知识转移	0.892
知识嵌入	0.881	组织创新模式	0.928
知识模糊	0.820	组织创新绩效	0.877
知识距离	0.870		

应用 AMOS 18.0 对量表进行验证性因子分析。如表 6.20 所示，各模型 χ^2/df 均小于 3，RMSEA 值均小于 0.08，CFI，IFI，TLI 值均大于 0.9，说明各问卷均有较好的结构效度。

表 6.20 验证性因子分析结果

模型	χ^2/df	RMSEA	CFI	IFI	TLI
知识特征	2.482	0.061	0.970	0.971	0.962
知识转移	2.246	0.056	0.981	0.981	0.974
组织创新模式	2.732	0.066	0.959	0.959	0.948
组织创新绩效	1.668	0.041	0.996	0.996	0.991

主要变量之间的相关关系见表 6.21。由表 6.21 可知，知识嵌入、知识模糊、知识距离、知识转移、组织创新模式均与组织创新绩效显著相关。这些数据表明，变量间的相关关系与我们的基本预测和假设是一致的。

（2）假设检验。为考察知识嵌入、知识模糊、知识距离对组织创新绩效的直接影响，我们使用 SPSS16.0 构建了回归模型，结果表明（见表 6.21），知识嵌入（$\beta = -0.580$，$p < 0.01$）、知识模糊（$\beta = -0.587$，$p < 0.001$）、知识距

离（$\beta=-0.536$，$p<0.01$）对组织创新绩效具有显著负向作用。接着将样本按采用创新模式的不同分为利用式创新组织和探索式创新组织，通过线性回归分析，分别探讨知识特征对组织创新绩效的影响（见表 6.22）。

表 6.21　各主要变量的相关系数 （$N=398$）

变量	均值	方差	1	2	3	4	5	6	7	8
1. 知识嵌入	2.48	0.74	1							
2. 知识模糊	2.48	0.68	0.785**	1						
3. 知识距离	2.52	0.72	0.654**	0.760**	1					
4. 知识特征	2.49	0.64	0.898**	0.935**	0.886**	1				
5. 知识转移	3.50	0.65	-0.750**	-0.777**	-0.746**	-0.835**	1			
6. 利用式创新	3.73	0.70	-0.583**	-0.615**	-0.538**	-0.639**	0.617**	1		
7. 探索式创新	3.65	0.64	-0.604**	-0.618**	-0.551**	-0.652**	0.663**	0.802**	1	
8. 创新绩效	3.49	0.69	-0.580**	-0.587**	-0.536**	-0.626**	0.638**	0.734**	0.725**	1

注：* 表示 $p<0.05$，* * 表示 $p<0.01$，* * * 表示 $p<0.001$，下同。

表 6.22　回归分析

组织创新方式	自变量	模型 a	模型 b	模型 c	模型 d
利用式创新	公司性质	-0.060	-0.020	-0.051	-0.044
	成立年数	-0.024	-0.031	-0.008	-0.024
	公司人数	0.093*	0.102**	0.097**	0.104**
	所属行业	0.010	0.008	0.017	0.024*
	知识特征	-0.711***			
	知识嵌入		-0.600***		
	知识模糊			-0.604***	
	知识距离				-0.540***
	F	31.049***	27.062***	23.503***	20.161***
	R^2	0.488	0.545	0.419	0.382

续表

组织创新方式	自变量	模型 a	模型 b	模型 c	模型 d
探索式创新	公司性质	0.045	0.089	0.045	0.034
	成立年数	0.032	0.033	0.027	0.075
	公司人数	0.066*	0.074*	0.066*	0.056
	所属行业	0.003	0.002	0.010	0.007
	知识特征	-0.633***			
	知识嵌入		-0.498***		
	知识模糊			-0.570***	
	知识距离				-0.472***
	F	27.783***	21.860***	23.789***	18.660***
	R^2	0.384	0.329	0.348	0.295

由表 6.22 可知，利用式创新模式下，知识特征对创新绩效的负向影响（β = -0.711，$p < 0.001$）高于探索式创新下知识特征对创新绩效的影响（β = -0.633，$p < 0.001$）。利用式创新中知识嵌入（β = -0.600，$p < 0.001$）、知识模糊（β = -0.604，$p < 0.001$）、知识距离（β = -0.540，$p < 0.001$）与创新绩效关系的显著性均高于探索式创新（β = -0.498，$p < 0.001$；β = -0.570，$p < 0.001$；β = -0.472，$p < 0.001$）。

为检验知识转移在知识特征与组织创新绩效关系间的中介效应，我们采用 AMOS18.0 进行潜变量路径分析，拟合方程的相关参数如表 6.23 所示。模型 1 为基准模型，表示完全中介作用，路径是从知识特征到知识转移，从知识转移到组织创新绩效；模型 2 为部分中介模型，增加了知识特征直接到组织创新绩效的路径；模型 3 为直接作用模型，即知识特征与知识转移直接作用于组织创新绩效。由表 6.23 对比数据可知，模型 2 为最优拟合模型。

表 6.23　结构方程模型比较

模型	χ^2/df	RMSEA	CFI	IFI	TLI
模型 1	2.451	0.060	0.909	0.909	0.901
模型 2	2.220	0.055	0.924	0.924	0.917
模型 3	2.642	0.064	0.896	0.897	0.888

模型 2 的检验结果见表 6.24，由表 6.24 可知部分中介模型中知识特征对知识转移（$\beta=-0.822$，$p<0.001$），知识转移对组织创新绩效（$\beta=0.605$，$p<0.001$），知识特征对组织创新绩效（$\beta=-0.232$，$p<0.001$）均具有显著影响，说明知识转移在知识特征与组织创新绩效关系中起部分中介作用，假设 2 得到支持。

表 6.24　最优拟合模型的路径系数及检验结果

路径方向	路径系数	S. E.	C. R.	P	标准回归系数
知识特征 →知识转移	−0.822	0.066	−12.505	* * *	−0.863
知识转移 →创新绩效	0.605	0.117	5.190	* * *	0.546
知识特征 →创新绩效	−0.232	0.105	−2.199	* * *	−0.220

6.2.2.4　研究结论

近年来，知识管理理论与创新理论呈现融合趋势，将知识管理引入管理学语境探析组织问题，成为管理研究中发展很快的领域之一。我们从知识特征视角出发，研究知识管理与组织创新管理关系，通过实证研究得出以下结论：知识嵌入、知识模糊和知识距离与组织创新绩效存在显著的负相关关系，知识转移在知识特征与创新绩效关系中起部分中介作用；相较于探索式创新模式，在利用式创新模式下，知识嵌入、知识模糊和知识距离对组织创新绩效的负向影响更为显著。

研究的理论价值和贡献主要在于：第一，以知识特征为视角构建"知识特征→知识转移→组织创新绩效"作用机制模型，将知识管理研究从重点关注知识利用转向强调知识本身特征，从源头出发，深入梳理组织知识与创新间的关系，为辨识组织的知识特征，改善知识利用能力，进而提高组织创新绩效提供理论依据。第二，组织创新问题的研究由来已久，但从探索式和利用式创新角度研究创新问题近年才兴起。我们通过研究在利用式与探索式两种创新模式下，知识特征对组织创新绩效的影响差异，以探寻知识特征与组织创新模式的适配关系为目标，研究组织创新管理问题，提出了一个新的研究问题。

6.3 优化知识管理与创新战略

6.3.1 调整知识结构适应二元创新战略

从上述知识结构与二元创新战略适配的研究结论中我们知道，企业在创新活动中如何识别和优化知识结构、调整创新战略，对提升创新绩效具有重要意义。具体而言，相关管理建议如下：

第一，识别和优化知识结构，是企业实现高创新绩效的关键。知识结构对企业创新活动的意义，并未受到足够重视，其作用的发挥尚不充分。企业一方面应识别企业知识结构所属类型以及创新所需知识的缺陷，有针对性地进行改进和优化；另一方面，应根据自身需求，加强知识结构建设，增加对知识的投入，如购买专利技术、进行员工培训、引入新系统等优化知识结构，确保拥有良好的创新资源。

第二，基于知识结构类型来选择和调整创新战略，是提高企业创新绩效的有效手段。企业应根据知识结构类型来选择最适合的创新战略。在制定创新战略时，管理者应以创新战略为导向有效地集聚企业内外资源，构建与创新战略相适应的知识体系和内部管理体系，以促进创新资源向创新绩效的转变。此外，为了充分利用知识结构以提升创新绩效，企业应根据发展阶段，适时调整创新战略。如处于行业领先地位的企业，知识结构一般属于高元素高架构型，两种战略的组合能让其充分利用知识资源，获得更高绩效；而发展中的企业由于资源的限制，难以均衡其元素知识和架构知识，因而建议优先考虑选择一种创新战略来实现高绩效。

6.3.2　优化企业知识结构

知识结构与开放式创新影响的研究结果对企业开放式创新管理实践存在重要意义，具体而言，可以体现为以下方面。

首先，识别和优化知识结构是培养企业竞争优势的关键。企业应利用其组织能力来管理开放式创新环境，整合及利用内部知识资源来解决内向型和外向型活动的潜在影响（Cao 和 Xiang，2012）。一方面，管理者需要识别企业知识结构类型以及开放式创新所需的知识特征，有针对性地吸收和整合内外部知识；另一方面，企业管理者应注重对知识结构优化的投入，以发挥知识资源在开放活动中的互补性作用。

其次，知识结构与开放式创新活动的有效匹配，有助于管理者更好地培养企业竞争优势。知识资源在很大程度上决定了创新战略的制定和实施（Urgal 等，2013），知识结构的差异会制约企业开放式创新战略的选择（Fixson 和 Park，2008）。研究结果为管理者充分利用企业知识结构巩固市场地位提出两点启示：①对拥有较多核心元素知识的企业，管理者应推行以知识外部利用为主的外向型创新活动；②对知识基础较薄弱，但内部管理流程和运行框架较通畅的企业，应充分利用内向型创新活动获取与整合外部知识，以提升企业知识存储量。

6.3.3　创新战略选择策略

知识特征与创新战略间存在适配性的结论表明，企业创新战略与其知识特征是否适配对创新绩效水平的高低具有重要影响，由此我们可以得到以下启示。

第一，识别企业知识特征类型，对企业创新战略制定发挥着基础决定和制约作用。知识资源是创新活动最重要的投入要素之一，知识的特征决定了知识资源能在多大程度上被吸收、运用并转化成新的知识成果，如专利技术、工艺诀窍等。企业一方面应识别并尽量结合自身知识资源的特征类型制定和实施创新战略，使创新战略契合企业的实际情况；另一方面，应根据创新战略实施对知识资源的要求，有针对性地加强知识体系建设，调整和优化知识结构，为创新战略的落地实施做好知识储备工作。

第二，结合企业知识特征对创新战略进行优选和动态调整，是提高企业创新绩效水平的有效途径。企业在制定创新战略时，应充分考虑并发挥已有知识资源的优势，选择符合企业发展需要又兼具可行性的战略方针，并在战略实施过程中加大对紧缺知识资源的投入，加强知识资源库和知识共享平台建设，努力将企业内外部的知识资源转化为切实的创新绩效。同时，企业在不同发展阶段，知识状态和知识结构会发生改变，企业应定期做好知识资源库的梳理和规划工作，结合新的内外部形势对创新战略进行动态调整，使创新战略和企业知识状态动态匹配，实现螺旋式上升的良性循环。

6.3.4　知识情境的应用策略

由知识结构与突破式创新绩效间关系的研究结论可知，企业内部的知识结构和动态能力是实现突破式创新的基础，企业可以促进内部知识结构优化，提高知识整合能力以加速实现创新。基于此，在管理实践中，可以考虑从以下方面作出积极的努力，提高突破式创新绩效。

首先，企业应该重视知识结构的构建。元素知识与架构知识都正向影响突破式创新，不能顾此失彼，需要创建两者之间的动态平衡，充分了解企业拥有的知识资产，一方面确保基础性元件知识的稳固性，另一方面要不断搜寻获取整合系统的架构知识，不断调整、优化知识结构。知识具有溢出效应，在动荡的环境中企业可以从外部获取信息，将知识进行整合，进行突破式创新。同时，也要及时摒弃企业中陈旧的知识，保证知识结构与多变环境的适配性，保持在行业中的竞争力。企业可构建学习型组织，增强员工的学习动机，提升知识获取的能力和速度，实现创新。

其次，在企业进行知识管理的过程中，必须对组织知识情境有清晰的认识，并采取相应的措施以降低知识嵌入、知识模糊和知识距离，从源头优化组织知识结构。具体而言，企业可将管理诀窍、经验等知识以专家讲解等形式，录入光盘或指导手册，通过可视化编码降低隐性程度；增加面对面、视频会议、电子邮件等有利于组织成员处理复杂主观信息的沟通方式，消除成员间分歧达成理解上的一致；成立跨部门、跨文化的联合研发团队，建立知识共享通道，缩短成员间知识差距。

最后，应注重企业创新模式与知识情境的适配性。在利用式创新模式下，知识嵌入、知识模糊和知识距离对组织创新绩效的不利影响更为突出，企业应重点解决企业知识资源存在的问题，提高知识与知识载体的分离度，增加知识的清晰度和可理解性。而当企业知识嵌入、知识模糊和知识距离问题突出且短时间内不易解决时，可考虑采用探索式创新模式，积极寻找新的机会、获取新的知识，减少对自身知识的依赖。

7　创新生态系统健康度评价及应用

本章界定创新生态系统健康的内涵，在对已有创新生态系统健康度研究成果进行梳理的基础上，构建创新生态系统健康度评价体系，并以湖南省制造业为例测算与评价其创新生态系统的健康度，基于研究结论提出相关对策建议。

7.1　创新生态系统健康内涵

生态学中将生态系统定义为在一定空间和时间范围内，在各种生物以及生物群落与其无机环境之间，通过能量流动和物质循环而相互作用的统一的整体。创新生态系统是企业间通过协作的方式，结合各自的产品优势，形成一种紧密合作的、面向客户的解决方案。生态系统所创造的客户价值是个体企业所不能比拟的，一些研究如平台领导者、开放式创新、价值网络、超链接组织等，都是在此概念范围内进行讨论（Adner，2006）。1935 年英国生物学家Tansley 第一次提出了生态系统的概念，试图从系统视角研究生物界与自然环境的关系，强调生物体之间以及生物体与所处环境之间的相互依赖与共生共赢，而处在复杂交互网络中的企业就像生物体，同样具有生态系统的自适应特征。将创新生态系统定义为：聚集在一个或多个核心企业或平台周围的多方创新主体与外部环境相互联系、共同进化，实现共生共惠和价值创造的创新网络，这一观点得到了普遍认可。

技术创新生态系统处于不断的动态变化中，这是由于产业所处的外界环境是在不断变化的。产业技术创新系统发展到一定阶段后，其结构和功能可以保持或者恢复至相对稳定的状态，即技术创新生态系统的稳定性（包括抵抗力稳定性和恢复力稳定性）。创新生态系统以自我进化应对内外部环境的变化，整合优质创新资源，以更顺畅的知识流动来促进创新的价值实现，驱动国家和区域经济发展。2016年世界达沃斯论坛上发布的中国创新生态系统年度报告，为我国建立健康高效的创新生态系统指明了方向。报告显示未来的竞争将由企业个体间转向生态系统之间或其内部业务领域之间的竞争，竞争力的焦点则是所处生态系统的健康程度。因此，如何评估创新生态系统的健康度和可持续发展能力，不仅是理论发展的需要，更有重要的实践意义。当系统处于健康状态时，系统内部成员均可得到稳定发展；而当系统处于不健康状态时，系统成员也就面临生存威胁。健康的创新系统有利于系统成员更好地抵抗外部干扰或威胁，实现价值创造。因此保持创新生态系统的健康状态十分重要。

区域技术创新生态系统是一个开放的系统，每时每刻都与外部的区域和环境进行物质和信息交换，优化、整合与外部环境的信息交流。在系统内部，随着信息和资源的流动，不同创新种群能够接触到"非冗余"的和新颖的信息和资源。这内外两方面因素都会引起技术创新生态系统的结构和状态的变化。然而，正是这种变化和不稳定推动了整个系统不断地进化和发展，从而产生持续的技术创新能力。生态系统健康是生态系统内部秩序和组织的整体状态，如系统正常的能流和物流不受损伤，关键生态成分保留，系统对自然干扰的长期效益具有抵抗力和恢复力，系统能够维持自身组织结构长期稳定，并提供合乎自然和人类需求的生态服务（张淑谦和黄鲁成，2006）。生态系统健康是衡量生态系统功能特征的隐喻标准，是评价生态系统状态的一种有效方式，通过对创新生态系统健康的研究来把握和评价创新系统的运行状态，可以为创新生态系统的评价提供新的方法，为其健康有序的发展提供新的思路（李福和曾国屏，2015）。

在 Iansiti 和 Levien（2004）提出评估生态体系健康状况的三个标准后，国内外学者对于创新生态系统健康内涵进行了不同角度的探讨。Adner（2017）从成员多层次关系的角度，认为成功的生态系统是系统内所有成员满意他们所处的位置，系统达到或者至少暂时达到帕累托最优；或者从动态、有活力、演化、有机和自组织等方面定义。黄勇和周学春（2013）认为平台作为一个生态系统，也可以用健康性来描述和指代平台生态系统寿命的长短、成长潜力和倾向。平台系统的健康性通常采用三种因素衡量：稳健性，生产率和利基创造能力。而吴金希（2014）认为决定创新生态系统健康度的关键因素包括对优质创新资源具有黏性和吸引力、对新鲜事物具有感知力、能够保持多样化和具有开放性，以及李福和曾国屏（2015）以共生力、组织力、平衡力和生长力四种力量的相互作用，反映创新生态系统的健康程度。林芬芬等（2013）将企业健康度划分为获取效益能力健康、持续发展能力健康、创新能力健康三个维度，获取效益能力健康下二级指标为创新成果能力、偿债能力、营运能力、盈利能力和社会带动能力；持续发展能力健康下二级指标为企业财务、企业战略和企业文化；创新能力健康下二级指标为技术创新能力、制度创新能力、管理创新能力和组织创新能力。陈向东和刘志春（2014）认为健康的创新生态系统应能维持其组织运行，保持稳定的自我运作投入能力，并应能发挥完善的社会价值流动功能和正常的势能转换系统。郭伟等（2014）则认为健康的创新生态系统应具备成长性、稳定性、抗脆性、可恢复性以及适应性五个特征。

尽管目前学界对创新生态系统健康的内涵尚未达成共识，但已有研究具有内在统一性，大都运用自然生态系统的特点来类比创新生态系统，基于生态系统具有的整体性、多样性、受环境变化影响深刻、具有自维持自调控等特征定义创新生态系统实现健康可持续发展需要具备的条件和特征，为构建创新生态系统健康度评估指标体系提供了思路。我们对已有研究以及创新生态系统的关键特征进行分析，认为一个健康的创新生态系统应具备三个方面的特征：保持高效的生产率，具有持续的适应力，呈现丰富的多样性。我们将从这三方面特征着手，拓展二级指标，选择可计算的三级指标，构建创新生态系统健康度评价指标体系，并采集湖南省制造业的数据，进行应用验证。

7.2 创新生态系统健康度评价综述

创新生态系统是中国未来创新体系转型升级的重要战略路径，完善企业创新生态系统健康度评价研究是重要发展方向。企业的技术创新是一个生命系统，因此，学者们从企业技术创新生态系统的角度对相关问题进行研究，提出了企业技术创新生态系统的内涵以及评价方式。目前对企业创新系统的评价多从健康程度方面展开，从稳定性和可持续性角度进行评价，研究方法普遍单一地采用仿真、案例研究等，实证研究尚十分缺乏，制约了学者们对企业创新生态系统健康度的测量。

7.2.1 创新生态系统稳定性研究回顾

生态系统中的生物有出生和死亡、迁入和迁出，无机环境也在不断变化，因此，生态系统总是在发生变化。生态系统发展到一定阶段，它的结构和功能能够保持相对稳定。生态系统所具有的保持或恢复自身结构和功能相对稳定的能力，叫作生态系统的稳定性。稳定性是系统存在的一个基本特点。一个系统的结构一旦形成，就总是趋向保持某一状态。企业技术创新生态系统所具有相当的保持或恢复自身结构和功能的相对稳定的能力，叫作技术创新生态系统的稳定性。生态系统在一定时间和空间内结构和功能相对稳定，而且能通过自我调节不断恢复稳定和平衡。它通过外部物质、能量和信息的输入保持着非平衡，促使生态系统不断地进化和发展。技术创新生态系统不可避免地要承受来自系统或创新环境的各种干扰，如市场需求发生变化、技术标准发生变化等，系统的结构、状态、行为的抗干扰性，其表现为技术创新状态的稳定性。

对于创新生态系统稳定性的定义，学者们普遍认同的观点是在系统的机构设置保持不变的情况下，系统成员的知识和技术基础发生动态变化，且系统的研发系统、运行机制、激励机制等不断改进，成员间互惠互信、利益共享、风险共担，维持系统的稳定发展。系统稳定性是指在系统成员构建共同分担收益与风险的有效合作关系，使得系统可以稳定地运行和发展。徐小三和赵顺龙（2010）将系统的稳定性定义为系统运行过程中，系统成员技术知识基础发生动态演变，系统的目标、结构和契约不发生非计划性变动的可能性。蔡继荣（2012）则认为稳定性是一种能保证联盟关系波动正常的制度均衡状态，这种稳定是动态的、相对的。余凌和杨悦儿（2012）认为技术创新系统发展到一定阶段后，其结构和功能可以保持或者恢复至相对稳定的状态，这就是创新生态系统的稳定性。

目前对于稳定性的评价主要存在两种方法：一是建立模型，结合问卷数据进行实证检验。曹霞和于娟（2015）基于扎根理论进行焦点访谈从而选取了影响产学研合作创新稳定性的因素，包括企业性质、合作方式、利益分配方式、科研能力、地理距离、知识资源互补性、合作声誉、沟通交流以及合作态度等因素，进而运用问卷数据选取的是 Cox 模型分析法进行生存分析，验证提出的影响因素是否对稳定性存在影响；杜丹丽等（2017）从联盟的社会网络密度、社会网络关系强度、社会网络中心势等三个维度提出影响系统稳定性影响机理，采用问卷调查方式收集数据，用 SEM 软件检验模型假设，从而探究科技型中小企业协同创新系统网络结构特征对稳定性的作用。二是选取影响产学研联盟稳定性的因素，运用仿真模拟方法研究各因素对创新生态系统稳定性的影响，这是目前应用较为广泛的方法。刘林舟等（2012）构建了共生系统的 Lorka-Volterra 方程，并运用分析轨线走向的方法来分析系统的稳定性；原毅军等（2013）从系统动力学视角提出产学研技术创新系统稳定性的基本分析框架，从匹配性、互动性和共赢性三方面，建立产学研技术联盟稳定性的系统流图和系统动力学模型，应用 Vensim PLE 对模型进行仿真模拟；曹霞等（2016）采用文献萃取方法挖掘产学研创新系统稳定性的影响因素，运用 Matlab 软件仿真分析影响因素对产学研创新生态系统稳定性的影响。张攀和吴建南（2017）则从政府治理三种途径入手，建立企业、学研机构和政府三方博弈的动态复制方程，运用 Matlab 软件进行模拟仿真，据此对产学研创新联盟稳定性进行分析。可以看出，由于目前研究大多数应用仿真方法，缺乏实际数据的支持，这也正是今后需进一步深入研究的地方。

7.2.2　创新生态系统可持续性评价综述

创新生态系统的可持续性是其竞争力的重要评价标准之一，在高度竞争的当代社会，如何建立一个可持续发展、高效的创新生态系统是当前学术界乃至各国政府部门重点关注的问题。目前一部分学者对可持续发展的创新生态系统应具备的条件进行了探讨。大卫·范高德和李建军（2002）提出形成可持续的高技术创新生态系统，必须具备四个要素：一是要具有催化剂，即能够促使活体反应的某些事件和外部激励因素；二是要具备源源不断的养料和完备的营养供应机制，为系统提供持续成长的燃料和动力；三是处在一个支持性的适宜环境中，具备促使系统成员长大成熟的环境条件；最后是成员间要高度地相互依存，这些系统成员是相互依存、互惠共生的。也有研究认为创新生态系统的可持续性发展应具备完整"种群"体系和生态链循环体系以及有效的调节机制。系统不断创新是保持可持续发展的核心要素。创新维持生态系统的可持续发展，而不是在维持了一段时间的发展后，就进入停滞及衰退阶段。创新能够不断维持生态系统的对外竞争力，有利于系统及其成员保持活力，抵抗外部不利因素的干扰和胁迫，因而是促进系统的可持续发展最重要因素。或者认为技术创新系统向社会输出新的产品、新的知识，与外部环境的这种物质、能量和信息的交换，能使技术创新系统保持可持续状态，不会走向解体。综上所述，学者们主要从系统中成员的关系、系统的能量供给和价值交换以及系统所处环境的适宜程度等方面探讨创新生态系统可持续发展的内涵。

目前对于创新生态系统可持续性评价研究尚少，且方法较为单一。有学者认为高新区可持续发展系统可以看作是一个由经济子系统、社会子系统、环境子系统、资源子系统、科技创新子系统组成的复合大系统，只有当这些子系统相互作用产生协同效应时，高新区才能向持续、协调有序的方向发展，因而基于高新区可持续发展系统构建了评价指标体系（窦江涛和綦良群，2001）。贾一伟和贾利民（2014）根据高校科技企业可持续发展的特点，设立了四个子模块：高校科技企业可持续发展子模块、高校支持子模块、政府支持子模块和社会支持子模块，运用系统动力学建立高校科技企业系统可持续发展系统动力学模型。李福和曾国屏（2015）提出创新生态系统的生存机制主要表现为可持续发展能力。可持续发展能力较强的创新生态系统表现出一种较强力量的"稳定结构"，企业数量、创新产出、产品更新、市场交易均表现出一定的稳定状态，系统内部各个创新主体之间、创新主体与外部环境之间保持着一种有条不紊井然有序的运行状态。因而将持续能力作为两个核心评估领域层之一，从而构建创新生态系统的四个基本评估子领域层。可以看出，对于创新生态系统的可持续性研究未来进一步发展方向仍是提高研究方法的科学性和多样性，增加相应实证研究。

7.3 创新生态系统健康度评价体系构建

目前以企业为主体视角评价创新生态系统健康度的实证研究尚少见到，同时对企业集群生态系统的健康内涵缺乏统一的界定和评价标准，评价指标较抽象不易量化，因而进行实证评价时存在一定困难。数据来源是应用指标体系进行评价的基础，数据需要权威性和客观性。因此构建可操作的评价指标体系，获得客观、动态和可量化的数据，客观反映创新生态系统的健康状况，显得尤为重要。

基于此，我们借鉴已有研究成果，以创新生态系统理论为基础，借鉴生态系统基本特征，提出创新生态系统健康内涵的理解框架，力图揭示影响创新生态系统健康运行的关键要素和内在机理；从生产率、适应力和多样性三个维度出发，构建以企业为主体视角的创新生态系统健康度三级评价指标体系；提出三级量化操作指标。借此对湖南省制造业创新生态系统健康度进行评估，根据结论提出对策建议。研究成果为客观、动态评价创新生态系统健康度提供工具，为企业提升可持续发展能力提供依据。

7.3.1 评价指标的筛选

基于 Iansiti 和 Levien（2004）、张淑谦和黄鲁成（2006）以及吴金希（2014）等学者的研究，初步设立了一二级指标，并整理了相关研究中的三级指标，创新了部分三级指标，在此基础上进行专家咨询。

我们共选择了 15 位相关领域资深专家进行了两轮专家咨询。在第一轮咨询中，采用半开放式问卷，将附有填写说明的问卷发放给专家，并在问卷后列出开放式问题，如："您认为一级和二级指标是否还有其他条目？"；问卷采用里克特量表，请专家对每一个指标的相对重要性进行评判打分，按照"不重要"到"非常重要"五个等级，分别赋值为 1 至 5，对收回的第一轮专家咨询数据进行整理和分析，计算各指标重要性均值。根据统计结果和专家提出的意见，一级指标没有增减，删除了"要素生产率"和"生存率"两个二级指标；同样删除了部分三级指标，如"销售收入增长率""拥有本科及以上学历人数""员工培训支出比重"等。将第一轮咨询的结果反馈给各位专家，进行第二轮咨询，再次评判创新生态系统健康度评价指标体系的合理性，进一步筛选各级指标。两轮问卷全部回收，有效率 100%。第二轮专家咨询结束后，被选用的各级指标的重要性均值在 3.5 分以上，认同率在 65% 以上，变异系数在 0.25 以下，符合进一步分析的要求，因此没有继续进行第三轮专家咨询。

7.3.2 评价指标的解释

7.3.2.1 生产率

生产率度量了主体配置利用资源的能力及其系统功能发挥水平，它是衡量自然生态系统健康状况的最重要的指标。对于创新生态系统来说，该指标是指创新生态系统能否以更低的成本，把知识、技术、资本等创新要素转化为新产品新服务。我们认为生产率主要用于评价系统中各种创新资源要素是否得到合理配置，使创新知识转化为新产品新服务。具体由以下三个方面构成。

一是生产效率。Mackenzie 等学者（1998）主张将系统的效率分为消费效率、同化效率和生产效率，现代企业竞争力理论也倾向于用生产效率作为衡量生产者整合、开发和利用资源的能力的标准之一。在创新生态系统中，企业与系统成员进行协同合作，利用系统中的各种创新资源进行产品、工艺和市场开发，从而完成输出产品、技术和服务创造价值。因此生产效率可以反映创新生态系统的生产能力水平。由于财务指标数据相对易得且全面和准确，其时间序列也相对完整，所以现有研究中常利用相关财务指标观测生产效率，如使用净利润、息税前利润、资产增长率等相关产出指标。我们认为可以选择投入资本回报率、总资产增长率和净利润增长率分别从投入资本的使用效率、资产和经营管理等角度衡量系统的生产效率。

二是盈利能力。它可以反映系统内主体配置利用资源赚取利润创造价值的能力，是营销能力、获取现金能力、降低成本能力及回避风险能力等的综合体现。盈利能力从利润创造角度衡量系统的生产率，较高的盈利能力是创新生态系统继续生存和发展的物质基础，因此我们选取净资产收益率、资产报酬率测量系统盈利能力。

三是创新产出。它实质上是对创新生态系统的科研活动的各项直接成果以及影响进行评价，即对创新生态系统将知识等各种要素转化为新知识、新产品、新服务的能力。创新产出是衡量创新生态系统创新活动生产率的最直接的指标，它关系到该系统持续健康发展的动力和竞争力。在创新产出众多表征指标中，专利是使用最广泛的。研究表明，专利是衡量创新产出的可靠指标。因此可以设立专利授权数量年增长率动态评价创新产出。

7.3.2.2　适应力

生态系统的关键特征是具有持续不断完成进化以应对内外部变化的能力。

Holland（1995）提出系统主体主动与环境发生反复的、相互的作用，是系统发展和进化的基本动因。创新生态系统中创新关键要素之间通过物质、能量和信息流动等方式相互作用，形成自适应系统。复杂适应系统理论认为，系统中的个体并行地对环境中的各种刺激做出反应，为适应环境变化的要求和实现自身目标进行演化，只有系统复杂性与环境复杂性相匹配，系统才能健康可持续发展。我们认为适应力主要用于测度创新生态系统抵御外部干扰胁迫、主动吸收及创造新知识等应对技术环境高速变革的能力，包括三个方面。

一是抗扰能力。Rapport（1989）提出健康的生态系统是指其所具有的稳定性和可持续性，即在时间上具有维持其组织结构、自我调节和对胁迫的抵御能力，以及受干扰后的自恢复能力。无论是何种类型的生态系统，在面对外部长期或者突发的扰动胁迫时，应具有较强的承受和抵抗外来风险的能力，而创新生态系统面对的外来风险主要包括市场风险、政策风险、资源供给风险等。因此可以从企业视角选取衡量其经营能力和偿债能力的相关财务指标，评测系统抗击外部干扰、抵御外部各种潜在风险的能力。

二是知识能力。知识能力是知识存量、知识传承和知识创新能力的综合体。系统内的企业、高校、科研机构等知识主体产出知识和技术并产生知识增量。不同学者从资源观、知识观视角定义了知识能力，前者认为它是知识资产的总和，后者则认为它是整合协调知识的能力。从资源视角来看，系统的知识资产包括人力资本、知识网络、管理信息系统等，其中人力资本是知识能力的基础，尤其是系统内从事科技活动研发活动的人员，高素质的人力资本推动技术充分利用，对新产品开发、新产品销售收入有提升作用，是成功创新的关键。从知识视角来看，知识能力可以反映系统内各主体整合协调现有知识生产新知识、适应激烈的外部竞争和高速变革的技术环境的能力。因此可以从研发人员比重、专利申请数量增长率等方面来评价创新生态系统的知识能力。

三是发展潜力。健康的创新生态系统，会输出商业化应用的技术和获得市场成功的创新产品和服务，在这个过程中需要不断地从事研发活动，进行研发投入，培养可持续发展的科研能力。发展潜力主要从其科研能力储备方面衡量，研究表明，研发活动促进新知识的产生，提升对市场变化的适应能力，是创新生态系统健康成长的内在动力和可持续发展的保证。系统内主体只有持续不断地从事研发活动，做好培养储备科研能力工作，才能在日趋激烈的竞争环境中占有一席之地，获得健康持续发展。可以从研发投入角度设立指标评价创新生态系统的发展能力。

7.3.2.3 多样性

在生态学研究中认为健康的生态系统呈现多样性特征，即生物和它们组成的系统的总体多样性和变异性，生态系统的多样性是人类赖以生存和持续发展的物质基础。Iansiti 和 Levien（2004）认为无论是在生物领域还是在商业领域，多样性帮助系统抵御外部扰动和可持续创新，提出在商业领域中衡量多样性的最佳标准是创造有价值的缝隙市场空间，具体评价标准为新技术应用于新业务和新产品的程度。创新生态系统作为一种协同机制，企业将系统中的多个不同主体联系起来，进行协同合作，从企业独立发展向共生演化转变。我们认为在物种呈现多样性的前提下，系统内还应以此为基础表现出技术多样性和市场多样性。系统多样性特征如下。

一是物种多样性。物种多样性是生态系统多样性的核心。对于创新生态系统来说，物种多样性表现为系统内相互关联的主体种类的多样化程度。在创新生态系统中，与企业相联系的主体包括供应商、分销商、外包企业、产品与服务制造商、技术提供者和其他组织，它们通过物质、能量和信息流动等方式相互作用，为创新生态系统成员共生演化提供了条件，同时系统内物种呈现多样性是进行灵活的关系选择与系统设计的基础。因此可以从系统中的企业出发，统计与其发生协同合作的组织数量变化，来衡量一定时间内系统物种多样性的变化趋势。

二是技术领域多样性。它是创新生态系统具有物种多样性的必然结果。技术多样性表征系统技术基础扩张到了多个技术领域。技术多样化一般是指在保持和增强核心能力的前提下，某一时段发展了新的技术知识或能力，在多个技术领域构筑技术能力的行为或状态，结果表现为技术基础范围的拓宽。研究表明，多样化的技术基础可以克服核心刚性，降低技术投资的风险，激发新的理念和创意，进而提高创新效率。在实证研究中，学者们一般根据企业所申请的专利是否跨越核心技术领域来表征技术多样性。

三是区域市场多样性。市场多样性表明创新生态系统具有生命力，创新生态系统内各主体协同进行一系列产学研活动，将知识、技术转化为新产品新服务以及新的解决方案，这些创新成果催化新的市场空间，完成价值实现的最终环节。反过来，多样化的市场又会为创新生态系统创造新的需求和机会，推动系统不断进化发展，保持活力。同时，市场多样性可以避免系统被锁定在一个单一的市场，分散由于消费者偏好变化、现有竞争对手和潜在竞争对手威胁、政策法规变动等一系列影响因素带来的市场风险。现有研究提出通过观测利基市场创造能力评价市场多样性，我们提出主次要区域市场营业收入比重变动率这一具体评价指标来观测系统市场多样性变动趋势。

我们确定了创新生态系统健康度评价的各级指标，评价指标框架见图7.1。

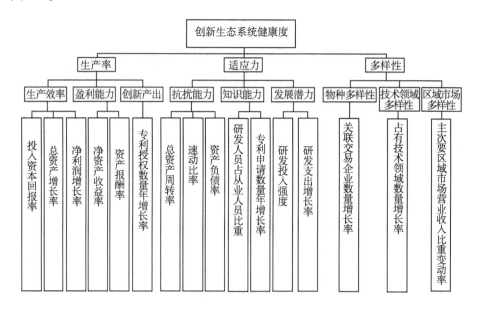

图7.1　创新生态系统健康度评价指标框架图

7.4　创新生态系统健康度评价方法及应用

7.4.1　创新生态系统健康度评价指标权重确定

在第二轮专家咨询中 15 位相关领域专家对指标体系各级指标权重进行了赋值，采用对其加权求得的平均值进行百分数取整的方法得到各级指标的权重系数值，见表 7.1。

表 7.1　创新生态系统健康度评价指标权重表

一级指标	权重	二级指标	权重	三级指标	权重
生产率	41%	生产效率	44%	投入资本回报率	15%
				总资产增长率	16%
				净利润增长率	13%
		盈利能力	35%	净资产收益率	20%
				资产报酬率	15%
		创新产出	21%	专利授权数量年增长率	21%
适应力	39%	抗扰能力	29%	总资产周转率	11%
				速动比率	9%
				资产负债率	9%
		知识能力	32%	研发人员占从业人员比重	18%
				专利申请数量年增长率	14%
		发展潜力	39%	研发投入强度	20%
				研发支出增长率	19%
多样性	20%	物种多样性	27%	关联交易企业数量增长率	27%
		技术领域多样性	42%	占有技术领域数量增长率	42%
		区域市场多样性	31%	主次要区域市场营业收入比重变动率	31%

7.4.2　三级评价指标测量

生产率和适应力下属各三级指标测量方式如下：

通过金融财经数据库、专利数据库以及上市公司年报等公开数据，获取评价时间内系统内各主体的相应数据，进行加权平均处理，采用系统内各主体三级评价指标平均数值代表系统各三级指标表现，具体见表7.1。

多样性各三级指标测量方式如下：

（1）关联交易企业数量增长率。以系统内的各企业为主体，计算评价时间内与系统内企业发生关联交易的企业总量的增长率。

（2）占有技术领域数量增长率。根据所有专利的国际专利分类号（IPC）前4位确定系统内技术类别数量，从而计算当期系统专利所处技术领域数量的增长率。

（3）主、次要区域市场营业收入比重变动率。将系统内各企业统计时间内营业收入最高的区域市场作为其主要市场，其他区域市场作为其次要市场，计算出系统内各企业当期主、次要区域市场营业收入比重的变动比率，继而对变动比率进行加权平均，求得平均值表征系统的整体表现。

7.4.3　指标评分区间的确定

根据创新生态系统健康度评价各三级指标的特征及实际状况，在充分借鉴健康度划分相关研究成果的基础上，以2014—2016年全国上市公司参照数据为例，将各三级指标数值划分为四个评分区间，其中生产率和适应力各项三级指标划分方法采用四分位法，力求较为全面地反映全部数据的分布特征。区间根据国泰安数据库2014—2016年全国上市公司相应指标数据进行整理计算得到各公司三年平均数值，进而确定第一个四分位点值、中值和第三个四分位点值作为区间端点，划分为四个数值区间。其中专利授权数量年增长率、专利申请数量年增长率两项指标由年平均增长率公式计算求得；多样性下属各三级指标，参考相关研究以及实际情况采用四分位法划分成四个区间，见表7.2。

　　当创新生态系统各三级指标数值落在第一区间内，1分表示该指标实际表现差；落在第二区间内，2分表示该指标实际表现中等；落在第三区间内，3分表示该指标实际表现良好；落在第四区间内，4分表示该指标实际表现优秀。

表7.2　创新生态系统健康度评价指标评分区间表

指标分数	1分（差）	2分（中）	3分（良）	4分（优）
投入资本回报率	2.78%及以下	(2.78%，4.86%]	(4.86%，7.23%]	7.23%以上
总资产增长率	6.32%及以下	(6.32%，15.86%]	(15.86%，32.03%]	32.03%以上
净利润增长率	−54.41%及以下	(−54.41%，−0.08%]	(−0.08%，41.05%]	41.05%以上
净资产收益率	3.91%及以下	(3.91%，7.16%]	(7.16%，10.59%]	10.59%以上
资产报酬率	2.95%及以下	(2.95%，4.78%]	(4.78%，6.72%]	6.72%以上
专利授权数量年增长率	−1及以下	(−1，−24.61%]	(−24.61%，30.54%]	30.54%以上
总资产周转率	0.41及以下	(0.41，0.53]	(0.53，0.72]	0.72以上
速动比率	0.97及以下	(0.97，1.46]	(1.46，2.31]	2.31以上
资产负债率	53.79%及以上	[43.04%，53.79%)	[32.84%，43.04%)	32.84%以下
研发人员占从业人员比重	8.59%及以下	(8.59%，13.11%]	(13.11%，19.71%]	19.71%以上
专利申请数量年增长率	−35.36%及以下	(−35.36%，2.22%]	(2.22%，68.43%]	68.43%以上
研发投入强度	2.67%及以下	(2.67%，3.85%]	(3.85%，5.60%]	5.60%以上
研发支出增长率	−30.25%及以下	(−30.25%，7.78%]	(7.78%，56.67%]	56.67%以上
关联交易企业数量增长率	25%及以下	(25%，50%]	(50%，75%]	75%以上
占有技术领域数量增长率	25%及以下	(25%，50%]	(50%，75%]	75%以上
主次要区域市场营业收入比重变动率	25%及以下	(25%，50%]	(50%，75%]	75%以上

我们采用线性加权法来计算创新生态系统的健康度。其中，X_i 为第 i 个三级指标得分，Y_i 为第 i 个三级指标相对于总目标的权重。

$$M = \sum X_i Y_i \tag{7.1}$$

7.4.4　湖南省制造业创新生态系统健康度测算与评价

7.4.4.1　数据来源与处理

剔除两家数据缺失的企业，我们选择湖南省 44 家制造业上市公司（公司注册地为湖南省）作为湖南省制造业创新生态系统健康度评价对象，主要基于以下两点考虑：其一，制造业在湖南省产业结构中占有重要地位，工程机械和先进轨道交通装备已经成为中国制造走向世界的闪亮名片。上市公司作为经营绩效相对较好的企业，包含了湖南省制造行业的龙头企业，对湖南省科技创新和经济发展贡献重要作用。其二，上市公司在监管之下具有相对完善的信息发布制度和严格的信息披露要求，因此其指标数据更加全面和准确，其时间序列更加完整。

系统内企业各三级指标数据主要来源于 Wind 数据库、国泰安数据库、上市公司年报以及国家知识产权局专利检索及分析平台，以 2015 年为基期，对 2016 年各原始数据进行了相应整理计算。

7.4.4.2　三级指标得分情况

根据表 7.2 对 2016 年湖南省制造业创新生态系统各三级指标表现进行评分，具体得分见表 7.3。

表 7.3　湖南省制造业创新生态系统健康度评价得分及全国中值表

序号	指标	全国中值（50 分位）	得分
1	投入资本回报率	4.86%	2
2	总资产增长率	15.86%	2
3	净利润增长率	-0.08%	2

续表

序号	指标	全国中值（50 分位）	得分
4	净资产收益率	7.16%	2
5	资产报酬率	4.78%	2
6	专利授权数量年增长率	−24.61%	2
7	总资产周转率	0.53	3
8	速动比率	1.46	3
9	资产负债率	43.04%	3
10	研发人员占从业人员比重	13.11%	2
11	专利申请数量年增长率	2.22%	2
12	研发投入强度	3.85%	1
13	研发支出增长率	7.78%	3
14	关联交易企业数量增长率	–	1
15	占有技术领域数量增长率	–	2
16	主次要区域市场营业收入比重变动率	–	1
总计			2.01

注：表 7.3 中生产率及适应力各三级指标全国中值由全国各上市公司各指标 2014—2016 年三年平均值的 50 分位值求得。

7.4.4.3　健康度评价结果分析

通过线性加权的指标值综合合成方法，测算出湖南省制造业创新生态系统 2016 年健康度指数为 2.01，判定评价时间内湖南省制造业创新生态系统处于中等健康程度。评价结果分析如下。

首先，从生产率看，三级指标投入资本回报率、总资产增长率和净利润增长率表现中等，表明 2016 年湖南省制造业创新生态系统中的企业投入资本和总资产的开发利用效率处于全国上市公司中等水平位置，资产经营规模扩张速度较慢，投入资本的使用效率有待提高。其中净利润增长率这一指标较上年出现较大幅负增长情况，一方面由于自 2008 年全球金融危机以来，受错综复杂的国内外环境以及去产能政策影响，导致价格触底市场萎缩等情况出现，国内大部分企业受到不同程度的影响，湖南省工业经济增幅也出现较大幅度回落，特别是以中联重科为代表的领军制造企业净利润增长率大幅下降，但这一情况随着"一带一路"沿线国家基建、金融、贸易等领域的合作不断加深得到改善，湖南省制造业企业充分抓住发展机遇，进行市场拓展和产业升级，未来可预见该项指标的向好趋势。另一方面也反映出湖南省制造业生态系统生产经营能力还处于中间梯队，亟需进一步改进经营管理，加大技术创新力度，加快产品的更新换代，提升产品和服务的竞争力。与此同时，2016年系统专利授权数量增长率较上年也呈现较大幅度负增长，低于全国中值，创新产出指标表现平平。这在一定程度上说明系统内专利申请的质量和运用价值尚有待提高，也反映出创新生态系统研发投入的有效性和及时性有待进一步提升。

其次，从适应力来看，湖南省制造业创新生态系统抗扰能力表现较强，其中短期和长期偿债能力指标得分较高，说明系统内制造企业财务状况良好，在一定程度上具备持续经营的基础和抵御风险的能力。同时总资产周转率得分情况说明系统内企业资产周转效率以及在一个生产销售周期中的销售效率较高。同样根据研发投入强度指标得分较低可看出，湖南省制造业创新生态系统还具有巨大发展潜力。2016年系统内研发支出增长率高于全国上市公司中值水平，但研发投入强度存在差距，主要可能受两方面原因影响：一是研发人员比重不高，作为研发活动的主要参与者，研发人员的规模是影响研发投入强度的一个主要因素；二是系统内企业中等水平的盈利能力制约了需要大量资金投入的创新研发活动，导致研发投入强度较低。湖南省制造业创新生态系统需进一步加大研发投入，从而提升系统的技术优势和发展潜力。表征系统知识能力的指标之一——专利申请数量年增长率，虽基本达到全国中等水平，但较前一年呈负增长的趋势，表明存在以下问题：一是研发拥有自主知识产权的新产品、新技术和新工艺的能力仍然不强，需要进一步加强产学研协同合作，使科研投入发挥最大效益；二是系统内企业知识产权意识有待强化，尚需要对专利信息进行挖掘、分析和充分利用，从而帮助企业优化研发方向，缩短研发周期，保护技术研发成果，在新技术领域抢占先机。

最后，从多样性上看，湖南省制造业创新生态系统在物种、技术领域和市场多样化程度三项指标上普遍偏低。2016 年湖南省新入规的制造企业虽较上年有所增加，但以中小规模为主，大型企业较少，产业集群的规模和集聚效应亟待提升，系统内物种多样化发展后劲不足。同时从系统内申请专利涉及的技术领域数量来看，评价期内增长幅度较小，说明系统内产品、技术涉及的新增技术领域较少，在根据市场需求开发新产品、新技术方面尚有较大发展空间。这表明未来一段时间内完善产品技术品类，提升产业竞争力仍是重要发展目标。区域市场多样性评价指标反映出系统内企业比较依赖现有市场，扩大新市场中份额的动力不足，需要进一步开拓多元市场，分散经营风险，增加收入来源。

　　基于对现有相关文献的梳理以及对创新生态系统结构功能和特征的理论分析，我们赋予协同创新生态化的解释，拓展了创新生态系统的健康内涵。在此基础上，从生产率、适应力和多样性三个维度出发，立足于创新生态系统中关键主体——企业这一微观视角，构建了采用客观数据测量的创新生态系统评价指标体系，创新了二三级评价指标，力图克服已有研究采用问卷方法评价的主观性以及评价指标过于抽象不易量化、相关指标数据获取困难等问题，提高评价方法的易操作性和评价结果的客观性、动态性，有利于真实描述创新生态系统的健康状况。同时应用该评价指标体系对湖南省制造业创新生态系统健康度进行实证评价，判定 2016 年湖南省制造业创新生态系统处于中等健康状态，丰富了现有相关实证研究，为促进创新生态系统健康发展的管理决策提供参考。

7.5　创新生态系统可持续发展的对策建议

　　伴随着以共生式创新为标志的创新 3.0 时代的到来，不同国家、区域、产业乃至企业之间的竞争焦点也逐步由单个企业竞争转向了生态化、有机式创新生态系统之间的竞争，在创新驱动成为决定中国经济成败关键的发展模式下，协同创新是新一轮科技革命浪潮中占领制高点的重要途径。基于上述研究结论，本研究对培育健康发展的创新生态系统提出以下建议：

（1）企业应加强与系统内其他主体的协同合作，提高专利技术的产出。首先，系统内企业要加强与供应商、客户等之间的纵向协同，实现专业分工，资源互补，打造高效敏捷的上下游供应链。其次，要强化与孵化器、大学、科研机构等创新主体的产学研协同合作，构建多元化的知识交流与人才联合培养机制，充分利用大学、科研机构等主体的优质科研成果与科技创新人才。具体地，进一步引导科研成果和科技创新人才向企业集聚，给予科技创新人才更大的技术路线决策权和人财物支配权，设立更灵活的薪酬体系与奖励方案，从而鼓励支持科技人才将研究成果转化为企业的产品和服务等创新成果。

（2）增强与内外部环境的动态适配性，不断提升识别和防御内外部环境风险的能力。创新生态系统面临多种外部扰动，系统中的企业自身也面临着经营风险、偿债风险等。因而企业一方面要对自身资源和能力的优劣势有清晰的认知，扬长补短，有序发展；另一方面，通过构建学习型组织和开放式创新活动，增强创新能力、抵抗干扰的能力，趋利避害，着力提升企业竞争力，加快协同创新成果产出和产业化进程。

（3）持续加大研发投入力度，增加研发人员占比，提升持续研发能力。首先，高强度的研发投入有助于迅速提升创新生态系统的技术水平和创新能力。创新成果数量和质量的提升离不开高强度的研发投入。例如，华为公司始终坚持每年投入不低于销售收入10%的经费，用于产品研发和技术创新，因而持续不断取得新的技术突破，在通信工程领域立于世界前列。为缓解研发投入规模不断增大所产生的资金需求，企业可拓宽融资渠道，提高创新链、产业链与资金链的融合度，吸引多元金融资本向系统内集聚，如寻找风投、私募股权投资等，切实改善研发投入资金瓶颈问题。在进一步加大研发投入力度的同时，还要着力提升研发投入的有效性，提高研发资金使用效率。其次，要增加研发人员占比，这是企业增强企业知识能力和适应性的基础。截至2016年华为研发人员在所有人员中占比为45%，远高于一般企业的水平。企业内部可通过引进和培养研发人才，提高研发人员的数量和质量，建设优质高效的研发团队。特别在互联网和资讯发达的当下，还可利用各种网络和信息资源，组建虚拟研发团队，如专家委员会、技术顾问和为某一目的而建立的临时团队等，充分利用各种社会资源提升研发能力。

（4）提升系统内技术、产品及市场多样化发展能力。首先，提升技术领域和产品品类多样化。随着外部技术环境的日益复杂以及顾客需求的快速变化，系统内成员要获得长期竞争优势，就必须打破对单一技术的依赖，克服核心技术惯性和创新的路径依赖，积极搜寻外部新知识，持续推出差异化的创新产品。其次，加强市场多样化。市场的扩大与细分为企业带来了新的发展机遇，因此企业需要明确自身的比较优势和差异优势，精准产品市场定位，锁定目标市场，开发新市场中的新需求，寻找新的利润增长点。总之，系统中的企业不但应将提升多样化发展能力作为分散系统外部威胁和风险的战略，而且应将其作为在复杂环境中生存发展的必要手段。

（5）统筹好创新生态系统内各成员的角色承担。作为生态系统的主体，企业是系统内各种创新信息和资源的主要拥有者、创新产品的生产者和创新利益的主要享有者，而创新生态系统内的高校和科研机构拥有专业人才、科研成果等大量异质性创新资源，高校和科研机构与企业间联动合作可充分提高企业自身科研创新能力，从而推动提升整个创新生态系统创新能力与水平。政府在创新生态系统的构建和发展中需要发挥政策引导与协调监督作用，营造有利于协同创新的宽松环境。各种中介服务机构可为创新生态系统创新提供信息、管理、投资等方面的专业服务，提高科技创新效率。金融机构可为创新生态系统各成员的创新项目发展提供创新金融产品和服务，鼓励社会资本积极参与创新创业项目投资，拓宽创新主体融资渠道，完善创新创业活动的信贷风险补偿机制，降低金融机构投资创新项目的风险，从而加大对创新的金融支持服务力度。创新生态系统内的各成员应各居其位，各司其职，在创新发展过程中相互联系、相互影响，共同推进创新生态系统的可持续健康发展。

（6）充分发挥政府在创新生态系统健康发展中的作用。由于市场具有不完备性和动态变化性，仅依靠市场调节往往导致企业难以实现从发明到创新的过程，因而促进创新生态系统的健康发展离不开政府的鼓励引导支持。创造并维护鼓励创新、宽容失败的氛围；强化各项法律法规的实施力度，特别是加强知识产权的保护力度，通过监督、约束等手段降低知识产权风险；搭建信息共享平台，通过信息披露和增加信息透明性以减少创新活动中的信息不对称；通过研发补贴、税收减免、政府采购等，为企业提供市场资金和资源支持等，都将促进创新生态系统的健康可持续发展。

8　协同知识创新的政策
支持效率研究

本章在梳理协同知识创新相关政策现状的基础上，构建数据包络分析（DEA）模型，对政府创新支持政策的效率进行评价分析。重点研究政府补贴和税收优惠政策的效应。根据研究结论，提出提升政府创新支持政策效率的对策建议。

8.1　协同知识创新的相关政策现状

政府对企业的创新支持是指企业在多大程度上获得诸如政府及其行政机构的有利政策、激励措施和方案等援助企业提升创新活动积极性和有效性的措施。政府财税政策支持是指企业所获得的政府为促进其创新而提供的直接补贴、减免税费、直接拨款、政府直接采购、提供优惠费率贷款、金融外汇政策支持等涉及财政支出措施的程度。借鉴已有研究关于政府公共政策究竟是促进还是抑制企业创新中的维度划分模式，我们将政府政策支持划分为政府直接补贴支持和政府税收支持两个维度（江静，2011）。

政府可以通过研发税收抵免等直接方式或通过其他间接手段来支持企业创新。在中国体制、机制和经济环境下，政府是企业外部环境中最重要的影响因素之一，不同的政府支持方式对企业创新的影响程度也是不同的。财政补贴支持及税收优惠是政府对企业提供的主要资金类的政策支持方式。财政补贴是一种直接的资助形式，通常发生在企业创新研发活动开始之前，政府根据对企业调查所获知的企业情况，制定相应的补贴政策，属于无偿的转移支付。税收优惠支持属于间接的资助形式，多发生在企业创新研发活动之后，政府观察到创新成果后对企业采取一定的税收优惠或减免，或者按照一定比例返还企业缴纳的税款。

财政补贴及税收优惠作为政府支持企业创新的核心政策，在缓解企业与外部投资者的信息不对称问题，通过直接为企业提供资金支持传递市场信号信息，促进企业外部融资，并鼓励企业重视研发创新方面发挥着十分重要的作用。因此，本研究的政府创新支持主要聚焦于直接补贴和税收优惠。

当前，学者在政府创新支持的影响研究上取得了一定程度的进展或成果。通过文献梳理发现，已有研究重点关注政府创新支持政策的影响因素，以及企业应如何通过各项手段或方法更好地获取政府财税支持。

8.1.1　政府财税支持的作用效果

政府创新支持的作用效果主要可分为促进论和抑制论两个学派，直接效应的相关研究占据了半壁江山。学者们基本上都是围绕这两个派系展开理论、实证的研究，两种不同的结论都获得了相应的理论和实证数据支持。

促进论的代表性理论基础是凯恩斯和熊彼特提出的经济学理论和技术创新理论。亚当·斯密古典经济学认为，市场这只无形的手可以完全实现资源的有效配置。而实际上市场所固有的弱点和缺陷，以及企业创新活动溢出性特点的存在，单纯依赖这只无形的手可能会导致资源浪费和市场机制的失灵。凯恩斯的经济学理论对此进行了解释，他认为只有坚持市场在资源配置中发挥基础性作用的同时，充分发挥政府这只有形的手的作用，才能促进产业结构升级和企业研发能力的提升。技术创新理论认为政府对企业创新的支持可以很好地弥补创新过程中的价格溢出和知识溢出等外部性特征，保障企业创新获得应有的收益，从而提升研发的主动性和积极性（曾萍和邬绮虹，2014）。而政府对企业创新的有效促进作用必须建立在完善的评估体系基础上。首先，已有实证研究认为政府创新支持的评价指标可以从科研经费强度、扣除研发活动所得税后的研发费用、企业从政府获得税收优惠三个方面来进行综合评估。学者通过查阅我国的经济普查年鉴数据发现，企业自身的研发活动可以正向驱动所在行业整体的专利创新和新产品绩效。虽然政府创新支持的外力作用不能显著调节研发与行业中新产品绩效间的正向关系，但是政府创新支持可以显著调节研发与专利创新之间的正向关系。此外，当企业所处行业为专利密集型时，政府创新支持的这种调节作用会比非专利密集型行业更强；而当企业所处行业为非专利密集型时，政府创新支持反而会抑制专利创新的实现（姜南，2017）。其次，促进论较有代表性的学者 Tellis 等（2009）为了厘清政府创新支持与企业创新以及企业财务价值的关系，结合世界 17 个主要经济体的 759 家跨国企业的问卷调查和二手数据，通过收集有关知识产权保护、高校/产业研究合作、政府补贴和企业研发税收抵免以及政府采购先进技术产品的数据来衡量政府的政策效应。结果显示，对于跨国企业而言，除国家层面的政策外，企业层面的劳动力、资本、文化也是促进其突破式创新绩效提升的关键，其中，企业文化的促进作用尤为显著，而突破式创新在这些因素转化为企业财务价值的过程中起到了过渡作用。

抑制论的典型代表理论是挤出效应理论，该理论认为如果政府对企业给予过多的创新支持可能会抑制民间资本在企业创新中所发挥的作用。相关企业将会根据政府的信号引导开展投资，这就对政府信号发布的正确性与及时性提出了较高的要求，而实际上相对于创新主体的企业，政府并不能精确判断最有价值的创新方向；而企业实际上的创新活动开展也只局限于获得了政府补贴的部门，不能主动尝试利用自身融资来开展其他领域的创新，从而导致企业的总体创新绩效受到抑制。此外，委托代理理论认为，由于信息不对称性的存在，政府一方面无法准确识别哪些企业是最需要创新支持的，即给予哪些企业创新支持才最能发挥有限资源的最大效用，从而实现政府资源的最优配置；另一方面，政府也无力随时监控企业获得创新支持资金后的真实用途，不能实现有效监控，从而可能会导致资源的过度浪费。在现有实证研究方面，也有不少学者发现政府创新支持并不一定总是促进企业创新活动的开展。首先，有研究指出，我国的政府政策究竟是抑制还是促进企业创新不仅取决于政策本身，还与企业性质有关（江静，2011）。事实上，对于内资企业而言，政府直接补贴对其研发强度（研发活动费用占工业增加值的比重）有显著影响，而税收补贴支持则没有显著影响；对港澳台企业来说，政府直接补贴抑制了企业的研发支出，而税收补贴则对研发活动有较强的促进作用；对外商投资企业而言，政府直接补贴不仅没有促进其研发支出的增加反而限制了其研发支出的积极性，而税收补贴则对企业研发强度的提升存在显著的促进作用。因此，我国政府应该根据企业不同的属性，调整相应的创新支持政策。其次，为弥补已有文献在政府创新支持研究中只关注单维度创新支持的空白，有学者将政府对企业的创新支持分为财税政策支持和创新环境支持两种类型，并探讨其对企业动态能力的适配作用（曾萍等，2014）。详细地，该学者在珠三角地区完成了173份有效问卷调查后发现，对于企业的技术创新而言，创新环境支持对其有正向促进作用，而财税支持的正向促进作用并不显著；对于企业的管理创新而言，财税政策对其有正向促进作用，而创新环境支持的正向促进作用并不显著；政府创新环境支持在企业两类创新的部分中介作用下对企业的信息利用、资源获取、协同内外部资源并释放相应资源要素的动态能力产生正向促进作用。因此，该研究十分典型而具有代表性地论述了政府创新支持的正向作用并不是绝对的。

8.1.2　影响政府财税支持效用及其获取的因素

如前文所述，当前学术界对于政府创新支持是正向还是负向影响企业创新的争论从未停止过。首先，一些实证研究结论能对此现象进行解释，这也许是由于匹配效应的存在所导致的，即政府支持在不同情境下可能会产生不同的效果。例如有学者为优化政府创新支持对不用企业类型的匹配度，重新梳理了产业战略性技术创新联盟（产业战略性技术创新联盟是一种产学研结构联合形成的以各方需求和利益为基础，提升各方创新实力为目标的战略性创新组织）的定义并对其进行了分类（邸晓燕和张赤东，2011）。根据联盟中各主体间的能力距离、市场集中度和市场关系，将产业战略性技术创新联盟划分为分散性伙伴联盟、集中性伙伴联盟、分散性竞争联盟和集中性竞争联盟四大类，其中每类又细分为对称型和不对称型联盟两种。对照这八种联盟类型对我国典型企业进行了罗列和匹配。由于政府创新支持政策目的是激发更多主体合作创新意愿，因此政府应充分把握各类企业的不同需求，根据不同特征企业执行不同的引导方案，适时出台相应的支持政策。具体地，政府应根据联盟类型，制定个性化的创新支持政策，例如分散性竞争联盟（含对称和不对称）的政府支持应以直接补贴为主，集中对称性伙伴联盟的政府支持应该以间接支持为主，集中性竞争联盟（含对称和不对称）的政府支持应该以营造公平竞争氛围为主。其次，除企业层面因素外，政府创新支持的效用还可能与经济社会所处的外部大环境相关。例如，在当前世界面临的资源与环境窘境下，有学者梳理并定义了企业的绿色管理理念（Shu 等，2016）。绿色管理体现了企业在发展过程中对自然环境的关注，能够统筹管理、协调资源与环境的关系，并提升能源消耗的有效性。同时，该学者还强调了绿色管理对产品创新存在正向促进作用，且对突破式产品创新的促进作用比渐进式产品创新的促进作用更强，政府创新支持在这种关系中间发挥了显著的正向调节作用。

此外，现有研究除了关注政府创新支持的正向或负向影响效果之外，也常常讨论企业应如何获取以及如何更好地获取政府支持，即获取政府支持的影响因素，以及不断探讨影响政府创新支持与外生变量间正向或负向关系的情境变量和匹配关系。

首先，为了逆转传统研究探索政府创新支持对企业创新的影响机制，有学者讨论了获取政府支持的因素，以及相应的作用机制。有学者以广东省的 173 家企业作为研究对象，发现了一个被调节的中介作用，这在研究获取我国政府创新支持的影响因素方面具有极高的参考价值（曾萍等，2016）。事实上，企业的技术创新能力有利于其获得更多的政府创新支持，获得这种支持的路径既可以是直接获得，也可以是通过政治关联的中介作用间接获得。更进一步的研究表明，非国有企业比国有企业更可能通过技术创新获得政治关联和政府创新支持，且非国企业正向调节政治关联与政府创新支持间的关系。良好的制度环境比不佳的制度环境更可能通过技术创新获得政治关联和政府创新支持，但是制度环境对政治关联与政府创新支持间的调节作用不显著。总而言之，无论是否处于良好的制度环境下，与政府构建良好的政治关联都是企业直接获得政府创新支持的有效途径。

其次，为了探讨政府创新支持与外生变量间正向或负向关系的强化或削弱效用，学者们发现了相关的调节变量。在市场经济时代下，什么类型的企业能更容易获得并充分利用政府补贴，即了解政府补贴的有效作用机制显得尤为重要。有学者利用我国工业企业面板数据进行数据回归分析发现，相对于国有企业来说，私有企业能更好利用政府补贴实现创新；要素市场的健康程度对政府补贴与企业创新之间的正向关系起调节作用；假若企业所处的市场要素扭曲程度越低，市场越规范，企业越能有效应用政府补贴实现创新（杨洋等，2015）。此外，企业性质对政府补贴与企业创新之间的正向关系起调节作用还受到要素市场的影响，这是一个被调节的调节关系，即要素市场越规范、扭曲程度越低，私有企业和国有企业在利用政府补贴实现创新过程中表现出的差异就越明显，反之则反。曾萍等在之前研究技术创新和管理创新的基础上，进一步深化了政府创新支持的影响，探索了政府创新支持对企业商业创新模式的作用。该研究提出政府的创新政策支持与商业模式创新正相关，同时可在企业动态能力的部分中介作用下提升企业商业模式创新绩效（曾萍等，2016）。企业性质调节政府的创新政策支持与商业模式创新之间的正相关关系，高科技企业和民营企业比非技术密集型企业和国有企业更能有效利用政府支持以实现创新，这点进一步验证了杨洋等（2015）企业性质差异的调节作用。曾萍等（2016）还指出，政府的创新支持还对企业二元创新有直接影响，同时规范的地区、民营企业的影响比制度欠完善的地区、国有企业更显著。

8.2　基于 DEA 方法的政府创新政策效率分析

党的十九大报告提出，创新是引领发展的第一动力，是建设现代化经济体系的战略支撑。报告全文十余次提到科技，50 余次强调创新，充分表明政府对技术创新的高度重视。政府创新支持政策是弥补市场不足、实现资源合理配置的重要手段。事实上，政府政策支持的杠杆效应，能较大力度地促进企业增加研发投入，激励企业开展创新活动。此外，中国统计年鉴数据显示，2012—2018 年我国 R&D 经费支出从 10298.4 亿元增至 19677.9 亿元。同时，R&D 投入强度（R&D 经费支出占国内生产总值 GDP 的比重）也呈持续上升趋势，2018 年已增长到 2.19%，具体见表 8.1。

表 8.1　R&D 经费支出情况　　　金额单位：亿元

年份	2012	2013	2014	2015	2016	2017	2018
R&D 经费支出	10298.4	11846.6	13015.6	14169.9	15676.7	17606.13	19677.9
国内生产总值	518942.1	568845.2	636138.7	685505.8	744127.2	820754.3	900309.5
R&D 投入强度	1.98%	2.08%	2.05%	2.07%	2.11%	2.15%	2.19%

表 8.1 中数据结果表明我国对技术创新的支持力度不断增大。然而，我国的创新产出似乎不甚理想。根据科睿唯安公布的 2018—2019 年全球百强创新机构，中国内地仅华为、比亚迪、小米三家企业上榜。这一矛盾现象背后的原因是什么？如何保证政府投入的有效性？这些问题值得深入研究。特别是随着政府创新支持政策形式的多元化和支持力度的不断增强，政策的效率问题被越来越多地关注。

近年来技术创新资源配置效率的研究已有不少成果。从整体上看，现有文献主要从区域、行业和微观企业三个层面展开研究。从区域层面来看，我国各个省份的 R&D 效率普遍在稳步提升。有学者通过对长江经济带 11 个省市不同年份的技术创新效率进行评价，发现长江经济带的技术创新效率整体呈现上升状态（吴传清等，2017）。从行业层面来看，有学者运用二阶段 DEA 模型对中国平板显示产业创新效率进行研究，结果表明平板显示产业还处于低研发产出、低经济转化的阶段（包英群等，2016）。从微观企业层面来看，已有研究分析了沪宁杭地区 41 个国家级科技企业孵化器的运行效率现状（杨文燮和胡汉辉，2015），也有学者比较分析了 2005—2010 年中国不同性质企业的科技研发和成果转化效率及差异，发现考察期内工业企业创新效率均值较低（肖仁桥等，2015）。

　　由此可见，关于创新效率的相关研究主要从企业视角出发探讨其效率水平，较少关注政府作为创新战略积极推动者其政策的效率问题。另外，行业层面的相关研究只聚焦在单个或个别行业，很少以全行业为目标对象进行比较研究，缺乏行业全局的系统分析，使实证分析结果的指导意义大打折扣。因而，我们试图从全行业着眼，研究政府创新支持政策在不同行业的效率水平，并分析其原因。这对优化创新支持的政策结构，确保战略性行业的重点投入，促进产业转型升级，均有积极意义。

　　我们从政府创新支持政策中的财政补贴和税收优惠入手，以中国 12 个行业为研究对象，利用微观面板数据，借助数据包络分析方法，对政府创新支持政策的效率进行综合分析、产业分析和投影分析，以期探寻政府创新支持政策效率的变动规律，为寻找效率提升路径提供理论基础和对策建议。研究结论丰富了政府创新支持政策有效性的研究成果，为政府制定科学、合理的行业创新发展战略以及差异化的创新政策提供理论支持和实证依据。

8.2.1　研究方法与模型

　　现有效率评价方法主要有模糊评价法、层次分析法、随机前沿分析法（SFA）和数据包络分析法（DEA）等。其中，模糊评价法和层次分析法存在主观性强、相关性约束难以验证等问题，SFA 方法需要设定具体的生产函数形式，在实际操作中较难运用。而 DEA 方法的最大优点是无需设置指标权重，模型可根据系统输入输出值自动计算最佳权重。相比于传统的评价方法，它能避免主观因素对评价结果的影响，更为客观、综合地反映目标对象的效率。另外，DEA 方法能够投影分解出效率偏低问题的原因所在。因此，我们借助数据包络分析方法来对政府创新支持政策的效率进行系统评价。

　　DEA 是由 Charnes 和 Cooper 等（1978）创建的一种非参数统计估计方法，主要适用于多投入多产出的效率评价问题。DEA 方法是基于经济学、管理学和运筹学等多学科交叉发展的一个新领域，其本质是线性规划模型。这一模型主要用于研究多投入多产出问题，核心是根据决策单元（DMU）与有效生产前沿面的偏离程度来判断 DMU 的 DEA 有效性，所以其分析的是相对效率而不是绝对效率。更重要的是，该方法可对非 DEA 有效的决策单元进行效率分解及投影分析，确定其无效原因和改进方向。

　　假设有 n 个待评估的决策单元，每个决策单元 DMU_j 都有 m 种不同类型的输入指标和 s 种输出指标。令 $X_j = (X_{1j}, X_{2j}, \cdots, X_{mj})$ 为第 j 个决策单元的输入指标向量，X_{mj} 为第 j 个决策单元的第 m 项输入指标值；同理，令 $Y_j = (Y_{1j}, Y_{2j}, \cdots, Y_{sj})$ 为第 j 个决策单元的输出指标向量，Y_{sj} 为第 j 个决策单元的第 s 项输出指标值，其中，$j = 1, 2, \cdots, n$。基于此，利用 Charnes 和 Cooper 等（1985）提出的 BCC 模型来判别 DMU_{j_0} 的 DEA 有效性，模型构建如下：

$$\min\left[\theta - \varepsilon(\hat{e}^{\mathrm{T}}S^- + e^{\mathrm{T}}S^+)\right],$$

$$\text{s. t.}\begin{cases} \sum_{j=1}^{n} X_j\lambda_j + S^- = \theta X_0, \\ \sum_{j=1}^{n} Y_j\lambda_j - S^+ = Y_0, \\ \sum_{j=1}^{n} \lambda_j = 1, \\ \lambda_j \geq 0, \quad j = 1, \cdots, n, \\ S^+ \geq 0, \quad S^- \geq 0 \end{cases} \quad (8.1)$$

其中，e 为单位向量，S^- 和 S^+ 为投入和产出松弛变量，反应实际投入量和产出量与生产前沿投影面的差距。θ 为决策单元 DMU 的相对效率值，取值范围在 0 到 1 之间。若 $\theta = 1$ 且 $S^+ = S^- = 0$，则表明决策单元 DEA 有效；若 $\theta = 1$，则表明决策单元 DEA 弱有效；若 $\theta < 1$，则表明决策单元非 DEA 有效。相比于传统的 CCR 模型，C^2GS^2 模型的优势是可以衡量决策单元的规模效率。规模有效是保持规模收益不变的生产方式，而规模效率无效表明该决策单元在原有资源投入的基础上增加投入量可以有更高比例的产出增加。

8.2.2　指标体系设计与数据来源

8.2.2.1　指标体系设计

通过数据搜集整理发现，目前关于创新支持的政策有近万项，主要包括中央法规司法解释 1341 项，地方法规规章 8243 项等。基于现有文献尚未就政府创新支持政策效率评价方法达成共识，我们参考已有研究成果，选取政府补贴和 B 指数（每单位研发支出的税后成本）作为政府创新支持政策的投入指标，研发投入和专利申请量作为产出指标。

投入指标。财政补贴和税收优惠制度作为政府创新支持政策的核心，将直接影响企业创新活动的开展。国内外研究普遍认为财政补贴和税收优惠对企业创新研发具有重要的替代效应和互补效应。政府补贴是政府支持企业创新最直接的投入，它可以降低企业的相对研发成本，并向外部投资者传递"质量甄别"的良好信息，从而有效缓解企业的融资约束问题，增强企业创新积极性。因此，我们选取政府补贴作为首要的投入指标。而相关研究表明税收优惠正向影响企业的研发投资水平和研发强度，从而间接影响企业创新的知识产出和经济产出（Bloom 等，2002）。因此，我们选取 Warda（1999）设计的 B 指数（B index）作为第二个投入指标，用于表征政府鼓励企业创新的税收优惠强度。

产出指标。研发投入和专利申请量反映企业对政府创新支持资源的使用力度和创新产出情况。首先，政府创新支持政策能增强企业自主研发意愿，有效引导企业加大研发投入，从而盘活创新产能，因此企业的研发投入可以合理衡量政府创新支持政策的产出。其次，创新产出一般以授权发明专利、申请专利以及所获国家级科技成果获奖数为代表，测度企业的发明创造能力。而目前，理论界普遍采用专利数作为技术创新产出的替代指标，因此我们选取专利申请量作为衡量企业利用政府创新支持资源的产出指标。

基于此，我们构建政府创新支持政策效率评价指标体系，见表 8.2。

表 8.2 评价指标体系

指标分类	指标	指标解释
投入指标	政府补贴	政府补贴总金额
	B index	政府支持 R&D 的税收优惠强度
产出指标	专利申请量	向国家知识产权总局申请的专利总量
	研发投入	用于 R&D 的固定资产投入量

8.2.2.2 样本选取与数据来源

为了解不同行业在政府创新支持效率方面的差异，我们根据证监会行业分类，横向选取包含制造业、建筑业、信息技术业、传播与文化产业等 12 个行业作为决策单元。决策单元的数量是评价指标数量和（或乘积）的三倍，因此满足 DEA 的可行性条件。其次，为充分显示政府创新支持政策效率的动态变化，并使数据结果更具可信性，纵向选取 2009—2016 年作为观察期。通过中国统计年鉴、国泰安数据库以及国家知识产权局的专利数据库，搜集了 12 个行业 2009—2016 年间上市企业的政府补贴、B index、专利申请量和研发投入相关数据。

8.2.3 实证分析

为系统、全面展现政府创新支持政策效率的现状与变动规律，根据从整体到局部的研究思路，采用面板数据模型的方法对我国政府创新支持政策的效率水平进行综合分析、产业分析、投影分析。其中，综合分析是对全行业进行整体评价，而产业分析是为了进一步呈现三大产业在政府创新支持政策效率方面的差异情况，投影分析主要聚焦于未达到 DEA 有效的行业，寻找其目标调整和改进方向。

8.2.3.1　综合分析

首先，根据上文建立的评价指标体系，借助 Matlab 软件，依照投入导向模式，对行业整体效率水平进行分析。具体地，将获得的 2009—2016 年 12 个行业的企业面板数据集导入 DEA 模型，得到国家创新支持政策的综合效率评价结果，见表 8.3。

从横向来看，2009—2016 年 12 个行业的国家创新支持政策整体处于持续波动状态。具体来看，全行业政府创新支持政策效率的 8 年均值是 0.411，即政府创新经费投入产出水平仅仅达到最优效率的 41.1%，这表明产业发展尚未能摆脱高投入、低转化的低效模式，还有较大提升空间。从纵向来看，2009—2016 年全国 12 个行业的政府创新支持政策效率水平最高的是信息技术业，其次是采掘业，排名最末位的是交通运输及仓储业。这表明信息技术业和采掘业能够高效利用政府资源，积极开展创新活动，增强行业发展活力。而其他行业未能合理有效配置创新资源，从而导致效率水平偏低。全国 12 个行业效率水平在全行业平均水平以下的行业有 8 个，主要因电力与煤气及水的生产供应业、交通运输与仓储业以及房地产业的高度无效状态造成的损失较大。另外，各行业 8 年效率均值的标准差是 0.359，表明政府创新支持政策效率水平在不同行业间差距明显。总体而言，2009—2016 年政府创新支持政策效率处于不断波动状态，全行业整体水平普遍偏低，且存在行业发展不均衡现象，在资源配置和使用效率方面仍有很大改进空间。

表 8.3 2009—2016 年国家创新支持政策的综合效率评价结果

行业	2009	2010	2011	2012	2013	2014	2015	2016	均值	排名
A 农、林、牧、渔业	0.097	0.158	0.211	0.128	0.079	0.089	0.148	0.235	0.143	9
B 采掘业	1.000	1.000	1.000	1.000	1.000	1.000	1.000	0.880	0.985	2
C 制造业	0.277	0.183	0.501	0.507	0.596	0.603	0.559	0.534	0.470	4
D 电力、煤气及水的生产和供应业	0.063	0.040	0.073	0.107	0.062	0.084	0.064	0.089	0.073	11
E 建筑业	1.000	0.982	0.514	1.000	1.000	1.000	1.000	1.000	0.937	3
F 交通运输、仓储业	0.046	0.018	0.134	0.035	0.052	0.035	0.039	0.133	0.061	12
G 信息技术业	1.000	0.922	1.000	1.000	1.000	1.000	1.000	1.000	0.990	1
H 批发和零售贸易	0.278	0.482	1.000	0.318	0.181	0.248	0.195	0.293	0.374	5
I 金融、保险业	0.141	0.078	0.123	0.135	0.183	0.407	0.168	0.244	0.185	8
J 房地产业	0.074	0.071	0.113	0.111	0.181	0.114	0.130	0.120	0.114	10
K 社会服务业	0.096	0.337	0.561	0.504	0.271	0.472	0.307	0.180	0.341	6
L 传播与文化产业	0.187	0.265	0.537	0.256	0.303	0.176	0.183	0.187	0.262	7
均值	0.355	0.378	0.481	0.425	0.409	0.436	0.399	0.408	0.411	

其次，在行业整体分析的基础上，制造业、信息技术业与行业效率均值进行对比分析。十九大报告提出建设现代化经济体系，首要是加快发展制造业，使我国从制造大国平稳转向制造强国，其核心是要在高技术产业上占领技术制高点，争取在新一轮产业革命中弯道超车，缩小与领先国家的差距，培育全球主导权。因此，为了更直观地展现制造业与信息技术业的政府创新支持政策效率水平，我们将制造业和信息技术业与全行业平均效率水平进行对比分析。

（1）综合效率分析。综合效率通常反映决策单元在资源配置能力、资源使用效率等方面的综合水平，2009—2016 年制造业和信息技术业与行业平均的效率对比分析结果如图 8.1 所示。首先，信息技术业的综合效率水平表现优异且稳定。具体地，其综合效率值从 2011 年起始终保持 100% 的最优水平，仅 2010 年未达到 DEA 有效，但是依然远高于行业平均水平。这表明信息技术产业能够高效利用、妥善配置政府创新支持资源，从而领跑全行业。这是由于信息技术业主要依靠创新驱动发展，整体科技创新实力较强，且该行业长期以来都十分重视技术创新发展。其次，制造业的综合效率整体处于波动上升状态，且从 2011 年起超越全行业平均水平，但始终低于信息技术业，这表明制造业在对政府创新资源的配置和使用方面还有提升空间。

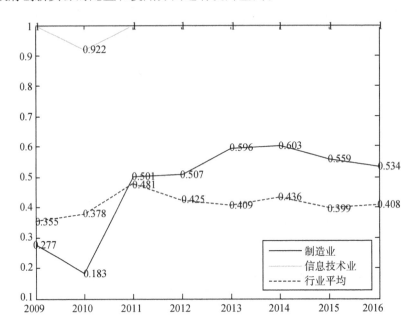

图 8.1　综合效率平均值对比

（2）技术效率分析。技术效率一般反映企业因为制度安排、管理效率和技术创新等因素所影响的生产效率，其值越趋于 1 表示企业对资源的使用效率越高。首先，全行业技术效率水平呈现出相对比较稳定的较高趋势，但依然存在一定的改进空间，具体数据如图 8.2 所示。其次，信息技术业的技术效率除 2010 年外均达到了有效值，这表明信息技术业的技术发展水平较高且能实现高效产出。此外，制造业的技术效率一直处于曲折上升状态，但相比于信息技术业，在技术创新、战略管理和制度安排等方面依然存在较大差距。

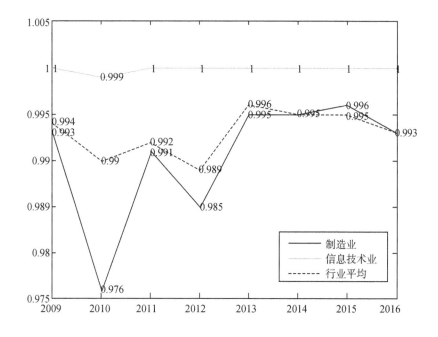

图 8.2 技术效率平均值对比

（3）规模效率分析。规模效率通常反映企业规模扩张等因素对生产效率的影响情况，2009—2016 年制造业、信息技术业与全行业平均水平的规模效率对比结果如图 8.3 所示。首先，全行业的规模效率最大值是 2015 年的 0.483，这表明政府创新投资规模的 51.7%都未能发挥作用，造成大规模的资金闲置、浪费。其次，信息技术业除 2010 年外均达到规模有效，表明该行业的投入与产出水平已达到最佳状态，后续应保持现有的投入产出配比，不断追求技术水平的增长，从而为我国跻身创新型国家前列的战略目标添砖加瓦。另外，制造业的规模效率从 2011 年起始终高于全行业的平均水平，且整体呈现曲折上升趋势，这表明制造业在政府创新支持资源配置方面尚有较大的开发潜力。政府在后续的战略布局中，应该更加注重优化创新财政资金的配置结构，减少投入冗余，提高有效产出。

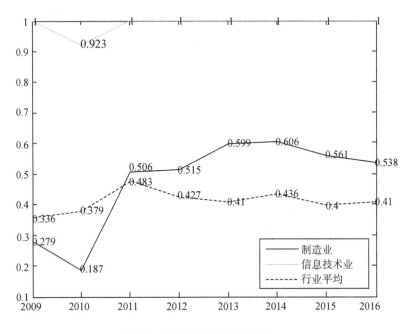

图 8.3   规模效率平均值对比

总体而言，政府创新支持政策效率，在信息技术业的表现十分优异，制造业相对整体效率偏低，存在严重短板问题，但呈现向好发展趋势。

8.2.3.2   产业分析

为进一步直观地展现不同行业政府创新支持政策效率的聚类、动态变化，我们对三大产业进行对比分析。根据国际三大产业的标准划分，将表 8.3 的 12 个行业分为三大类，其中第一产业主要包含农、林、牧、渔业；第二产业包含采掘业、制造业、电力煤气及水的生产和供应业以及建筑业；第三产业包含交通运输与仓储业、信息技术业、批发和零售贸易、金融与保险业、房地产业、社会服务业以及传播与文化产业。

从综合效率来看，2009—2016 年三大产业综合效率水平差异十分明显，结果见图 8.4。总的来说，第二产业的综合效率水平明显优于第三产业和第一产业，但是最高效率值在 2014 年也仅仅达到 0.672，尚未达到 DEA 有效状态，说明政府创新支持的效率水平还有待提高。进一步，第三产业 8 年的平均效率

分别为 0.26，0.31，0.495，0.337，0.31，0.35，0.289，0.308，整体处于波
动状态，且与第二产业相比仍存在较大差距。这表明第三产业应该加强对政府
创新支持资源的利用，提高创新产出。最后，第一产业的综合效率始终处于落
后地位，在 2013 年效率值达到 8 年的最低点 0.079，这说明政府的创新经费投
入仅仅达到最优效率的 7.9%，尚有 92.1% 的创新资源投入未能被充分、高效
利用。但是，在 2014—2016 年第一产业的效率水平持续攀升，效率值平均增
长 62.5%，这说明政府对第一产业改革创新的推动是有显著成效的，也表明我
国第一产业的创新发展虽任重道远但依然值得期待。

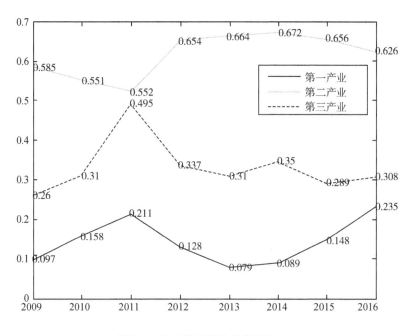

图 8.4　三大产业综合效率对比

从技术效率来看，第一、二、三产业 2009—2016 年技术效率的均值分别
为 0.9930，0.9931，0.9932（见图 8.5），第三产业的表现略优于第一、二产
业，这充分体现了第三产业在技术创新上的优势地位；三大产业整体效率水平
较高，但是尚未达到最优效率水平，这说明产业发展应更加注重技术创新，不
断提高战略管理水平，并致力于提高创新产出。从图 8.5 来看，2009—2016
年第二产业和第三产业的技术效率水平处于波动中缓慢上升状态，这表明政府

创新支持政策的实施促进产业技术创新、科技创新的不断发展。值得关注的是，第一产业的技术效率呈现出先降后升的 U 型趋势。其中，2009 年和 2010 年第一产业连续两年达到技术有效值，但 2012 年却处于全产业 8 年发展期的最低水平，这说明第一产业相对于第二、三产业存在更为严重的管理和技术问题。

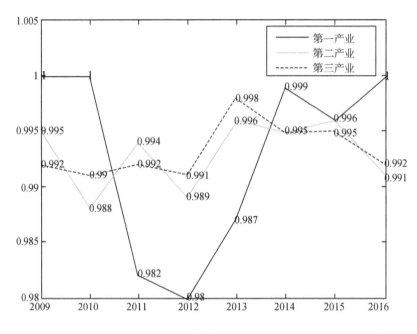

图 8.5　三大产业技术效率对比

从规模效率来看，2009—2016 年三大产业规模效率的走势与综合效率的走势基本保持一致，具体情况见图 8.6。首先，数据结果显示，第二产业的规模效率水平一直保持绝对的领先地位，但最高效率值也仅仅达到 0.673，总体情况不甚理想，这说明在现有产出水平下该产业的投资规模与规模有效间还存在一定距离。其次，第三产业的规模效率始终处于中间位置，虽在 2011 年度达到峰值 0.498，但政府创新投资规模依然有 50.2% 尚未发挥作用，这表明在优化资源配置方面该产业仍有较大的改进空间。而第一产业的规模效率水平持续走低，并在 2013 年跌至最低点，严重拉低产业的平均效率水平，可能是由于该年度的某些行业存在大量人力资源和财力资源的闲置情况，从而导致规模效率低下。但在 2014—2016 年，第一产业的规模效率有了显著增长，这表明随着政府创新支持政策的不断实施，第一产业的资源配置问题得到了改善。

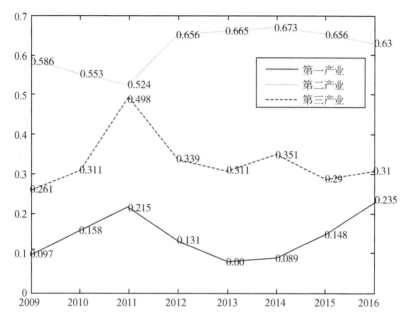

图 8.6　三大产业规模效率对比

总之，从三大产业的政府创新支持政策效率对比分析来看，第二产业的综合效率明显优于第三产业，但第三产业的技术效率水平稍好于第二产业，而第一产业的效率水平始终处于末位状态。另外，对比图 8.4、图 8.5 和图 8.6，可见规模效率与综合效率的走势基本一致，这表明规模效率对政府创新支持综合效率的影响大于技术效率。因此，要提高政府创新支持政策效率，在提升产业技术创新水平的同时，更应该注重投资规模的调整与优化。

8.2.3.3　投影分析

根据数据包络分析方法的投影定理，可以对非 DEA 有效决策单元的投入向量和产出向量进行调整使其达到 DEA 有效。我们从非 DEA 有效行业中，选取现代化经济体系建设中最核心的制造业和 8 年时间窗口中综合效率排名最末位的交通运输、仓储业两个决策单元进行投影分析。使用 2016 年的统计数据进行详细说明，并提出改进目标，见表 8.4。其中，原始值为初始投入产出，目标值为决策单元达到有效时的投入产出。

表 8.4   2016 年政府创新支持投入产出投影分析

指标	制造业		交通运输、仓储业	
	原始值	目标值	原始值	目标值
B index	0.899	0.480	0.889	0.118
政府补贴（亿元）	1707.616	912.213	187.023	24.818
专利申请量	55916	55916	119	119
研发投入（亿元）	2586.369	2586.369	8.389	8.389

从表 8.4 来看，B 指数和政府补贴均存在较大调整空间，即导致制造业和交通运输、仓储业政府创新支持政策效率低下的关键在于这两个行业未能充分、有效利用政府的税收优惠和政府补助政策，从而产生需要减少政府创新支持资源投入的虚假现象。事实上，制造业作为我国国民经济的支柱性产业，具备政策、经济、科技等一系列优势资源，但 2016 年制造业的改进率依然有46.6%，表明政府应采取更为科学、合理的措施引导、帮助制造业企业找准创新支持资源的高效率方向，以提高其效率水平。而交通运输、仓储业改进率高达 86.7%，表明该行业未能充分高效利用政府创新支持资源，在资源使用率方面还有较大提升空间。

总的来说，制造业和交通运输、仓储业的政府创新支持政策效率偏低的关键因素是未能合理、高效利用政府的税收优惠和政府补助政策。因此，对未达到 DEA 有效的行业进行政府创新支持资源配置优化，适当调整其投入结构，是提升政府创新支持政策效率的关键。

8.2.4   研究结论

基于 2009—2016 年的面板数据，借助数据包络分析模型，对我国 12 个行业的政府创新支持政策效率进行综合分析、产业分析、投影分析。研究总结如下：

第一，2009—2016 年 12 个行业的政府创新支持政策效率总体处于持续波动状态，且效率水平普遍偏低，在资源配置和利用效率方面仍有较大的提升空间。通过进一步分析发现，效率整体偏低的主要原因在于规模效率不高。这就意味着，当前阶段要提升政府创新支持政策效率，在稳步提高技术效率的同时，更应该注重投资规模的调整与优化，实现动态和广泛的规模有效。

第二，政府创新支持政策效率在不同行业差距明显，存在发展不平衡现象。从全行业综合效率排名来看，信息技术业第一，其次是采掘业，最末位的是交通运输、仓储业。从重点产业对比分析来看，信息技术业的表现十分优异，制造业相对整体效率偏低，但呈现向好发展趋势。这主要是因为信息技术业主要依靠创新驱动发展，整体科技创新实力较强，且比较重视创新活动开展。而其他行业可能对创新重视不够或者创新基础比较差，未能找准高效利用和妥善配置政府创新支持资源的路径，从而形成行业间的显著差异。

第三，第二产业、第三产业、第一产业的综合效率水平依次递减，且效率差异明显。通过对综合效率进一步分解，研究发现第二产业在规模效率上表现出明显的优势，第三产业在技术效率方面略好于第二产业，而第一产业在技术效率和规模效率方面都处于落后地位。这与我国三大产业目前的发展现状相匹配。作为国民经济增长主导的第二产业在投资规模上占据较大优势，而包含众多新兴行业的第三产业发展势头强劲，在制度安排、管理效率、技术创新方面呈现较高发展态势。第一产业可能刚处于技术创新的起步阶段，尚不能充分、有效使用政府创新支持资源，使政府创新投入的有效性未得到应有的释放，从而导致效率低下。

首先，从政府创新支持政策效率这一新的视角出发，所获得的研究成果拓展了政府政策效率评价的相关研究。其次，我们聚焦于全国 12 个行业，打破已有文献单纯关注特定单一行业或个别行业的研究。研究结论检验了政府创新支持政策的有效性，为改善政府创新支持模式和制定差异化的创新政策提供了新思路。

8.3　相关政策建议

政府对企业的创新支持是指政府的政策和激励方案等支持企业提升创新活动积极性和有效性的措施。本节基于上文的研究结论，提出促进协同知识创新的政策建议。

8.3.1　政策扶持企业创新活动

从创新本质来看，创新的最终实现是由企业来完成的，所以创新的核心主体是企业，但这并不意味着政府是袖手旁观的角色。政府的核心作用是引导鼓励企业从事创新活动，并为企业创新提供支持和服务。因此，政府应该明确创新服务的角色定位，并充分发挥鼓励引导作用。

8.3.1.1　明确政府创新服务的角色定位

首先，政府创新支持有利于将知识转化为企业创新成果。在知识转化为创新成果的过程中，由于知识溢出效应的可能存在，创新积极性较低的企业可以通过窃取原创企业的知识资源，搭便车式地模仿原创企业的技术，以低成本的投入提升自身创新绩效。然而，知识溢出效应降低了原创企业创新活动的投资回报率，打击了原创企业创新研发的积极性，最终会损害社会的整体创新收益。为应对创新合作中的知识溢出效应，企业自身的重视与防范控制是一方面，同时还要发挥政府在此过程中的重要作用。政府创新支持能有效弥补企业创新活动的外部性，补偿溢出效应所带来的原创企业收益损失，合理抑制创新收益的不必要损失，优化全体社会的创新生产函数，获取更多技术创新红利，从而维持企业开展创新活动的积极性。

其次，相比于依法成立的社会性组织所提供的非正式福利而言，政府创新支持是一种正式的、重要的制度福利，其对企业创新的刺激作用是社会性组织所无法比拟的。例如，为促进太阳能光伏发电产业的创新，2002 年政府启动了"光明工程"，重点发展太阳能光伏发电产业，并于 2006 年颁布了《可再生能源法》，并加大财政投资力度，这些措施极大激发了企业朝太阳能电池制造业领军者发展的意愿。2006 年和 2007 年中国光伏电力行业的专利申请数据甚至超过了美国和日本这两个全球工业领袖（Shu 等，2016）。又如 2015 年《中国制造 2025》出台后，政府提出的制造业创新中心等"五大工程"建设和重大标志性项目得到了有效推进与落实，协同创新平台的搭建提高了企业加速知识转化为创新成果的动力。政府出台专项措施促进制造业投资，现已初见成效。例如，C919 客机等重大创新成果不断涌现，2017 年一季度高技术产业和装备制造业增加值同比分别增长 13.4% 和 12.0%。相反，若缺乏相应的政府创新支持政策，企业的创新的结果可能会不尽如人意。例如，温州灯饰集群内的企业多数是中小企业，中小企业战略视野的局限性导致企业间耦合程度较低，同时政府并没有强有力的创新扶持政策来促进创新孵化网络与集群协同创新网络之间的耦合发展，对产学研合作的研发资本投入不到位等多种因素，最终导致了温州灯饰集群的消亡。

因此，政府应在充分鼓励企业自主创新的基础上，通过经济杠杆、约束机制等引导和激励企业主动增加研发投入，既要重点支持顶天立地的大型企业集团在关键共性技术、前沿引领技术、现代工程技术、颠覆性技术创新上的研究开发，也要持续鼓励铺天盖地的创新型小微企业探索创新创业，通过不断试错提高整个行业的创新成功率。

8.3.1.2　注重财税政策在创新支持中的重要作用

首先，政府补贴支持和财税支持是政府财税创新支持的两种重要手段，政府应注重财税政策手段在创新支持效用中首屈一指的地位。从资源基础观的视角来看，政府对企业研发活动的直接补贴支持，缓解了企业资金紧张状况，为企业研发活动提供了充足的资金支持，通过影响企业的资源获取能力和资源利用程度，培养企业创新的良好习惯，强化企业持续创新的动态能力并不断提高其竞争优势。熊彼特是知识管理与技术创新理论奠基人之一，他指出创新是一种高风险高投入的活动。若企业缺乏资金和资源，则会导致因缺乏组织准备而导致创新活动难以开展，对中小企业而言则更为严峻。此外，企业会因担心创新的市场化结果而瞻前顾后，这在一定程度上抑制了创新成果转化的积极性与可能性。然而，有效的政府补贴支持可以消减企业的后顾之忧，缓解高科技创新产品市场导入期的窘境，加快新生产品推入市场的速率，夯实原创企业的经济基础。一方面，政府对企业创新的直接补贴，最直接地降低了企业的融资成本，并通过对企业创新活动的外部性进行有效地补偿，对企业融资过程中的各类风险起到了缓冲作用，有利于消除企业部门间为争夺有限资源而导致的不必要内耗，正向激励企业创新绩效的持续提升。另一方面，政府补贴支持还加深了企业之间资源的共享程度，通过调节补贴的范围和条件，合理引导企业的创新方向，从宏观层面着眼更多地将内部知识合理配置到对国家具有重要战略性意义的领域内进行探索、实验和新产品开发，促进企业间创新资源的整合互动和各类创新活动的落地。此外也可以通过提升企业创新活跃度和积极性，帮助企业识别并充分发挥自身的竞争优势，有利于将理论层面的知识转化为可被企业商业化应用的新产品，实现有限而稀缺的知识资源向创新成果转化，从而使企业的创新活动如虎添翼。

其次，如果说政府的直接补贴对企业创新的支持是一种开源，政府的税收优惠则是为企业创新进行节流。由于获得政府税收减免的支持，企业的收益得以增加，且可以积累更多的剩余价值为创新的投资奠定基础。更重要的是，政府的税收支持还起到了一种指示信号的作用，即政府在哪些方面给与的支持越大，则意味着该业务领域是现阶段被经济社会发展所认可的，是最迫切需要的。凯恩斯主义认为，市场不是万能的，更不是完美无缺的，单纯依赖市场这只看不见的手进行资源配置会导致创新激励机制失灵，必须要借助政府政策这只看得见的手来实现资源分配与创新绩效间的最佳组合或平衡，从而实现知识资源的优化配置。单纯依赖市场这只看不见的手进行知识资源配置可能会产生信息不对称性、外部不经济性，导致创新成果转化机制的失灵。企业内部沉淀下来的新知识，若缺乏市场化动力，那么这些宝贵的知识则只是一堆物料而已，只有应用到了产品开发、生产、营销或服务等渠道，为企业创造了经济价值，才能发挥其最大效用及价值。创新网络中企图依赖整体网络的企业自发进行知识域耦合进而提升创新绩效，也许会导致原本就已稀缺的知识资源的浪费，弱化耦合知识对于创新绩效的促进作用；并且缺乏政府创新支持的引导，也无法有效地激发网络中所有企业进行知识耦合以促进创新活动的积极性。供应链方面的相关研究也从不同视角实证了政府创新支持引导会加速供应链上下游企业的一体化进程并促进客户关系的整合。总之，政府税收支持的引导不仅可以打破企业面临的资金束缚，更主要的是能够合理引导企业创新朝着最有利于市场化的方向发展，提升企业创新的效率与效益，让企业有更多的机会选择与创新模式优化，并进行相应的调整，平衡各种类型创新活动的实施频率，进而最大化创新收益。

此外，由于事后补贴可以弥补 R&D 活动的市场失灵，因此政府税收支持在创新中的作用往往比直接补贴支持更强（郑绪涛和柳剑平，2008）。政府税收补贴释放的信号更能有效引导企业科技成果转化，将内部沉淀的新知识应用到产品开发、生产、营销或服务过程中，从而创造真正的经济价值。产生这种差异的原因可以运用挤出效应和资源配置扭曲理论来解释。首先，挤出效应理论认为直接补贴会挤出企业的研发支出，降低企业自身筹集资金提高研发支出的可能性，同时由于获取政府直接补贴的机会成本很小，企业会功利性地局限于能顺利获得补贴的研发项目，终止其他领域的研发活动，不利于研发的健康持续发展。例如，比亚迪过分依赖政府研发补贴，曾获得的补贴甚至远超其净利润，2018 年政府补贴的退潮让比亚迪陷入到研发的困局中。其次，资源配置扭曲效应理论认为直接补贴容易产生选择偏差，能获得补贴的对象要么是曾从事相关研究的，要么是政府对其预期较高的，无法在评估研发项目的效果后决策，从而导致最需要支持的中小企业的研发活动受限。因此，事前补贴可能对企业研发投入产生挤出效应，而税收支持作为一种事后评估政策，是建立在企业创新产出的基础上的，这种事后的补贴不仅能弥补市场创新机制失灵，而且能引导和鼓励企业将沉默的研发成果转化为具有经济价值的创新产品与服务，是一种相对长期且稳定的政策。但直接补贴的作用也不容忽略，关键是对企业获取的研发补贴进行合理约束和有效的管理，建立专款专用制度，保障有限的资金用于真正能实现创新的"刀刃"企业上。

因此，各级政府应根据企业创新潜力和行业特征，确定个性化的财税支持方案，从政府补贴和税收优惠等方面实现财税政策对创新的支持，缓解企业研发资金压力，合理引导企业创新聚焦于国家重点开发领域。由于在知识转化为创新的过程中，政府税收支持的推动作用比政府直接补贴大，因此政府应该注意政策支持模式的合理匹配，应更多地使用税收手段引导创新。

8.3.2 制定差异化的创新支持方案

通过运用数据包络分析（DEA）模型对政府创新支持政策的效率进行了系统全面的评价，为进一步提升政府创新支持政策效率，建议从以下方面进行优化。

8.3.2.1 重点支持战略性新兴产业

资源配置不合理是政府创新支持政策效率偏低的症结所在。首先，政府创新支持效率提升的关键是要不断优化资源配置，降低投入冗余，提高创新产出。从综合分析来看，为提升政府创新支持政策效率，当务之急是调整和优化政府创新支持的投入结构。其次，从投影分析来看，为改善行业整体效率偏低的状况，政府应更加注重投入要素的有效配置，可尝试将投入与产出挂钩。例如可根据企业或行业的历史（上一阶段）创新产出配置未来（下一阶段）的政府支持投入，适当调整补助额度和税收优惠力度，从而有效避免创新资源的无谓损失。另外，从产业对比分析来看，政府应根据各行业发展的实际情况，分门别类地制定差别化的创新支持政策，越是效率水平低下的行业，越要优先促进改革发展。更为重要的是，为确保创新投入的高效率和高回报，政府应立足当前国家发展战略，瞄准世界科技前沿，加快将创新资源投入到新一代的战略性新兴产业，如人工智能、大数据、云计算、新能源汽车、无人驾驶、智能制造等高新技术产业。

8.3.2.2 增强企业的政策资源利用能力

提高企业对政府创新资源的使用效率是提升政策效率的关键。首先，政府应该致力于帮助企业找准政策资源利用能力的提升路径，可积极推动政产学研协同创新、共享科技资源来提高科技资源利用效率，或者通过政策工具的组合使用来减少单一政策工具带来的资源浪费问题，力争用最少的资源创造更高的可持续价值。其次，企业作为政府支持对象和创新活动的核心主体，也应为政府创新支持效率的提升贡献力量。企业自身发展战略应积极响应国家整体的创新发展战略，从供给侧结构性改革方面发力，积极开展创新活动并促进产学研协同创新的融通发展。除此之外，企业应充分、高效利用政府支持，降低无谓的资源浪费，增加创新产出，从而增强自身综合实力，提升行业话语权，尽快迈向全球价值链中高端。另外，企业可以建立宽容失败的容错机制来鼓励员工尝试创新，从而增强企业创新活力。目前，上汽集团、上海纺织等企业已将容错机制写入公司章程，并制定了个性化、流程式、可操作的创新容错操作细则。只有这样，才能优化整个社会的创新生产函数，获取更多技术创新红利。

8.3.3 建立健全多重创新政策支持机制

政府为扮演好企业创新的服务者与引导者的重要角色，可以通过灵活运用政策支持构建体系和营造良好的企业创新环境等方式实现。

8.3.3.1 灵活运用政策构建体系

我国经济正处于转变发展方式、优化经济结构、转换增长动力的攻关期，一系列的完备制度为激励企业自主创新、加快创新型国家发展建设提供强有力的保障与支撑。首先，财税政策手段在创新支持效用中具有首屈一指的地位，但是其他支持手段也不容忽视。政府应建立健全全方位多角度的创新政策支持体系，形成多重手段相结合的复合型促进政策。其次，政府除积极完善创新型人才培养机制外，还应主导设立以创新为导向的企业经营者考核、激励、评估机制。此外，政府也可尝试建立创新奖惩机制，对创新绩效表现优异的企业予以表彰激励，对浪费政府创新支持资源的企业进行适度的监管惩罚。另外，政府应加快建立健全科技金融服务体系，尝试探索"投贷联动"融资支持模式，让中小企业获得更多的金融支持，从而开展创新活动，为社会增添创新活力。总之，直接补贴、税收优惠等财税支持手段和创新考核机制是相辅相成缺一不可的有机统一体，政府要对其进行合理的组合，从而帮助企业实现知识资源效用最大化。

8.3.3.2　营造良好的企业创新环境

营造良好的创新环境氛围对企业创新十分重要，政府应扮演好服务者这一重要角色。一方面，政府应加快高新科技园区的升级改造，构建开放、共享的协同创新平台，并不断促进产学研的深度融合发展。另一方面，政府也要营造鼓励创新、包容失败的创新氛围，为企业自主创新保驾护航。例如，国务院印发的《关于大力推进大众创业万众创新若干政策措施的意见》提出要为企业的创新提供必要的市场信息，这有利于引导企业根据社会需求调整创新成果的转化方向。完善法律法规，规范市场环境和行业技术标准，降低企业不断适应动态环境变化而产生的负面效应。健全知识产权保护政策，保护原创企业合法权益，消除企业间的内耗。此外，政府可考虑为企业创新在人才引进、技术装备更新、产学研合作等方面给予帮助支持，激发创新主体的主动性和积极性，并通过知识资源的优化配置为企业的成果转化提供助力，提升创新产出从而实现效用最大化。

参考文献

[1] ADNER R, KAPOOR R. 2016. Innovation ecosystems and the pace of substitution: Re-examining technology S-curves [J]. Strategic Management Journal, 37 (4): 24.

[2] ADNER R. 2006. Match your innovation strategy to your innovation ecosystem [J]. Harvard Business Review, 84 (4): 98-107.

[3] ADNER R. 2017. Ecosystem as structure: an actionable construct for strategy [J]. Journal of Management, 43 (1): 39-58.

[4] AFUAH A. 2002. Mapping technological capabilities into product markets and competitive advantage: The case of cholesterol drugs [J]. Strategic Management Journal, 23 (2): 171-179.

[5] AHUJA G. 2000. Collaboration networks, structural holes, and innovation: a longitudinal study [J]. Administrative Science Quarterly, 45 (3): 425-455.

[6] ANDERSON R C. 1984. Some reflections on the acquisition of knowledge [J]. Educational researcher, 13 (9): 5-10.

[7] ANDRIES P, THORWARTH S. 2014. Should firms outsource their basic research? The impact of firm size on in-house versus outsourced R&D productivity [J]. Creativity & Innovation Management, 23 (3): 303-317.

[8] ARGOTE L, MIRONSPEKTOR E. 2011. Organizational learning: from experience to knowledge [J]. Organization Science, 22 (5): 1123-1137.

[9] ATUAHENE-GIMA K, WEI Y. 2011. The vital role of problem-solving competence in new product success [J]. Journal of Product Innovation Management, 28 (1): 81-98.

[10] BARNEY J B. 1986. Strategic factor markets, expectations, luck, and business strategy [J]. Management Science, 32 (10): 1231-1241.

[11] BARNEY J B. 1991. Firm resource and sustained competitive advantage [J]. Journal of Management, 17 (1): 99-120.

[12] BARR P S, STIMPERT J L, HUFF A S. 1992. Cognitive change, strategic action, and organizational renewal [J]. Strategic Management Journal, 13 (S1): 15-36.

[13] BAUM J A, CPROFILE, SINGH, et al. 1994. Organizational niche and the dynamics organizational founding [J]. Organization Science, 5 (4): 483-501.

[14] BENNER M J, TUSHMAN M L. 2003. Exploitation, exploration and process management: the productivity dilemma revisited [J]. Academy of Management Review, 28 (2): 238-256.

[15] BIRKINSHAW J, NOBEL R, RIDDERSTR? LE J. 2002. Knowledge as a contingency variable: do the characteristics of knowledge predict organization structure? [J]. Organization science, 13 (3): 274-289.

[16] BLOOM N, GRIFFITH R, REENEN J VAN. 2002. Do R&D tax credits work? Evidence from a panel of countries 1979—1997 [J]. Journal of Public Economics, 85 (1): 1-31.

[17] BRUSONI S, PRENCIPE A, PAVITT K. 2001. Knowledge specialization, organizational coupling, and the boundaries of the firm: Why do firms know more than they make? [J] Administrative Science Quarterly, 46 (4): 597-621.

[18] BURT R S. 1992. Structural holes [M]. Cambridge: Harvard Univ Press.

[19] CAMIS6N C, VILLAR-L6PEZ A. 2011. Non-technical innovation: organizational memory and learning capabilities as antecedent factors with effects on sustained competitive advantage [J]. Industrial Marketing Management, 40 (8): 1294-1304.

[20] CANTWELL J, SANTANGELO G D. 2006. The boundaries of firms in the new economy: M&A as a strategic tool toward corporate technological diversification [J]. Structural Change and Economic Dynamics, 17 (2): 174-199.

[21] CAO X W, ZHANG X J, XI Y M. 2011. Ambidextrous organization in harmony: A multicase exploration of the value of hexie management theory [J]. Chinese Management Studies, 5 (2): 146-163.

[22] CAO Y, XIANG Y. 2012. The impact of knowledge governance on knowledge sharing [J].

Management Decision, 50 (4): 591-610.

[23] CHARNES A, COOPER W W, RHODES E. 1978. Measuring the efficiency of decision making units [J]. European Journal of Operational Research, 2 (6): 429-444.

[24] CHEN Y, RONG K, XUE L, LUO L. 2014. Evolution of collaborative innovation network in china's wind turbine manufacturing industry. International Journal of Technology Management [J]. 65 (1-4): 262-299.

[25] CHENG C C J, HUIZINGH E K E. 2014. When is open innovation beneficial? The role of strategic orientation [J]. Journal of Product Innovation Management, 31 (6): 1235 -1253.

[26] CHESBROUGH H W. 2003. Open Innovation: the new imperative for creating and profiting from technology [M]. Boston, MA: Harvard business School Publishing Corporation.

[27] CHOI B, LEE J N, HAM J. 2016. Assessing the impact of open and closed knowledge sourcing approach on innovation in small and medium enterprises [J]. Procedia Computer Science, 91 (1): 314-323.

[28] CLARIANA R B. 2010. Multi-decision approaches for eliciting knowledge structure [M]. Computer-based diagnostics and systematic analysis of knowledge, Springer US.

[29] CUMMINGS J L, TENG B S. 2003. Transferring R&D knowledge: The key factors affecting knowledge transfer success [J]. Journal of Engineering and Technology Management, 20 (1): 39-68.

[30] DAHLANDER L, GANN D M. 2010. How open is innovation? [J]. Research Policy, 39 (6): 699-709.

[31] DANNEELS E. 2002. The dynamics of product innovation and firm competences [J]. Strategic Management Journal, 23 (12): 1095-1121.

[32] DAVID C S. 1994. Quantitative ecology [M]. Academic Press: London, United Kingdom.

[33] DIBIAGGIO L, NASIRIYAR M, NESTA L. 2014. Substitutability and complementarity of technological knowledge and the inventive performance of semiconductor companies [J]. Research Policy, 43 (9): 1582-1593.

[34] DOVEN L, URIEL S, MICHAEL L T. 2010. Exploration and exploitation within and across organizations [J]. Academy of Management Annals, 4 (1): 109-155.

[35] DYER J H, SINGH H. 1998. The relational view: cooperative strategy and sources of inter-

organizational competitive advantage [J]. Academy of Management Review, 23 (4): 660-679.

[36] ELMQUIST M, FREDBERG T, OLLILA S. 2009. Exploring the field of open innovation [J]. European Journal of Innovation Management, 12 (3): 326-345.

[37] FANG E, PALMATIER R, EVANS K. 2008. Influence of customer participation on creating and sharing of new product value [J]. Journal of the Academy of Marketing Science, 36 (3): 322-336.

[38] FIXSON S K, PARK J K. 2008. The power of integrality: Linkages between product architecture, innovation, and industry structure [J]. Research Policy, 37 (8): 1296-1316.

[39] FOSS N J, PEDERSEN T. 2002. Transferring knowledge in MNCs: The role of sources of subsidiary knowledge and organizational context [J]. Journal of International Management, 8 (1): 49-67.

[40] FRANKORT H T W. 2016. When does knowledge acquisition in R&D alliances increase new product development? The moderating roles of technological relatedness and product-market competition [J]. Research Policy, 45 (1): 291-302.

[41] FREEMAN C. 1979. The determinants of innovation: market demand, technology, and the response to social problems [J]. Futures, 11 (3): 206-215.

[42] FUKUDA K, WATANABE C. 2008. Japanese and US perspectives on the national innovation ecosystem [J]. Technology in Society, 30 (1): 49-63.

[43] GAWER, ANNABELLE. 2014. Bridging differing perspectives on technological platforms: toward an integrative framework [J]. Research Policy, 43 (7): 1239-1249.

[44] GILSING V, NOOTEBOOM B, VANHAVERBEKE W, et al. 2008. Network embeddedness and the exploration of novel technologies: technological distance, betweenness centrality and density [J]. Research Policy, 37 (10): 1717-1731.

[45] GRANOVETTER M. 1973. The strength of weak ties [J]. American Journal of Sociology, 78 (6): 1360-1380.

[46] GRANOVETTER M. 1985. Economic action and social structure: The problem of embeddedness [J]. The American Journal of Sociology, 91 (3): 481-510.

[47] GRANT G M. 1996. Prospering in dynamically competitive environments: Organizational capability as knowledge integration [J]. Organization Science, 7 (4): 375-387.

[48] GRINNELL J. 1917. The niche-relationships of the California Thrasher [J]. Auk, 34 (4): 427-433.

[49] HANAN M T, FREEMAN J. 1977. The population ecology of organizations [J]. American Journal of Sociology, 82 (5): 929-964.

[50] HENDERSON R M, CLARK K B. 1990. Architectural innovation: the reconfiguration of existing product technologies and the failure of established firms [J]. Administrative science quarterly, 35 (1): 9-30.

[51] HIENERTH C, LETTL C, KEINZ P . 2014. Synergies among producer firms, lead users, and user communities: the case of the lego producer - user ecosystem [J]. Journal of Product Innovation Management, 31 (4): 848 - 866.

[52] HOLLAND J H. 1995. Hidden order: how adaptation builds complexity [M]. New York: Basic Books.

[53] HU L T, BENTLER P M. 1999. Cutoff criteria for fit indexes in covariance structure analysis: Conventional criteria versus new alternatives [J]. Structural Equation Modeling: A Multidisciplinary Journal, 6 (1): 1-55.

[54] HULBERT S H. 1978. The measurement of niche overlap [J]. Ecology, 59 (1): 67-77.

[55] HUNG K, CHOU C. 2013. The impact of open innovation on firm performance: The moderating effects of internal R&D and environmental turbulence [J]. Technovation, 33 (10-11): 368-380.

[56] HUTCHINSON G. E. 1957. Population studies: animal ecology and demography [J]. Cold Spring Harbor Symposia on Quantitative Biology, 22 (2): 415-427.

[57] IANSITI M, LEVIEN R. 2004. Strategy as ecology [J]. Harvard business review, 82 (3): 68-81.

[58] Ikujiro Nonaka, Hirotaka Takeuchi. 1995. The Knowledge-Creating Company [M]. Oxford University Press.

[59] JAFFE A B. 1986. Technological opportunity and spillovers of R&D: evidence from firm patents, profits and market value [J]. American Economic Review, 76 (5): 984-1001.

[60] JANSEN J P, VAN DEN BOSCH F J, VOLBERDA H W. 2006. Exploratory innovation, exploitative innovation and performance: effects of organizational antecedents and environmental moderators [J]. Management Science, 52 (11): 1661-1674.

[61] JAWORSKI B, KOHLI A. 1993. Market orientation: antecedents and consequences [J]. Journal of Marketing, 57 (3): 53-70.

[62] JONATHAN S, MIKE D, DAVID G. 2001. Phylogeny and the niche structure of meadow plant communities [J]. Journal of Ecology, 89 (3): 428-435.

[63] KAMIEN M I, SCHWARTZ N L. 1975. Market structure and innovation: a survey [J]. Journal of Economic Literature, 13 (1): 1-37.

[64] KELLERMANNS F, WALTER J, CROOK T R, et al. 2016. The resource-based view in entrepreneurship: a content-analytical comparison of researchers´ and entrepreneurs´ views [J]. Journal of Small Business Management, 54 (1): 26-48.

[65] KIM K K, UMANATH N S, KIM J Y, et al. 2012. Knowledge complementarity and knowledge exchange in supply channel relationships [J]. International Journal of Information Management, 32 (1): 35-49.

[66] KING A, TUCCI C. 2002. Incumbent entry into new market niches: the role of experience and managerial choice in the creation of dynamic capabilities [J]. Management Science, 48 (2): 171-186.

[67] KLINGEBIEL R, RAMMER C. 2014. Resource allocation strategy for innovation portfolio management [J]. Strategic Management Journal, 35 (2): 246-26.

[68] KNUDSEN, M. P. 2007. The relative importance of interfirm relationships and knowledge transfer for new product development success [J]. Journal of Product Innovation Management, 24 (2): 117-138.

[69] KOGUT B, ZANDER U. 1992. Knowledge of the firm, combinative capabilities, and the replication of technology [J]. Organization Science, 3: 383-397.

[70] KONG F, ZHAO L. 2011. Study on the mechanism of integrated innovation based on knowledge spiral [C]. Power and Energy Engineering Conference (APPEEC), Asia-Pacific: IEEE, 1-4.

[71] KRACKHARDT D. 1992. The strength of strong ties: the importance of philos in organizations [J]. Networks & Organizations, 216-239.

[72] LACOBUCCI D, CHURCHILL G. 2009. Marketing research: methodological foundations [M]. Cengage Learning.

[73] LANE P J, KOKA B R, PATHAK S. 2006. The reification of absorptive capacity: a

critical review and rejuvenation of the construct [J]. Academy of Management Review, 31 (4): 833-863.

[74] LATOUR B. 2005. Reassembling the social: an introduction to actor-network theory [M]. Oxford: Oxford Univ Press.

[75] LAURSEN K, SALTER A. 2006. Open for innovation: the role of openness in explaining innovation performance among U. K. manufacturing firms [J]. Strategic Management Journal, 27 (2): 131-150.

[76] LAWSON, C. 1999. Towards a competence theory of the region [J]. Cambridge Journal of Economics, 23 (2): 151-166.

[77] LEMOLA T. 2002. Convergence of national science and technology policies: the case of Finland [J]. Research Policy, 31 (8): 1481-1490.

[78] LEVINTHAL A D A. 2002. The emergence of emerging technologies [J]. California Management Review, 45 (1): 50-66.

[79] LIAO S H, CHANGA W J, HUA D C, et al. 2012. Relationships among organizational culture, knowledge acquisition, organizational learning, and organizational Innovation in taiwan's banking and insurance industries [J]. The International Journal of Human Resource Management, 23 (1): 52-70.

[80] LIAO S. 2002. Problem solving and knowledge inertia [J]. Expert Systems with Applications, 22 (1): 21-31.

[81] LICHTENTHALER U, ERNST H, HOEGL M. 2010. Not-sold here: How attitudes influence external knowledge exploitation [J]. Organization Science, 21 (5): 1054-1071.

[82] LICHTENTHALER U, LICHTENTHALER E, FRISHAMMAR J. 2009. Technology commercialization intelligence: Organizational antecedents and performance consequences [J]. Technological Forecasting and Social Change, 76 (3): 301-315.

[83] LIN N. 2001. Social capital: A theory of social structure and action [M]. New York: Cambridge Univ Press.

[84] LIN Z, YANG H, ARYA B. 2009. Alliance partners and firm performance: resource complementarity and status association [J]. Strategic Management Journal, 30 (9): 921-940.

[85] LOPOLITO A, MORONE P, SISTO R. 2011. Innovation niches and socio-technical transition: A case study of bio-refinery production [J]. Futures, 43 (1): 27-38.

[86] LUNDVALL B A. 2010. National systems of innovation: Toward a theory of innovation and interactive learning [M]. Anthem press.

[87] MACKENZIE, BALL A S, VIRDEE S R. 1998. Instant notes in ecology [M]. Biosscientific Publishers Limited.

[88] MAKRI M, LANE P J. 2010. Complementary technologies, knowledge relatedness, and invention outcomes in high technology mergers and acquisitions [J]. Strategic Management Journal, 31 (6): 602-628.

[89] MANSFIELD E. 1968. Economics of Technological Change [M]. New York: W W Norton.

[90] MARCH J G. 1991. Exploration and exploitation in organizational learning [J]. Organization Science, 2 (1): 71-87.

[91] MATSUMOTO Y. 2013. Heterogeneous combinations of knowledge elements: How the knowledge base Structure impacts knowledge-related outcomes of a firm [R]. No. DP2013-15.

[92] MAZZOLA E, BRUCCOLERI M, PERRONE G. 2016. Open innovation and firms' performance: State of the art and empirical evidences from the bio-pharmaceutical industry [J]. International Journal of Technology Management, 70 (2/3): 109-134.

[93] MCDERMOTT C M. 2002. Managing radical innovation: an overview of emergent strategy issues [J]. Journal of Product Innovation Management, 19 (6): 424-438.

[94] MIOZZO M, DIVITO L, DESYLLAS P. 2016. When do acquirers invest in the R&D assets of acquired science-based firms in cross-border acquisitions? The role of technology and capabilities similarity and complementarity [J]. Long Range Planning, 49 (2): 221-240.

[95] MOHNEN. P, HOAREAU, C. 2003. What type of enterprise forges close links with N universities and government labs? evidence from CIS [J]. Managerial and Decision Economics, (1): 133-145.

[96] MONTEIRO F, MOL M J, BIRKINSHAW J. 2011. External knowledge access versus internal knowledge protection: A necessary trade-off [J] Academy of Management Proceedings, (1): 1-6.

[97] MOORE J F. 1993. Predators and prey: a new ecology of competition [J]. Harvard Business Review, 71 (3): 75.

[98] MOORMAN C, MINER A S. 1997. The impact of organizational memory on new product

performance and creativity [J]. Journal of Marketing Research, 34 (1): 91-106.

[99] NELSON R R, KATHERINE NELSON. 2002. Technology, institutions, and innovation systems [J]. Research Policy, 31 (2): 265-272.

[100] NIAN J Q C. 2010. Research on organizational knowledge structure' s construction based on text mining [C]. The 2010 International Conference on E-Business Intelligence, 403-410.

[101] NIELSEN A P. 2006. Understanding dynamic capabilities through knowledge management [J]. Journal of Knowledge Management, 10 (4): 59 -71.

[102] NOH Y. 2015. Financial effects of open innovation in the manufacturing industry [J]. Management Decision, 5 (7): 1527-1544.

[103] NONAKA I, TAKEUCHI H. 1995. The knowledge-creating company: how Japanese companies create the dynamics of innovation [M]. New York: Oxford Univ Press.

[104] NONAKA L. 1994. A dynamic theory of organizational knowledge creation [J]. Organization Science, 5 (1): 14-37.

[105] NUNNALLY J C. 1978. Psychometric theory [M]. New York: McGraw-Hill.

[106] OKE A, WALUMBWA F O, MYERS A. 2012. Innovation strategy, human resource policy, and firms' revenue growth: The roles of environmental uncertainty and innovation performance [J]. Decision Sciences, 43 (2): 273-302.

[107] ORSI L, GANZAROLI A, DE NONI I, et al. 2015. Knowledge utilisation drivers in technological M&As [J]. Technology Analysis & Strategic Management, 27 (8): 877-894.

[108] OVERHOLT M H. 1997. Flexible organizations: Using organizational design as a competitive advantage [J]. Human Resources Planning, 20 (1): 22-32.

[109] PAN, Y. 2002. Equity Ownership in International Joint Ventures: The Impact of Source Country Factors [J]. Journal of International Business Studies, 33 (2): 375-384.

[110] PARK S H, UNGSON G R. 1997. The effect of national culture, organizational complementarity, and economic motivation on joint venture dissolution [J]. The Academy of Management Journal, 40 (2): 279-307.

[111] PATEL P C, FIET J O. 2011. Knowledge combination and the potential advantages of family firms in searching for opportunities [J]. Entrepreneurship Theory and Practice, 35 (6): 1179-1197.

[112] PETERAF M, BARNEY J. 2003. Unraveling the resource-based tangle [J]. Managerial and Decision Economics, 24 (4): 309-323.

[113] PHELPS C C. 2010. A longitudinal study of the influence of alliance network structure and composition on firm exploratory innovation [J]. Academy of Management Journal, 53 (4): 890-913.

[114] PIANKA E R. 1973. The structure of lizard communities [J]. Annual Review of Ecology and Systematics, (4): 53-74.

[115] PISANO G P, VERGANTI R. 2008. Which kind of collaboration is right for you? [J]. Harvard Business Review, 11 (6): 1-9.

[116] PORTER M A. 1980. Competitive strategy [M]. New York: FreePress.

[117] PORTER M E. 1980. Competitive strategy: techniques for analyzing industries and competitors [J]. Social Science Electronic Publishing, (2): 86-87.

[118] PRICE D P, STOICA M, BONCELLA R J. 2013. The relationship between innovation, knowledge, and performance in family and non-family firms: an analysis of SMEs [J]. Journal of Innovation and Entrepreneurship, 2 (1): 1-20.

[119] PURANAM P, SINGH H, ZOLLO M. 2006. Organizing for innovation: managing the co-ordination-autonomy dilemma in technology acquisition [J]. Academy of Management Journal, 49 (2): 263-280.

[120] RAISCH S, BIRKINSHAW J. 2008. Organizational ambidexterity: antecedents, outcomes, and moderators [J]. Journal of Management, 34 (3): 375-409.

[121] RAPPORT D J. 1989. What constitutes ecosystem health? [J]. Perspectives in Biology & Medicine, 33 (1): 120-132.

[122] RICHARD P, RUMELT. 2005. Theory, strategy, and entrepreneurship [J]. Handbook of Entrepreneurship Research, 11-32.

[123] RINDFLEISCH A, MOORMAN C. 2001. The acquisition and utilization of information in new product alliances: a strength of ties perspective [J]. Journal of Marketing, 65 (2): 1-18.

[124] ROWLEY T, BEHRENS D, KRACKHARDT D. 2000. Redundant governance structures: an analysis of structural and relational embeddedness in the steel and semiconductor industries [J]. Strategic Management Journal, 21 (3): 369-386.

［125］RUNDQUIST J. 2012. The ability to integrate different types of knowledge and its effect on innovation performance ［J］. International Journal of Innovation Management, 16 （2）: 1-32.

［126］RYCROFT R W, KASH D E. 2004. Self-organizing innovation networks: implications for globalization ［J］. Technovation, 24 （3）: 187-197.

［127］RYOO S Y, KIM K K. 2015. The impact of knowledge complementarities on supply chain performance through knowledge exchange ［J］. Expert Systems with Applications, 42 （6）: 3029-3040.

［128］SANTOS F M, EISENHARDT K M. 2005. Organizational boundaries and theories of organization ［J］. Organization Science, 16 （5）: 491-508.

［129］SAXENIAN A. 1989. In search of power: the organization of business interests in Silicon Valley and Route 128 ［J］. Economy and Society, 18 （1）: 25-70.

［130］SCHARTINGER D, RAMMER C, FISCHER M M, ETAL. 2002. Knowledge interactions between universities and industry in Austria: sectoral patterns and determinant ［J］. Research Policy, 31: 303-328.

［131］SCHOT J, GEELS F W. 2007. Niches in evolutionary theories of technical change: A critical survey of the literature ［J］. Journal of Evolutionary Economics, 7 （5）: 605-622.

［132］SCHOT J, GEELS F W. 2008. Strategic niche management and sustainable innovation journeys: Theory, findings, research agenda and policy ［J］. Technology Analysis & Strategic Management, 20 （5）: 537-554.

［133］SHAPIRA P, YOUTIE J, YOGEESVARAN K, et al. 2006. Knowledge economy measurement: Methods, results and insights from the Malaysian Knowledge Content Study ［J］. Research Policy, 35 （10）: 1522-1537.

［134］SHER P J, LEE V C. 2004. Information technology as a facilitator for enhancing dynamic capabilities through knowledge management ［J］. Information & Management, 41 （8）: 933-945.

［135］SHIN SR, HAN J, MARHOLD K, et al. 2017. Reconfiguring the firm's core technological portfolio through open innovation: focusing on technological M&A ［J］. Journal of Knowledge Management, 21 （3）: 571-591.

［136］SHIU E C. 2015. The inconvenient truth of the relationship between open innovation activities and innovation performance [J]. Management Decision, 53 (3): 625 -647.

[137] SHU C, ZHOU K Z, XIAO Y, et al. 2016. How green management influences product in-novation in China: the role of institutional benefits [J]. Journal of Business Ethics, 133 (3): 471-485.

[138] SIMOMSON I. 2013. Determinants of customers' responses to customized offers: conceptual framework and research propositions [J]. Journal of Marketing, 69 (1): 32-45.

[139] SIRMON D G, HITT M A. 2009. Contingencies within dynamic managerial capabilities: interdependent effects of resource investment and deployment on firm performance [J]. Strategic Management Journal, 30 (13): 1375-1394.

[140] SLOBODCHIKOFF C N, SCHULZ W C. 1980. Measures of niche overlap [J]. Ecology, 61 (5): 1051-1055.

[141] STEIN E W. 1995. Organization memory: review of concepts and recommendations for management [J]. International Journal of Information Management, 15 (1): 17-32.

[142] TORGA M, MOSTASHARI A, STANKOVIC T. 2013. Visualisation of the organisation knowledge structure evolution [J]. Journal of Knowledge Management, 17 (5): 724-740.

[143] SU Z, AHLSTROM D, LI J, et al. 2013. Knowledge creation capability, absorptive ca-pacity, and product innovativeness [J]. R&D Management, 43 (5): 473-485.

[144] SUNG Y R, KYUNG K K. 2015. The impact of knowledge complementarities on supply chain performance through knowledge exchange [J]. Expert Systems with Applications, 42 (6): 3029-3040.

[145] TALLMAN S, JENKINS M, HENRY N, et al. 2004. Knowledge, clusters, and competi-tive advantage [J]. Academy of Management Review, 29 (2): 258-271.

[146] TANRIVERDI H, VENKATRAMAN N. 2005. Knowledge relatedness and the performance of multibusiness firms [J]. Strategic Management Journal, 26 (2): 97-119.

[147] TANSLEY A G. 1935. The use and abuse of vegetational concepts and terms [J]. Ecology, 16 (3): 284-307.

[148] TEECE D J. 2007. Explicating dynamic capabilities: the nature and microfoundations of (sustainable) enterprise performance [J]. Strategic Management Journal, 28 (13): 1319-1350.

[149] TELLIS G J, PRABHU J C, CHANDY R K. 2009. Radical innovation across nations: the preeminence of corporate culture [J]. Journal of Marketing 73 (1): 3-23.

[150] URGAL B, QUINTáS M A, ARéVALO-TOMé R. 2013. Knowledge resources and innovation performance: the mediation of innovation capability moderated by management commitment [J]. Technology Analysis & Strategic Management, 25 (5): 543-565.

[151] UZZI B. 1997. Social structure and competition in interfirm networks: the paradox of embeddedness [J]. Administrative Science Quarterly, 42 (1): 35-67.

[152] VADIM K. 2000. Radical innovation versus incremental innovation [M]. Boston: Harvard Business School Press.

[153] VAN VALEN L. 1965. Morphological variation and width of ecological niche [J]. The American Naturalist, 99 (908): 377-390.

[154] VARIS M, LITTUNEN H. 2010. Types of innovation, sources of information and performance in entrepreneurial SMEs [J]. European Journal of Innovation Management, 13 (2): 128-154.

[155] VERGNE J P, DURAND R. 2010. The missing link between the theory and empirics of path dependence: conceptual clarification, testability issue, and methodological implications [J]. Journal of Management Studies, 47 (4): 736-759.

[156] VERONICA S, THOMAS F. 2007. Collaborative innovation in ubiquitous systems [J]. Journal of Intelligent Manufacturing, 18 (5): 599-615.

[157] VICENTE BLANES J, ISABEL B I P. 2004. Who participates in R&D subsidy programs? The case of Spanish manufacturing firms [J]. Research Policy, 33 (10): 1459-1476.

[158] WALSH J P, UNGSON G R. 1991. Organizational memory [J]. The Academy of Management Review, 16 (1): 57-91.

[159] WANG E, KLEIN G. 2007. IT support in manufacturing firms for a knowledge management dynamic capability link to performance [J]. International Journal of Production Research, 45 (11): 2419-2434.

[160] WARDA J. 1999. Measuring the attractiveness of R&D tax incentives: Canada and major industrial countries [C]. Report Prepared for TAITC. OIS and Statistic Canada.

[161] WARNER M. 1999. Social capital construction and the role of the local state [J]. Rural Sociology, 64 (3): 373-393.

[162] WEN B L. 2007. Factors affecting the correlation between interactive mechanism of strategic alliance and technological knowledge transfer performance [J]. Journal of High Technology Management Research, 17 (2): 139-155.

[163] WERNERFELT B. 1984. A resource-based view of the firm [J]. Strategic Management Journal, 5 (2): 171-180.

[164] WHITLEY R D. 2001. National innovation systems [J]. International Encyclopedia of the Social & Behavioral Sciences: 10303-10309.

[165] WOLFF M F. 2007. Forget R&D spending-think innovation [J]. Research Technology Management, 50 (2): 7-9.

[166] YANG HUAN, LU WEISHENG. 2013. Niche comparisons: toward a new approach for analysing competition and organizational performance in the international construction market [J]. Construction Management and Economics, 31 (4): 307-321.

[167] YANG J, ZHANG F, XU J, et al. 2015. Strategic flexibility, green management, and firm competitiveness in an emerging economy [J]. Technological Forecasting & Social Change, 101: 347-356.

[168] YAO Z, YANG Z, FISHER G J, et al. 2013. Knowledge complementarity, knowledge absorption effectiveness, and new product performance: the exploration of international joint ventures in China [J]. International Business Review, 22 (1): 216-227.

[169] YAYAVARAM S, AHUJA G. 2008. Decomposability in knowledge structures and its impact on the usefulness of inventions and knowledge-base malleability [J]. Administrative Science Quarterly, 53 (2): 333-362.

[170] YAYAVARAM S, CHEN W-R. 2015. Changes in firm knowledge couplings and firm innovation performance: the moderating role of technological complexity [J]. Strategic Management Journal, 36 (3): 377-396.

[171] YIN P L, DAVIS J P, CHHABRA Y. 2014. Entrepreneurial innovation: killer apps in the iphone ecosystem [J]. Social Science Electronic Publishing, 104 (5): 255-259.

[172] YUQIAN H, DAYUAN L. 2015. Effects of intellectual capital on innovative performance: the role of knowledge-based dynamic capability [J]. Management Decision, 53 (1): 40-56.

[173] ZAHRA S A, GEORGE G. 2002. Absorptive capacity: a review, reconceptualization,

and extension ［J］. Academy of Management Review, 27（2）：185-203.

［174］ZHANG H. 2016. Study on evolutionary game mechanism of collaborative innovation and knowledge spillover ［J］. Chinese Journal of Management Science, 24（2）：92-99.

［175］ ZHENG S, ZHANG W, DU J. 2011. Knowledge-based dynamic capabilities and innovation in networked environments ［J］. Journal of Knowledge Management, 15（6）：1035-1051.

［176］ZOLLO M, WINTER S G. 2002. Deliberate learning and the evolution of dynamic capabilities ［J］. Organization Science, 13（3）：339-351.

［177］爱迪思. 1997. 企业生命周期 ［M］. 赵睿译. 北京：中国社会科学出版社.

［178］包英群，鲁若愚，熊麟. 2016. 基于二阶段 DEA 模型中国平板显示产业创新效率研究 ［J］. 科学学与科学技术管理，37（9）：49-57.

［179］包宇航，于丽英. 2017. 创新生态系统视角下企业创新能力的提升研究 ［J］. 科技管理研究，37（6）：1-6.

［180］边燕杰，张文宏，程诚. 2012. 求职过程的社会网络模型：检验关系效应假设 ［J］. 社会，32（03）：24-37.

［181］蔡继荣. 2012. 联盟伙伴特征、可置信承诺与战略联盟的稳定性 ［J］. 科学学与科学技术管理，33（7）：133-142.

［182］曹霞，于娟，张路蓬. 2016. 不同联盟规模下产学研联盟稳定性影响因素及演化研究 ［J］. 管理评论，28（2）：3-14.

［183］曹霞，于娟. 2015. 产学研合作创新稳定性研究 ［J］. 科学学研究，33（5）：741-747.

［184］曹兴，李瑞，程小平，等. 2006. 企业知识结构及其优化机制 ［J］. 科学管理研究，24（6）：69-73.

［185］曹兴，向志恒. 2007. 技术核心能力形成的企业知识结构分析 ［J］. 科学学与科学技术管理，（8）：97-102.

［186］曹兴，杨威，彭耿，等. 2009. 企业知识状态属性与企业技术核心能力关系的实证研究 ［J］. 中国软科学，3：144-154.

［187］曹勇，苏凤娇，赵莉. 2010. 技术创新资源投入与产出绩效的关联性研究——基于电子与通讯设备制造行业的面板数据分析 ［J］. 科学学与科学技术管理，31（12）：29-35.

[188] 曾德明，韩智奇，邹思明. 2015. 协作研发网络结构对产业技术生态位影响研究 [J]. 科学学与科学技术管理，(3)：87-95.

[189] 曾德明，孙佳，戴海闻. 2015. 技术多元化、技术距离与企业二元式创新：以中国汽车产业为例 [J]. 科技进步与对策，32（17）：61-67.

[190] 曾德明，张丹丹，文金艳. 2015. 基于专利合作的网络技术多样性对探索式创新的影响研究——网络结构的调节作用 [J]. 情报杂志，34（2）：104-110.

[191] 曾敏刚，朱佳. 2014. 环境不确定性与政府支持对供应链整合的影响 [J]. 科研管理，35（09）：79-86.

[192] 曾萍，李明璇，刘洋. 2016. 政府支持、企业动态能力与商业模式创新：传导机制与情境调节 [J]. 研究与发展管理，28（4）：31-38.

[193] 曾萍，吕迪伟，刘洋. 2016. 技术创新、政治关联与政府创新支持：机制与路径 [J]. 科研管理，37（7）：17-26.

[194] 曾萍，邬绮虹，蓝海林. 2014. 政府的创新支持政策有效吗？——基于珠三角企业的实证研究 [J]. 科学学与科学技术管理，35（4）：10-20.

[195] 曾萍，邬绮虹. 2014. 政府支持与企业创新：研究述评与未来展望 [J]. 研究与发展管理，26（2）：98-109.

[196] 曾萍，刘洋，吴小节. 2016. 政府支持对企业技术创新的影响——基于资源基础观与制度基础观的整合视角 [J]. 经济管理，(2)：14-25.

[197] 陈光. 2005. 企业内部协同创新研究 [D]. 西安：西安交通大学.

[198] 陈健，高太山，柳卸林，等. 2016. 创新生态系统：概念、理论基础与治理 [J]. 科技进步与对策，33（17）：153-160.

[199] 陈杰. 2013. 我国新能源储能技术创新能力提升研究 [D]. 长沙：中南大学.

[200] 陈劲，陈钰芬. 2006. 企业技术创新绩效评价指标体系研究 [J]. 科学学与科学技术管理，27（3）：86-91.

[201] 陈劲，李飞宇. 2001. 社会资本：对技术创新的社会学诠释 [J]. 科学学研究，19（3）：102-107.

[202] 陈劲，阳银娟. 2012. 协同创新的理论基础与内涵 [J]. 科学学研究，30（02）：160-164.

[203] 陈劲. 1999. 技术创新的系统观与系统框架 [J]. 管理科学学报，2（3）：66-73.

[204] 陈涛，朱智洺，王铁男. 2015. 组织记忆、知识共享与企业绩效 [J]. 研究与发展管

理，27（2）：43-55.

[205] 陈向东，刘志春. 2014. 基于创新生态系统观点的我国科技园区发展观测［J］. 中国软科学，11（11）：151-161.

[206] 陈艳莹，杨文璐. 2012. 知识型员工创业进入与在位企业的研发激励——来自中国高技术产业的证据［J］. 科学学研究，30（11）：1707-1714.

[207] 陈瑜，谢富纪. 2012. 基于 Lotka-Voterra 模型的光伏产业生态创新系统演化路径的仿生学研究［J］. 研究与发展管理，24（3）：74-84.

[208] 陈钰芬，陈劲. 2008. 开放度对企业技术创新绩效的影响［J］. 科学学研究，26（2）：419-426.

[209] 陈志军，徐鹏，唐贵瑶. 2015. 企业动态能力的形成机制与影响研究——基于环境动态性的调节作用［J］. 软科学，29（5）：59-62.

[210] 程虹，刘三江，罗连发. 2016. 中国企业转型升级的基本状况与路径选择——基于570家企业4794名员工入企调查数据的分析［J］. 管理世界，（2）：57-70.

[211] 大卫·范高德，李建军. 2002. 创造可持续的高技术企业发展生态系统［J］. 经济社会体制比较，（06）：82-91.

[212] 党兴华，常红锦. 2013. 网络位置、地理临近性与企业创新绩效——一个交互效应模型［J］. 科研管理，34（3）：7-13.

[213] 党兴华，魏龙，闫海. 2016. 技术创新网络组织惯性对双元创新的影响研究［J］. 科学学研究，34（9）：1432-1440.

[214] 邸晓燕，张赤东. 2011. 产业技术创新战略联盟的类型与政府支持［J］. 科学学与科学技术管理，32（4）：78-84.

[215] 丁聪琴，李常洪. 2008. 合作创新的产学研生态探析［J］. 经济问题，（03）：57-59.

[216] 董保宝. 2013. 高科技新创企业网络中心度、战略隔绝与竞争优势关系研究［J］. 管理学报. 10（10）：1478-1484.

[217] 董保宝，葛宝山，王侃. 2011. 资源整合过程、动态能力与竞争优势：机理与路径［J］. 管理世界，（3）：92-101.

[218] 窦江涛，綦良群. 2001. 高新技术产业开发区可持续发展评价指标体系的研究［J］. 科技与管理，（1）：9-11.

[219] 杜丹丽，康敏，曾小春，等. 2017. 网络结构视角的科技型中小企业协同创新联盟稳定性研究——以黑龙江省为例［J］. 科技管理研究，（18）：134-142.

[220] 杜维，司有和，温平川. 2009. 资源基础理论视角下对知识管理战略前因及后果的实证研究 [J]. 科学学与科学技术管理，(8): 95-102.

[221] 范思琦. 2019. 日本中小企业生态位演化研究及经验借鉴 [J]. 现代日本经济，(02): 59-68.

[222] 方炜，王莉丽. 2018. 协同创新网络演化模型及仿真研究——基于类 DNA 翻译过程 [J]. 科学学研究，36 (07): 1294-1304.

[223] 冯军政，魏江. 2011. 国外动态能力维度划分及测量研究综述与展望 [J]. 外国经济与管理，33 (7): 26-33.

[224] 傅家骥. 1998. 技术创新学 [M]. 北京：清华大学出版社.

[225] 高晶，关涛，王雅林. 2007. 基于突变理论的企业集团生态位状态评价研究 [J]. 软科学，21 (6): 128-132.

[226] 高展军，李垣. 2006. 战略网络结构对企业技术创新的影响研究 [J]. 科学学研究，24 (3): 474-479.

[227] 耿新，张体勤. 2010. 企业家社会资本对组织动态能力的影响——以组织宽裕为调节变量 [J]. 管理世界，(6): 109-121.

[228] 郭爱芳，陈劲. 2013. 基于科学/经验的学习对企业创新绩效的影响：环境动态性的调节作用 [J]. 科研管理，(6): 1-8.

[229] 郭东强，何丹丹，余呈先. 2015. 知识结构异化视角下企业技术创新机理研究——基于元素-架构的知识结构分类 [J]. 科技进步与对策，(17): 94-97.

[230] 郭京京，郭斌. 2013. 知识属性对产业集群企业技术学习策略的影响机制研究 [J]. 科研管理，34 (12): 17-25.

[231] 郭伟，孙江，郑庆，等. 2014. 制造企业生态系统健康度评价指标体系研究 [J]. 统计与决策，(18): 18-21.

[232] 哈肯. 1984. 协同学引论 [M]. 北京：原子能出版社.

[233] 何建洪，贺昌政. 2012. 企业技术能力、创新战略对创新绩效的影响研究 [J]. 软科学，26 (6): 113-117.

[234] 何景涛，安立仁. 2010. 知识合作模式与产品价值构成要素研究——企业合作创新研究的新视角 [J]. 科技进步与对策，27 (07): 78-82.

[235] 何郁冰. 2012. 产学研协同创新的理论模式 [J]. 科学学研究，30 (2): 165-174.

[236] 贺小刚，李新春，方海鹰. 2006. 动态能力的测量与功效：基于中国经验的实证研究

[J]. 管理世界，（3）：94-112.

[237] 胡保亮，方刚. 2013，网络位置、知识搜索与创新绩效的关系研究——基于全球制造网络与本地集群网络集成的观点 [J]. 科研管理，34（11）：18-26.

[238] 胡瑞卿. 2008. 技术创新测评模型及其在中小工业企业的应用 [M]. 广州：中山大学出版社.

[239] 黄桂田，李正全. 2002. 企业与市场：相关关系及其性质——一个基于回归古典的解析框架 [J]. 经济研究，（01）：72-79.

[240] 黄鲁成. 2003. 区域技术创新生态系统的特征 [J]. 中国科技论坛，（1）：23-26.

[241] 黄少安. 2000. 经济学研究重心的转移与"合作"经济学构想 [J]. 经济研究.（05）：60-75.

[242] 黄勇，周学春. 2013. 平台企业商业模式研究 [J]. 商业时代，（23）：23-26.

[243] 惠兴杰，李晓慧，罗国锋，等. 2014. 创新型企业生态系统及其关键要素——基于企业生态理论 [J]. 华东经济管理，（12）：100-103.

[244] 贾仁安，丁荣华. 2002. 系统动力学——反馈动态性复杂分析 [M]. 北京：高等教育出版社.

[245] 贾一伟，贾利民. 2014. 高校科技企业可持续发展系统动力学模型构建 [J]. 研究与发展管理，26（3）：97-103.

[246] 简传红，任玉珑，罗艳蓓. 2010. 组织文化、知识管理战略与创新方式选择的关系研究 [J]. 管理世界，2：181-182.

[247] 江静. 2011. 公共政策对企业创新支持的绩效——基于直接补贴与税收优惠的比较分析 [J]. 科研管理，32（4）：1-8.

[248] 姜南. 2017. 自主研发、政府资助政策与产业创新方向——专利密集型产业异质性分析 [J]. 科技进步与对策，34（3）：49-55.

[249] 焦豪，魏江，崔瑜. 2008. 企业动态能力构建路径分析：基于创业导向和组织学习的视角 [J]. 管理世界，（4）：91-106.

[250] 焦豪. 2011. 双元型组织竞争优势的构建路径：基于动态能力理论的实证研究 [J]. 管理世界，（11）：76-91.

[251] 克里斯托夫·弗里曼. 2008. 技术政策与经济绩效：日本国家创新系统的经验 [M]. 南京：东南大学出版社.

[252] 李翠娟，宣国良. 2005. 企业竞争优势的知识合作剩余创造机理 [J]. 科学学研究，

23（05）：662-665.

[253] 李德志，石强，臧润国等. 2006. 物种或种群生态位宽度与生态位重叠的计测模型 [J]. 林业科学，（7）：95-103.

[254] 李福，曾国屏. 2015. 创新生态系统的健康内涵及其评估分析 [J]. 软科学，29（9）：1-4.

[255] 李桦，储小平，郑馨. 2011. 双元性创新的研究进展和研究框架 [J]. 科学学与科学技术管理，32（4）：58-65.

[256] 李民，周晶，高俊. 2015. 复杂产品系统研制中的知识创造机理实证研究 [J]. 科学学研究，33（3）：407-418.

[257] 李晓锋. 2018. "四链" 融合提升创新生态系统能级的理论研究 [J]. 科研管理，39（9）：113-120.

[258] 李永周，贺海涛，刘旸. 2014. 基于知识势差与耦合的产学研协同创新模型构建研究 [J]. 工业技术经济，33（1）：88-94.

[259] 李勇刚. 2005. 产业集群的技术创新机理研究 [D]. 大连：大连理工大学.

[260] 林芬芬，马永斌，郝强，等. 2013. 区域创新体系评价新视角——大学—政府—企业生态网健康指标体系研究 [J]. 科技管理研究，8（15）：59-63.

[261] 林聚任. 2009. 社会网络分析：理论、方法与应用 [M]. 北京：北京师范大学出版社.

[262] 刘丹，衣东丰，王琳晴. 2016. 企业家创新生态系统的构建与分析 [J]. 科技管理研究，36（7）：37-42.

[263] 刘芳，欧阳令南. 2006. 跨国公司知识转移过程、影响因素与对策研究 [J]. 科学学与科学技术管理，26（10）：40-43.

[264] 刘和旺，郑世林，王宇锋. 2015. 所有制类型、技术创新与企业绩效 [J]. 中国软科学，（3）：28-40.

[265] 刘锦英. 2014. 核心企业自主创新网络演化机理研究——以鸽瑞公司 "冷轧钢带" 自主创新为例 [J]. 管理评论，26（2）：157-164.

[266] 刘林舟，武博，孙文霞. 2012. 产业技术创新战略联盟稳定性发展模型研究 [J]. 科技进步与对策，29（6）：62-64.

[267] 刘芹. 2007. 产业集群升级研究述评 [J]. 科研管理，28（3）：57-62.

[268] 刘伟，游静. 2008. 基于循环型知识域生命周期模型的知识扩散路径优化研究 [J].

研究与发展管理, 20 (5)：22-28.

[269] 刘闲月, 林峰, 孙锐. 2012. 网络位势对集群企业知识扩散与创新的影响研究 [J]. 中国科技论坛, 6：90-95.

[270] 刘秀生, 齐中英. 2006. 基于技术知识特性的技术创新管理研究 [J]. 预测, 25 (2)：26-30.

[271] 刘岩, 蔡虹. 2011. 企业知识基础与技术创新绩效关系研究——基于中国电子信息行业的实证分析 [J]. 科学学与科学技术管理, 32 (10)：64-69.

[272] 刘颖, 陈继祥. 2009. 生产性服务业与制造业协同创新的自组织机理分析 [J]. 科技进步与对策, 26 (15)：48-50.

[273] 刘友金, 易秋平. 2005. 区域技术创新生态经济系统失调及其实现平衡的途径 [J]. 系统工程, 23 (10)：101-105.

[274] 柳卸林, 孙海鹰, 马雪梅. 2015. 基于创新生态观的科技管理模式 [J]. 科学学与科学技术管理, (1)：18-27.

[275] 柳卸林. 1997. 企业技术创新理论 [M]. 北京：科学技术文献出版社.

[276] 罗家德. 2010. 社会网分析讲义 [M]. 北京：社会科学文献出版社.

[277] 罗亚非, 韩文玲. 2007. 从生态位的角度分析我国汽车产业发展存在的问题 [J]. 工业技术经济, (3)：81-85.

[278] 马海涛, 苗长虹, 高军波. 2009. 行动者网络理论视角下的产业集群学习网络构建 [J]. 经济地理, 29 (8)：1327-1331.

[279] 彭伟, 符正平, 李铭. 2012. 网络位置、知识获取与中小企业绩效关系研究 [J]. 财经论丛, (2)：98-103.

[280] 钱辉, 张大亮. 2006. 基于生态位的企业演化机理探析 [J]. 浙江大学学报 (人文社会科学版), 36 (2)：20-26.

[281] 钱锡红, 杨永福, 徐万里. 2010. 企业网络位置、吸收能力与创新绩效——一个交互效应模型 [J]. 管理世界, 5：118-129.

[282] 钱燕云, 刘思思. 2013. 商业生态系统企业演化博弈分析—基于生态理论 [J]. 上海理工大学学报, 35 (6)：614-629.

[283] 曲继方, 宜亚丽, 曲志刚. 2005. 技术创新教程 [M]. 北京：冶金工业出版社.

[284] 任爱莲. 2013. 知识储备、战略柔性和探索式创新关系研究 [J]. 科技进步与对策, 30 (21)：11-15.

[285] 宋志红，陈澍，范黎波. 2010. 知识特性、知识共享与企业创新能力关系的实证研究 [J]. 科学学研究，28 (4)：597-604+634.

[286] 苏屹. 2014. 基于系统科学的协同创新理论分析方法研究 [J]. 科研管理，（10）：3-5.

[287] 孙彪，刘玉，刘益. 2012. 不确定性、知识整合机制与创新绩效的关系研究——基于技术创新联盟的特定情境 [J]. 科学学与科学技术管理，33 (1)：51-59.

[288] 孙金云. 2011. 一个二元范式下的战略分析框架 [J]. 管理学报，4：524-530.

[289] 孙永磊，宋晶，谢永平. 2014. 网络惯例对技术创新网络知识转移的影响 [J]. 科学学研究，32 (9)：1431-1438.

[290] 田也壮，张莉，杨洋. 2004. 组织记忆的复制过程与全息性特征 [J]. 管理学报，1 (2)：142-145，166.

[291] 涂振洲，顾新. 2013. 基于知识流动的产学研协同创新过程研究 [J]. 科学学研究，（9）：1381-1390.

[292] 王凤彬，陈建勋. 2011. 动态环境下变革型领导行为对探索式技术创新和组织绩效的影响 [J]. 南开管理评论，14 (1)：4-16.

[293] 王海花，谢富纪. 2012. 企业外部知识网络能力的结构测量——基于结构洞理论的研究 [J]. 中国工业经济，（7）：134-146.

[294] 王宏起，汪英华，武建龙，等. 2016. 新能源汽车创新生态系统演进机理——基于比亚迪新能源汽车的案例研究 [J]. 中国软科学，（4）：81-94.

[295] 王静鹏，樊耘，朱荣梅. 2003. 基于资源观的战略联盟结构选择 [J]. 科技与管理，（01）：24-26.

[296] 王敏，银路. 2007. 企业技术创新战略选择及其对国家自主创新战略布局的影响——基于技术能力和需求多样性的分析 [J]. 科学学与科学技术管理，（2）：63-68.

[297] 王娜，王毅. 2013. 产业创新生态系统组成要素及内部一致模型研究 [J]. 中国科技论坛，（5）：24-67.

[298] 王文华，张卓，蔡瑞林. 2018. 开放式创新组织间协同管理影响知识协同效应研究 [J]. 研究与发展管理，30 (05)：38-48.

[299] 王一飞，肖久灵，汪建康. 2011. 企业技术创新能力测度——社会网络分析的视角 [J]. 科技进步与对策，28 (15)：77-81.

[300] 王毅. 2002. 企业技术核心能力增长：以华北制药、长虹为例 [J]. 科研管理，23

（3）：1-6.

[301] 王子龙，谭清美，许箫迪. 2005. 集群企业生态位协同演化模型研究 [J]. 工业技术经济，24（9）：51-55.

[302] 卫洁，牛冲槐. 2013. 科技型人才聚集下知识转移系统建模与仿真 [J]. 科技进步与对策，30（5）：116-121.

[303] 魏谷，孙启新. 2014. 组织资源、战略先动性与中小企业绩效关系研究——基于资源基础观的视角 [J]. 中国软科学，（9）：117-126.

[304] 吴传清，黄磊，文传浩. 2017. 长江经济带技术创新效率及其影响因素研究 [J]. 中国软科学，（5）：160-170.

[305] 吴金希. 2014. 创新生态体系的内涵、特征及其政策含义 [J]. 科学学研究，32（1）：44-51.

[306] 吴绍波，顾新，吴光东，等. 2016. 新兴产业创新生态系统的技术学习 [J]. 中国科技论坛，（07）：30-35+42.

[307] 吴晓云，李辉. 2013. 内向型开放式创新战略选择与创新绩效匹配研究 [J]. 科学学与科学技术管理，（11）：94-102.

[308] 武建龙，于欢欢，黄静，等. 2017. 创新生态系统研究述评 [J]. 软科学，31（03）：1-3+29.

[309] 武晓辉，韩之俊，杨世春. 2006. 区域产业集群生态位理论和模型的实证研究 [J]. 科学学研究，24（6）：872-877.

[310] 夏丽娟，谢富纪，王海花. 2017. 制度邻近、技术邻近与产学协同创新绩效——基于产学联合专利数据的研究 [J]. 科学学研究，35（5）：782-791.

[311] 肖海林. 2011. 不连续技术创新的风险探究 [J]. 经济管理，9：54-62.

[312] 肖仁桥，王宗军，钱丽. 2015. 我国不同性质企业技术创新效率及其影响因素研究：基于两阶段价值链的视角 [J]. 管理工程学报，29（2）：190-200.

[313] 辛晴，杨蕙馨. 2012. 知识网络如何影响企业创新——动态能力视角的实证研究 [J]. 研究与发展管理，（6）：12~22+33.

[314] 邢小强，王玉荣，吴家喜. 2010. 全球领先市场视角下的企业创新战略选择 [J]. 科技进步与对策，27（17）：106-109.

[315] 邢新朋，梁大鹏. 2016. 开发式创新、探索式创新及平衡创新的前因和后果：环境动荡性和新创企业绩效 [J]. 科技管理研究，（13）：1-7+15.

[316] 熊励，孙友霞，蒋定福，等. 2011. 协同创新研究综述——基于实现途径视角 [J]. 科技管理研究，14：15-18.

[317] 徐国军，杨建君，孙庆刚. 2018. 联结强度、组织学习与知识转移效果 [J]. 科研管理，39（07）：97-105.

[318] 徐建中，赵伟峰，王莉静. 2014. 基于博弈论的装备制造业协同创新系统主体间协同关系分析 [J]. 中国软科学，（7）：161-171.

[319] 徐蕾，魏江，石俊娜. 2013. 双重社会资本、组织学习与突破式创新关系研究 [J]. 科研管理，34（5）：39-47.

[320] 徐小三，赵顺龙. 2010. 知识管理视角的技术联盟稳定性研究 [J]. 科学学与科学技术管理，（10）：54-58.

[321] 徐小三，赵顺龙. 2010. 知识基础互补性对技术联盟的形成和伙伴选择的影响 [J]. 科学学与科学技术管理，31（3）：101-106.

[322] 许庆瑞. 2000. 研究、发展与技术创新管理 [M]. 北京：高等教育出版社.

[323] 许箫迪. 2007. 高技术产业生态位测度与评价研究 [D]. 南京：南京航空航天大学.

[324] 薛红志. 2006. 突破式技术创新、互补性资产与企业间的整合研究 [J]. 中国工业经济，（8）：102-106

[325] 薛捷，张振刚. 2015. 技术及市场环境动荡中企业动态学习能力与创新绩效关系研究 [J]. 科技进步与对策，（1）：98-104.

[326] 晏双生. 2010. 知识创造与知识创新的涵义及其关系论 [J]. 科学学研究，28（8）：1148-1152.

[327] 杨文燮，胡汉辉. 2015. 基于 DEA 的国家级科技企业孵化器运行效率分析 [J]. 统计与决策，（22）：175-178.

[328] 杨洋，魏江，罗来军. 2015. 谁在利用政府补贴进行创新？——所有制和要素市场扭曲的联合调节效应 [J]. 管理世界，（1）：75-86.

[329] 姚艳虹，李扬帆. 2014. 企业创新战略与知识结构的匹配性研究 [J]. 科学学与科学技术管理，35（10）：150-158.

[330] 姚艳虹，周惠平. 2015. 产学研协同创新中知识创造系统动力学分析 [J]. 科技进步与对策，32（4）：110-116.

[331] 叶爱山，夏海力，章玲玲. 2017. 创新生态系统脉络梳理及理论框架构建研究 [J]. 湖南邮电职业技术学院学报，16（04）：44-47.

[332] 叶明. 1990. 技术创新理论的由来与发展 [J]. 软科学,（3）: 7-10.

[333] 易力, 胡振华. 2013. 知识吸收能力对集群企业自主创新影响的系统动力学分析 [J]. 中国科技论坛,（1）: 78-84.

[334] 于春杰, 李忱. 2007. 基于供应链剩余的供应链系统协同管理研究 [J]. 系统科学学报, 15（02）: 86-89.

[335] 于长宏, 原毅军. 2017. 企业规模、技术获取模式与 R&D 结构 [J]. 科学学研究, 35（10）: 1527-1535.

[336] 余凌, 杨悦儿. 2012. 产业技术创新生态系统研究 [J]. 科学管理研究, 30（5）: 48-51.

[337] 袁纯清. 1998. 共生理论——兼论小型经济 [M]. 北京: 经济科学出版社.

[338] 袁锋, 陈晓剑. 2003. 以资源为基础的企业战略理论及其发展趋势 [J]. 预测,（01）: 20-24.

[339] 原毅军, 田宇, 孙佳. 2013. 产学研技术联盟稳定性的系统动力学建模与仿真 [J]. 科学学与科学技术管理, 34（04）: 3-9.

[340] 约瑟夫·熊彼特. 1990. 经济发展理论 [M]. 北京: 商务印书馆.

[341] 张方华. 2005. 知识型企业的社会资本与技术创新绩效研究 [D]. 杭州: 浙江大学.

[342] 张光磊, 刘善仕, 申红艳. 2011. 组织结构、知识转移渠道与研发团队创新绩效——基于高新技术企业的实证研究 [J]. 科学学研究, 29（8）: 1198-1206.

[343] 张华胜, 薛澜. 2002. 技术创新管理新范式: 集成创新 [J]. 中国软科学,（12）: 6-22.

[344] 张杰, 柳瑞禹. 2003. 国家创新系统模型浅议 [J]. 科技管理研究, 23（5）: 22-24.

[345] 张利飞. 2009. 高科技企业创新生态系统运行机制研究 [J]. 中国科技论坛,（4）: 57-61.

[346] 张攀, 吴建南. 2017. 政府干预、资源诅咒与区域创新——基于中国大陆省级面板数据的实证研究 [J]. 科研管理, 38（1）: 62-69.

[347] 张庆普, 李志超. 2003. 企业隐性知识流动与转化研究 [J]. 中国软科学, 1: 88-92.

[348] 张省. 2018. 创新生态系统理论框架构建与案例研究 [J]. 技术经济与管理研究,（05）: 24-28.

[349] 张晟剑, 胡仁杰, 谢卫红. 2013. 社会网络理论视角下的产学研联盟生态位及其治理

机制研究 [J]. 南昌航空大学学报（人文社会科学版），15（2）：48-59.

[350] 张首魁，党兴华. 关系结构、关系质量对合作创新企业间知识转移的影响研究 [J]. 研究与发展管理，2009，21（3）：1-7

[351] 张淑谦，黄鲁成. 2006. 面向可持续发展的高新区健康评价理念 [J]. 科学管理研究，24（4）：49-52.

[352] 张运生. 2008. 高科技企业创新生态系统边界与结构解析 [J]. 软科学，22（11）：95-97，102.

[353] 赵广凤，马志强，朱永跃. 2017. 高校创新生态系统构建及运行机制 [J]. 中国科技论坛，(1)：40-46.

[354] 赵洁，张宸璐. 2014. 外部知识获取、内部知识分享与突变创新——双元性创新战略的调节作用 [J]. 科技进步与对策，31（5）：127-131.

[355] 赵曙东. 1999. 高新企业技术创新和发展的实证分析 [J]. 数量经济技术经济研究，(12)：63-65.

[356] 赵袁军，许桂苹，刘峥，等. 2017. 政府支持视角下的我国企业创新绩效研究 [J]. 科研管理，38（1）：412-418.

[357] 郑绪涛，柳剑平. 2008. 促进 R&D 活动的税收和补贴政策工具的有效搭配 [J]. 产业经济研究，7（1）：26-36.

[358] 仲伟俊，梅姝娥，谢园园. 2009. 产学研合作技术创新模式分析 [J]. 中国软科学，(8)：174-181.

[359] 朱迪·埃斯特琳. 2010. 美国创新在衰退 [M]. 北京：机械工业出版社.

[360] 朱金兆，朱清科. 2003. 生态位理论及其测度研究进展 [J]. 北京林业大学学报，25（1）：103-109.

[361] 朱青松. 2007. 员工与组织的价值观实现度匹配及其作用的实证研究 [D]. 成都：四川大学.

[362] 朱伟民. 2007. 战略人力资源管理与企业竞争优势——基于资源基础理论的考察 [J]. 科学学与科学技术管理，(12)：119-126.

[363] 朱晓红，陈寒松，张玉利. 2014. 异质性资源、创业机会与创业绩效关系研究 [J]. 管理学报，11（9）：1358-1365.

[364] 朱亚萍. 2014. 企业知识专门化与探索式创新绩效：研发网络知识整合的悖论 [J]. 宁波大学学报（人文科学版），27（2）：102-107.

后　记

　　本书是国家自然科学基金项目（编号：71573078）的主要成果。在项目获批后，课题组成员按照申请书和项目合同书的要求，制订了详细的研究计划。经过大家几年时间的艰苦努力，完成了结题报告，并在国内外学术期刊上发表了以知识和创新为主题的学术论文 24 篇，还有中英文论文各 2 篇在返修或投稿在审中。这些都为本书的研究提供了丰富的素材并奠定了良好的基础。

　　在本书的写作过程中，从拟定大纲、初稿、修改稿到定稿，本书的主要作者姚艳虹、周惠平及课题组成员，均进行了细致和深入的研究与讨论，本书汇集了大家的智慧和努力。

　　参与研究和写作者如下：孙芳琦、张翠平、葛哲宇、昝傲、高晗、杜梦华、夏敦、陈彦文、李扬帆、刘金洋、陈俊辉。全书先由姚艳虹拟定写作大纲，由孙芳琦、葛哲宇、张翠平根据大纲组稿，姚艳虹和周惠平修改完善，最后由姚艳虹统稿和定稿。谢敏、季凡祺、宋绪萍、昝傲为资料搜集、文献整理和章节编辑做出了贡献。

　　是大家的共同努力，本书才得以完成。在此，感谢湖南大学工商管理学院对该书的出版支持；感谢课题组成员的共同努力，每一段文字，每一个公式和每一张图，都凝聚了大家的思考和雕琢。

　　在本书的写作过程中，尽管我们努力做到求真务实与创新生动，但由于种种原因，书中仍留有不少遗憾及存在不尽如人意的地方。我们将在以后的研究中进一步改进与完善，敬请读者包涵谅解。书中借鉴了不少学者的研究成果，虽尽力列出参考文献，但难免有遗漏，在此深表感谢并致歉。

本书只是基于基金项目的阶段性成果，可能不太完整，有一些观点也值得进一步研究与探讨，欢迎各位专家学者批评指正。最后，希望本书的研究成果能够为我国方兴未艾的创新发展，为企业知识与创新管理，为政府的创新支持政策制定提供一些借鉴。

姚艳虹

2019 年 12 月